高等院校艺术设计专业课程实验教材

景观设计原理

尹赛　邰杰　赵玉凤　编著

中国建筑工业出版社

图书在版编目（CIP）数据

景观设计原理／尹赛，郜杰，赵玉凤编著．—北京：中国建筑工业出版社，2018.5（2024.8重印）
全国高等院校艺术设计专业课程实验教材
ISBN 978-7-112-22021-2

Ⅰ.①景… Ⅱ.①尹… ②郜… ③赵… Ⅲ.①景观设计－高等学校－教材 Ⅳ.①TU983

中国版本图书馆CIP数据核字（2018）第060094号

本书以解决景观如何直接为人类提供合适的户外空间环境的问题为主要方向。内容包含景观设计概述、中西方景观的源起和现代景观的产生、景观要素的构成设计、景观的空间与组织、景观中的人类行为、景观设计的程序与表现技法、场地设计的方法、各种类型空间的景观设计几个方面并进行详尽的叙述，从而为景观设计专业的学生和相关爱好者提供更有效的学习方法和实施措施。本书适用于景观设计、环境设计等专业的师生以及从事相关专业的人员阅读使用。

责任编辑：唐 旭 张 华
责任校对：王 瑞

全国高等院校艺术设计专业课程实验教材
景观设计原理
尹赛 郜杰 赵玉凤 编著
*
中国建筑工业出版社出版、发行（北京海淀三里河路9号）
各地新华书店、建筑书店经销
北京锋尚制版有限公司制版
建工社（河北）印刷有限公司印刷
*
开本：787毫米×1092毫米 1/16 印张：18½ 字数：421千字
2018年6月第一版 2024年8月第六次印刷
定价：**58.00**元
ISBN 978－7－112－22021－2
（39327）

前言

景观在人居环境营造中具有重要的地位与作用，人类的聚居建设过程需要景观，聚居活动也离不开景观，而聚居环境的营造，更是由景观设计师来主导的。过去几十年，城市规划和建筑各自的学科内容被过度放大了，建设活动在改造自然的过程中忽视了对于自然肌理、历史文脉的保护。吴良镛院士提出的“人居环境科学”就指出了各种建设都要与人的居住、居住环境结合起来，居住环境应该是个系统，是被综合考量的。当代，随着全球资源、环境、生态成为首要问题，景观在整个人居环境保护与发展中的作用愈发突出。

景观学科发展在当代呈现视角多元化、发展方向多样化的特点，本书关注于景观学科中的“景观设计”领域，该领域是解决景观如何直接为人类提供合适的户外空间环境的问题。其主要设计内容包含以下四个方面：（1）传统园林景观的设计；（2）城市公共空间设计，包括公园、广场、住区、庭院等；（3）中等尺度景观空间设计，如滨河景观带、道路景观、湿地与郊野公园、风景区等；（4）城市环境艺术的设计，如城市照明、景观小品等。对于景观设计的把握，不仅包含对于空间形式构成要素的分析和对空间组织的深人研究，还要从社会学、景观行为学角度人手，从资源分析评价的科学视角对场地进行适应性设计，最终以可解读的图纸表现方式表达出来，这些内容本书都有专门的章节进行阐释。

本书的编写立足于学科的前沿，对知识进行系统性归纳，并遵循“理论服务于景观实践”的原则，运用大量的案例和图解，以期使学生的创意思维和技法表达能力有所提高，对学生的设计实践能力有指导意义。

本书共8章，其中尹赛编写了第1~4章，邰杰编写了第5章和第7章，赵玉凤编写了第6章和第8章。希望此书对广大环境设计专业、风景园林专业的学生有所裨益，同时由于编写过程涉及文献资料较多，编者自身水平有限，疏漏之处在所难免，请读者不吝指教。

2018年3月

目录

第1章 景观设计概述

第2章 中西方景观的源起和现代景观的产生

第3章 景观要素的构成设计

第4章 景观的空间与组织

第6章 景观设计的程序与表现技法

第7章 场地设计的方法

第8章 各种类型空间的景观设计

第 1 章

景观设计概述

“景观设计”是一个有着丰富内涵的学科名称，在西方，它有明确的学科方向对应和传承。而在中国，与景观设计最接近的应属“风景园林”，其学科门类体系最为完整，而其他如“园林设计”、“环境设计”，其研究领域都仅仅是景观设计学科的一个或几个方向。

景观设计是综合学科，它集艺术、科学、工程技术于一体，融合了园林学、生态学、游憩学、城市规划、建筑学、人类文化学、行为心理学等学科的经验。中国有着悠久的园林设计建造历史，可将园林、景观上升为系统理论却比较晚，可以说景观设计在当代中国是一个既古老又年轻的学科领域。

1.1 景观设计的含义

1.1.1 景观的概念

景观一词具有非常丰富的含义，它可以是地理学中的自然景象，也可以是狭义的，如步行街道路交叉口的一组水景雕塑。所以从不同学科方向入手，景观是个多元概念。

景观（Landscape）一词在西方可追溯到旧约时期，用来描写所罗门皇城耶路撒冷的壮丽景色。现代英语中的“Landscape”起源于荷兰语“Landskip”，特指自然风景画。18世纪，出现了自然风景园林（Landscape gardening），即将绘画作为风景园林设计的范本，追求“虚拟的自然”，从而将“景观”一词和造园活动联系在一起（图1-1）。

在整个农业社会时期，由于受到生产力水平的影响，人对于自然的影响还是有限度的，所以这个时期景观是作为城市附属作用出现的，人们赞美城市并将景观作为城市贵族表达自己审美理想的场所。然而随着工业化时代的到来，工业所带来的城市环境的恶化使人们开始认识到城市化的弊病，并试图用自然化的手法改造城市，这才有了霍华德“田园城市”理论、美国的郊区化运动以及大型城市公园的出现。“景观”一词逐渐偏离了造园的简单定义而转化为一种协调人类物质文化和自然环境之间平衡的载体，并演变为一门重要的学科。

图1-1　英国19世纪的风景画和园林

在视觉美学的层面，景观是一种“景致”、“景色”，并作为审美对象供人们从形态、风格等方面来研究；在精神文化的层面，景观是人类活动的场所，是赖以生存的栖居地，关系到人类的自我定位与认同；在生态层面，景观是一种生态系统，是作为生态系统的能流和物流循环的载体。

北京大学的俞孔坚教授是这么来确定景观的含义的：

景观是指土地及土地上的空间和物体所构成的综合体。它是复杂的自然过程和人类活动在大地上的烙印。景观是多种功能（过程）的载体，因而可被理解和表现为：

风景——视觉审美过程的对象；

栖居地——人类生活其中的空间和环境；

生态系统——一个具有结构和功能、具有内在和外在联系的有机系统；

符号——一种记载人类过去、表达希望与理想，赖以认同和寄托的语言和精神空间。

1.1.2　景观设计的相关概念

1.1.2.1　景观设计学

俞孔坚教授认为：景观设计学是关于景观的分析、规划布局、设计、改造、管理、保护和恢复的科学与艺术，是一门建立在广泛的自然科学和人文与艺术学科基础上的应用学科。强调土地的设计，即通过对有关土地及一切人类户外空间的问题进行科学理性的分析，设计问题的解决方案和解决途径，并监理设计的实现。

同济大学刘滨谊教授认为：景观设计学是一门综合性的、面向户外环境建设的学科，是一个集艺术、科学、工程技术于一体的应用型专业。其核心是人类户外生存环境的建设，故涉及的学科专业极为广泛综合，包括区域规划、城市规划、建筑学、林学、农学、地学、管理学、旅游、环境、社会文化学、心理学等。

景观设计学的概念经历了一个不断拓展的过程，从最初园林设计、风景装饰的单纯审美意义，逐渐演变为一个应对危机的学科，从美国景观设计师协会对景观设计学学科定义的演变可以看到这种变化。从1902年到1920年，美国景观设计师协会称景观设计学是一种为人们装饰土地和娱乐的艺术；20世纪50年代，景观设计学被定义为安排土地，并以满足人们的使用和娱乐为目标；1975年称景观设计学是一门设计、规划和土地管理的艺术，通过文化与科学知识来安排自然与人工元素，并考虑资源的保护与管理；1983年称景观设计学是一门通过艺术和科学手段来研究、规划、设计和管理自然与人工的专业；到20世纪90年代，美国景观设计师协会又申明，景观设计学其内容是灵活的设计，使文化与自然环境相融合，构建自然和谐的可持续平衡。

广义上的景观设计学的内容涉及非常广泛，大到对自然环境中各种物质要素的评估和规划，以及对人类社会文化载体的创造等，小到对构成景观元素内容的环境节点细部的创造性设计和建设，跨度非常大。

景观设计是一门建立在自然科学和人文科学基础上的应用学科，其核心是协调人与自然的关系。如果将景观学这一复合系统加以归纳，那就是自然生态环境系统、城市建筑环境系统、人文社会环境系统所构成的并且跨域了三个环境系统的空间层次的学科。景观设计强调环境空间的综合体系规划，具体表现在多元系统设计下的综合。景观设计整体来看是一个互相交叉、互相融合的系统，它将具体的景观形象通过艺术的手段安排在环境空间中，并使之具有了功能性。它融合了园林学、生态学、游憩学、城市规划、建筑学、人类文化学、行为心理学等学科的经验，从系统、和谐、优美的角度解决城乡发展过程中的景观形象塑造问题。

根据景观的类型和属性，景观可分为自然景观和人文景观两类。自然景观是指自然界原有物态各要素相互联系、相互作用而形成的景观，它很少受人类影响。人文景观包括两大方面，一是指人们利用自然物质加以创造，集合了自然物质和人类文化共同形成的景观，如风景名胜、园林公园；二是指依靠人的思维和创造形成的具有文化审美内涵的全新形态和面貌的创造性景观，如城市景观、公共艺术景观等。

根据工作的范围，景观设计学包含宏观景观设计、中观景观设计和微观景观设计（图1-2）。在这三个层面中，有的侧重自然元素，有的侧重人文景观，有的则是二者的有机

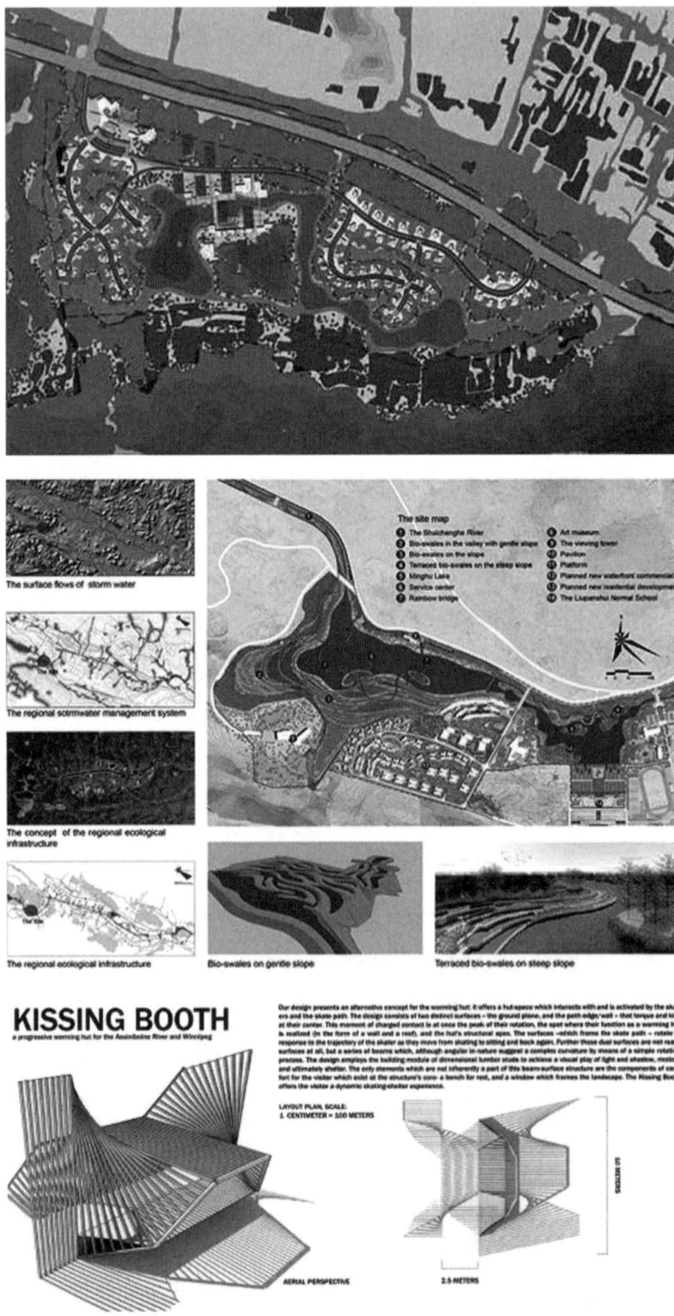

图1-2　不同尺度的景观设计

结合，其常见分类见表1-1。

景观设计学的分类 表1-1

学科名称	一级分类	二级分类
景观设计学	宏观景观设计	自然生态区景观规划设计
		风景名胜区景观规划设计
		城市设计
	中观景观设计	城市公园设计
		城市广场设计
		主题公园设计
		居住区景观设计
		特色景观街区设计
		自然与人文保护区设计
		交通环境设计
	微观景观设计	植物景观设计
		水体景观设计
		光照景观设计
		公共艺术设计
		景观建筑设计
		景观设施设计

根据解决问题的性质、内容和尺度的不同，景观设计学包含两个专业方向，即景观规划（Landscape Planning）和景观设计（Landscape Design）。前者是指在较大范围内，基于对自然和人文过程的认识，协调人与自然关系的过程，具体说是为某些使用目的安排最合适的地方和在特定地方安排最恰当的土地利用，而对这个特定地方的设计就是景观设计，即狭义上的景观设计。景观规划和景观设计既有区别又有联系。景观规划更多地关注土地利用与环境发展问题，更多在系统分析基础上对项目进行科学、理性的分析，并寻找解决问题的策略；而景观设计则关注具体的景观形式和景观功能。景观规划更多是前期思路和策略，而景观设计是景观规划的深入，是规划思想在图纸上的具体体现，也是景观规划内容实施的必经阶段。

1.1.2.2 景观规划

景观规划的重点在于“规划”，一般指宏观尺度的景观和中观尺度的景观设计，其研究内容主要包含场地规划、土地规划、城市设计、环境规划等。关于景观规划的内涵，刘滨谊教授曾经用“三元论”的观点来概括，即景观规划设计是由景观环境形象、环境生态绿化、大众行为心理三个要素构成的。景观环境形象是从人类视觉形象感受要求出发，根据美学规律，利用空间虚实景物，研究如何创造赏心悦目的环境形象；环境生态绿化主要是从人类的生理感受出发，利用阳光、气候、动物、植物、土壤、水体等材料，研究如何创造令人舒适的良好物质环境；大众行为心理主要是从人类的心理精神感受需求出发，利用心理、文化的引导，研究如何创造赏心悦目的精神环境。这三元素在景观规划中相辅相成、密不可分，一个优秀的景观环境带给人们的感受，必然包含着三元素的共同作用。

1.1.2.3 景观设计

景观设计的重点在于“设计”，一般指中观尺度和微观尺度层面的设计，是景观规划的深入设计阶段。景观设计运用的主要元素包括硬质元素和软质元素，硬质元素有地面铺地、景观建筑、构筑物、公共艺术品等，软质元素有地形、水体、植被等。景观设计的主要对象是城市中的开放空间，包括公园、广场、步行街、居住区、街头绿地、滨水带等，是在充分满足人的心理体验和精神追求的基础上，运用景观形式美学的法则，对特定的区域进行土地利用、空间布局、形态创造的物质设计。艺术与技术共同对景观设计的环境形象起作用，甚至在这个层面，艺术的审美更加直接决定了空间的品质。

1.2 景观设计的学科教育

1.2.1 欧美景观设计学科的发展

现代景观设计学科的发展，英国和美国走在了最前列。1932年，英国第一个景观设计课程出现在莱丁大学（Reading University），相当多的大学于20世纪50~70年代早期分别设立了景观设计研究生项目，景观设计教育体系相对而言比较成熟。

1948年，国际景观建筑师联合会（International Fedration Of Landscape Architectures）在英国剑桥宣布成立。该联合会最早的14个成员国为葡萄牙、波兰、英国、瑞典、比利时、西班牙、美国、荷兰、法国、挪威、丹麦、瑞士、意大利和芬兰。同年召开的国际景观设计大会不仅交流了各国景观设计的体会和发展趋势，而且教育委员会还出版了各国大学和专业学院的景观设计课程清单，以便找出景观设计的培训和训练的质量标准。

在美国，景观的规划设计教育是哈佛大学首创的，哈佛大学的景观设计专业教育代表了美国的景观设计学科发展史。从1860年到1900年，奥姆斯特德等景观设计师在城市公园绿地、广场、校园、居住区及自然保护地等方面所做的规划设计奠定了景观规划设计学科的基础（图1-3）。

1900年，奥姆斯特德之子F.L.Olmsted.Jr和A.A.Sharcliff首次在哈佛大学开设了景观规划设计专业课程，并在全国首创了4年制的景观规划设计专业学位。美国的景观设计之父老奥姆斯特德于1906年开始主持哈佛的景观规划设计专业教育。

由于奥姆斯特德及其合作者的实践以及专业教育在哈佛大学的确立，使美国的景观规划设计从一开始便定位在一个很大的活动范围内，包括城市公园和绿地系统、城乡风景道路系统规划设计，居住区、校园、地产开发、农场和国家公园的规划设计和管理，随后又进一步扩展到主题公园和高速公路系统的景观设计，这使景观规划师成为人居环境的主要规划师和创造者。

图1-3 美国景观设计之父——奥姆斯特德

1.2.2 我国的景观设计教育

在我国，并没有专门的“景观设计”或“景观规划设计”学科专业，开设景观设计课程的院校主要包括农林院校、综合类院校、建筑与规划类院校和艺术院校。这些院校专业背景不尽相同、专业名称各异，或是一级学科，或是专业，或是某专业中的方向，但都是在培养从事景观设计的人才。

农林院校是我国最早开设景观类课程的院校，园林设计是该类院校很成熟的传统专业，教学体系和课程设置比较完善。为了满足现代社会的需求，农林院校在园林设计的基础上通过调整部分课程，增设了景观设计专业或方向。农林类院校的特长在于园林植物的栽培与植物造景的应用以及传统园林的设计，而在艺术表现能力方面相对较弱。

综合类院校中的景观设计开设较晚，是为了适应景观设计发展而相继设立的。由于景观设计是建立在人文学科和自然学科基础上的应用类学科，所以综合类院校的优势在于有着强大的文、理、工的学科背景，因此在学科背景、科研、师资方面具有优势。这类高校不存在专业遗留问题，师资年轻、学缘结构合理，且专业模式易于和国际接轨。另外，除了景观类的专业外，在综合院校中的旅游管理专业，其下含的旅游规划方向重点学习景区管理、景区策划与规划以及景区运营的知识。在国外，相关的研究领域也在景观设计的学科范围之内。

建筑与规划类院校的景观设计专业开设也较早，且与建筑学、城市规划能够实现“三位一体”的学科优势，建立建筑——城规——景观的学科群，实现资源共享。所以，建筑与规划类院校的景观专业综合性较强，且空间规划、场地规划的能力突出，相对来说具有一定优势。

艺术类院校的景观专业发展时间也较短。由于其艺术类院校的特点和师资力量的条件，该类院校的景观设计专业重在对艺术素养、设计表现和设计创新能力的培养，而对于景观的生态性、植物配置、景观工程方面的知识较欠缺，所以优点和缺点都很突出。

正是由于景观设计还是一门发展中的学科，不同背景的设计和研究人员都是基于本学科的知识结构进行相关研究，所以在学科概念上，有着各有侧重的看法，现将景观设计与各相关专业的关系作一比较。

1.2.2.1 景观设计与园林设计

园林设计是一门传统的专业学科。我国的园林营造也有几千年的历史，不管是为皇家、贵族服务的皇家园林，还是私家园林的营造都有着举世瞩目的成就。在传统园林设计领域，从相地、立意、园林布局、山石的堆叠到景观建筑的建造都有很完善的理论基础，但是它与现代景观设计的区别还是明显的。

首先在规模上。园林的空间都较小，而景观设计往往从一个较大的空间尺度上进行规划布局（如城市景观、自然生态景观），其复杂程度也不可相比。

其次在设计领域和内容上。景观设计以开放式的公共空间为主，而园林设计的领域相对封闭。在内容方面，景观设计非常多元化，从景区设计、城市设计到广场、滨水空间、街道设计，涉猎广泛，需运用生态学、形态美学、行为心理学等各种知识范围。而园林则主要是园林美学与植物造景方面的知识，相对狭窄。

再次在影响力上。园林是供小众赏玩的场所，私密性较强，而景观作为公共空间，是为大众服务的，是以市民的公共活动空间为定位的，甚至从营建到使用都具有广泛的群众参与，所以二者在影响力方面是不同的。

1.2.2.2 景观设计与建筑、城市规划

建筑与城市规划和景观设计的关系非常紧密，甚至可以说景观是城市规划与建筑的中间环节。在某些院校中，城市规划、景观设计、建筑设计是并列构成学科群的并列学科，所以它们之间是互相补充、相辅相成的关系，但也有很大不同。

具体来说，城市规划是研究城市发展、空间布局、综合安排城市工程设施部署的依据，并具有一定的公共政策属性，是城市建设与管理的依据。城市规划有总规和详规之分，总体规划更多是策略性的，涉及产业的布局、重大设施分布、建筑的区域布局、绿地的系统分布等；而详细规划涉及地块指标的控制、公共设施的布局、道路的设计等。城市规划是相对宏观的，它通过城市设计来将规划成果表现出来，景观设计则是城市设计的一部分，所以城市规划与景观设计的关系是总体与局部的关系。

广义的建筑学包含了景观设计的部分，都是研究建筑物及其环境的科学。一般意义上理解，建筑学着重于研究建筑本身，而景观设计着重于研究外部空间的环境。另外，景观设计和规划中也包含建筑的部分，称为景观建筑，但此类建筑是作为环境的一部分而考虑的，作为景观设计的元素出现。

1.2.2.3 景观设计与环境设计

环境设计是一个很广泛的概念，清华大学美术学院的郑曙旸教授将环境设计定义为广义和狭义。广义的环境设计犹如一把大伞，是一个艺术设计的综合系统。而狭义的环境设计主要指以建筑和室内为代表的空间设计。其中以建筑、雕塑、绿化诸要素进行的空间组合，称之为外部环境设计；以室内、家具、陈设诸要素进行的空间组合称之为内部环境设计。从空间限定的概念出发，环境设计的实际意义，就是研究各类环境中静态实体、动态虚形以及它们之间关系的功能与审美问题。

从以上概念看，环境设计其实可以理解为景观设计的一部分，是景观设计中偏重于视觉形象的物质形态设计部分，其设计出发点则是以空间设计和艺术创造为主的。从设计手段上来看，环境设计以环境美学为主要手段，而景观设计则是以规划设计为主要手段，集土地的分析、管理、保护于一体，更加的复杂化。

1.2.2.4 景观设计与旅游管理

旅游管理专业在我国是开设在管理学内容下的学科，书面上来看和景观设计并无关系，但是在休闲旅游、度假已经上升为国家政策的今天，旅游景区的管理、旅游项目的设置、旅游消费心理的研究已经变得越来越重要。景区的规划在当今景观规划设计的领域中占有很大的一部分，它在未来很长时期内，都是景观规划设计的主要工作之一。

旅游管理中和景观设计相关的部分有旅游心理学、市场营销学、旅游文化学、旅游资源的开发与管理、生态旅游、旅游规划等。在国外，称之为“游憩学”，是以人的游憩行为、游憩方式、游憩需求、游憩观念和心理、游憩动机为出发点的，而这些研究恰恰是在进行景观设计的策划和前期调研中最重要的部分。因为今天的景观规划已经非常多元化，特别是一些商业性的区域规划，其定位和受众的心理研究直接决定了设计的定位，是景观规划设计项目能否成功的重要一环。

综合来看，中国的景观设计作为一门新兴的学科正在迅速发展，传统上的园林学占主导的局面正在被打破，取而代之的是风景园林、环境设计、旅游游憩三大专业纷争景观设计学科的局面。这是因为现代景观设计正是由这三门学科综合而成的。一是艺术，即以视觉形象为核心带动的景观艺术，在这方面，环境设计专业比较擅长；二是物质环境的规划设计，即以环境绿化、水土整治为核心的园林绿化艺术与技术，这方面园林专业比较擅长；三是涉及人的行为心理因素的内容，国际上称之为“游憩学”。从专业操作过程来看，环境设计以“设计”为全过程，风景园林以先期“规划”、后期“设计”为全过程，游憩娱乐项目以项目选取、游人活动组织管理的先期“策划”和风景园林景区运营的后期“管理”这四个过程的集合构成了现代景观规划设计的全过程。

景观设计学科的这种复杂性一方面扩展了学科的范围，为学科发展不断注入活力，另一方面又需要不断地整合。景观领域的研究除了要和其他领域合作外，领域本身也包括许多不同的专业观念，所以不能用原有领域的观点去主导其他领域，而需要多学科共同努力，提升景观设计学科整体的话语权，以此来扩大景观专业的影响力。

第 2 章

中西方景观的源起和现代景观的产生

纵观人类的发展历史，同时也是一部人类改造自然、人与环境相互作用的历史。景观作为沟通人与环境的中介物，因为它所从属的时代的政治、经济、文化背景不同而有不同的内容、性质和边界。因此，想要了解现代景观必须要了解古典园林的传承，本章将中、西方的园林景观按照时间的传承顺序来进行分别阐释，重在讲述二者之间的传承关系以及园林景观概念与内涵的变化。

2.1　中国古典园林

中国古典园林是古代世界的主要园林体系之一，其经历了约3000年持续不断的发展，并深刻影响了东亚和东南亚的园林设计。古典园林的兴盛有其自身的自然背景和人文背景。中国自然生态优越，平野景观、山岳景观、河湖景观、海岛景观、植物景观、天象景观等为造园天然或人为创设山水提供了优越条件；农业为本的经济模式，中央集权的政治体制以及儒道释三教对于中国传统意识形态的影响共同交织成中国古典园林的“人文背景”。

按照园林基址的选择，古典园林可分为人工园林和天然山水。按照园林的隶属关系来分可分为：皇家园林、私家园林、寺观园林。除此之外，还有一些非主流的园林类型，如衙署园林、祠堂园林、书院园林、公用园林等。

中国古典园林的历史悠久，其发展经历了极为缓慢而又持续不断的演进过程。我们可以将古典园林的发展分为五个时期：①生成期（公元前16世纪~公元220年）；②转折期（公元220年~589年）；③全盛期（公元589年~960年）；④成熟时期（公元960年~1271年）；⑤成熟后期（公元1271年~1911年）。

2.1.1　园林的生成期——商、周、秦、汉

中国古典园林的雏形起源于商代，最早见于文字记载的是“囿”和“台”。“囿”最早是商代王室集中圈养禽兽的场所，在周代囿的范围很大，里面养的野兽、禽鸟由“囿人”专司管理。据《周礼·地官·囿人》郑玄注：“囿游，囿之离宫，小苑观处也。”由此可见，此时囿已经具备了游赏功能了。“台”是指用土堆筑而成的方形高台，最初的功能是登高以观天象、通神明，而后又具备了登高远眺、观赏风景的的作用。还有一个概念叫作“园圃”，主要是栽种植物的场所，兼有观赏目的。台、囿、圃本身就包含着园林的各种物质要素，可以视为中国古典园林的原始雏形。

商周时期开始出现了“贵族园林”，它是皇家园林的前身，是王、诸侯、卿士大夫所经营的园林。最早见于文献的两处是殷纣王修建的“沙丘苑台”和周文王修建的“灵囿、灵台、灵沼”。西周后期和春秋战国时期，随着诸侯国的兴起，旧有的礼制崩溃，诸侯国君竞相建造豪华的宫苑，比较出名的有燕下都的钓台、金台，楚郢都的章华台，吴国的姑苏台，赵城的蘗台等。

秦汉时期，随着中央集权的政治体制的确立，出现了皇家园林这种园林类型，它有“宫”、“苑”两个类别。秦始皇时期，为了实现“大咸阳计划”，关中地区开始史无前例地修建宫苑，这里散布着秦代众多的离宫、御苑，比较重要的有上林苑、宜春苑、梁山宫、骊山宫、林光宫、兰池宫等几处。西汉的宫苑在秦的基础上继续发展完善，除了少数在长安城内，其余大量遍布于近郊、远郊、关中各地，西汉宫苑的代表是上林苑（秦上林苑的扩建）、未央宫、建章宫、甘泉宫、兔园等。“宫苑”是对当时皇家园林的普遍称谓，对后世影响深远。宫，是以宫殿建筑群为主体，山池花木穿插其间，宫、苑可浑然一体，也可形成宫中有苑的格局，建章宫就是一例。苑是修建在郊野山林的离宫别苑，占地较广，许多宫殿群就分布在这些自然山水之中，形成了苑中有宫的格局。

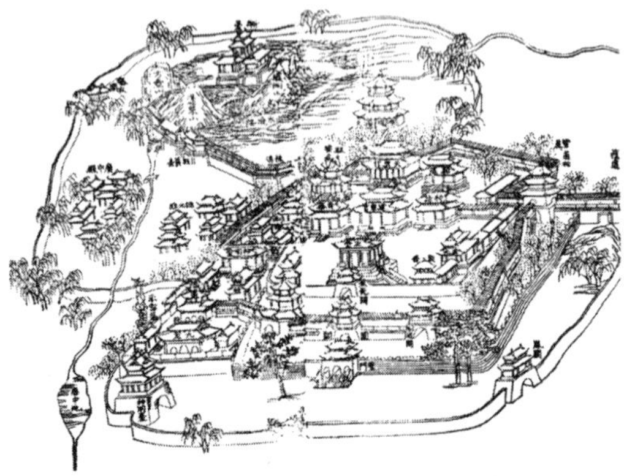

图2–1 建章宫图（图片来源：周维权. 中国古典园林史［M］. 北京：清华大学出版社，2012）

在建章宫的西北部有大池，名太液池。汉武帝效仿秦始皇在池中堆砌三个岛屿，象征瀛洲、蓬莱、方丈三座仙山，这是历史上第一座具有完整三仙山的仙苑式皇家园林。从此“一池三山”成为历来皇家园林的主要模式，一直沿袭到清代（图2–1）。

西汉开始出现了私家园林，但由于社会风气崇尚节俭，规模并不大，到了东汉，私家园林见于文献的就比较多了。除了城市及其近郊的宅、第、园池之外，还出现了园林式的庄园，这从出土的东汉画像石、画像砖上面都有很具体的表现（图2–2）。在东汉那样政治黑暗、社会动荡的时代背景下，庄园既为宗族的军事防护提供了场地，又为隐士们提供了田园牧歌式的庇护之所。可以说庄园是“别墅园”的雏形。

图2–2 东汉画像砖中的庄园形象（图片来源：周维权. 中国古典园林史［M］. 北京：清华大学出版社，2012）

2.1.2 园林的转折期——魏、晋、南北朝

与生成期相比，这时期的园林规模由大入小，园林造景也由神异色彩转化为浓郁的自然气氛，创作方法由写实趋向于写实与写意相结合。玄学是魏晋南北朝盛行于士人中的显学，用道家的思想来解释儒家体系。玄学家主张自然为本，表现为寄情山水、崇尚隐逸的思想作风，被称为“魏晋风流”，正是这种背景下产生了竹林七贤与白莲社这种著名的隐士集团。这个时期还出现

了著名画家宗炳，书法家王羲之和诗人谢灵运、陶渊明等一大批艺术家，他们将诗文、书法、绘画、音乐等领域向前推进了一大步，中国古典园林与诗书画交相辉映的特点就是从这时开始的。

三国、两晋、十六国、南北朝相继建立了大小政权，他们都在各自的首都进行皇家园林的建设，而宫苑比较集中的多为邺城、洛阳、建康等地。其中比较著名的有邺城的铜雀园、华林园、龙腾苑，洛阳的芳林苑、华林园等。这个时期园林的规模比较小，其规划设计区域精密细致，也不再强调生产功能。皇家园林的称谓，除了沿袭上代的“宫”、“苑”外，称之为“园”的也比较多，就园林性质而言，它的两个类别宫和苑，前者已经具备了大内御苑的格局。

这个时期，私家园林作为一个独立的类型异军突起，集中反映了此时造园活动的成就。这时期既有建在城市或者近郊的城市私园——宅园，也有建在郊外的庄园、别墅。东汉发展起来的庄园经济，到魏晋已经完全成熟了，庄园规模有的极为宏大，也有小型的，一般分为四个部分：一是庄园主家族的居住聚落，二是农业耕作的田园，三是副业生产的场地，四是庄客的住地。文献作品中这类园林屡见不鲜，知名的有西晋大官僚石崇的金谷园，潘岳的潘岳庄园和东晋士族官僚谢玄的谢氏庄园。南朝时期的庄园、别墅居住聚落往往从田园部分分离出来，逐渐消失了经济实体的性质，到后来就逐渐演变成村落了。

魏晋南北朝时期，佛、道盛行，随着寺、观的大量兴建，相应出现了寺观园林这个新的园林类型。寺观园林包括三种情况：一是毗邻寺观单独建制的园林，二是寺观内部各殿堂庭院的绿化或园林化，三是郊野地带寺观外围的园林化。寺观园林的出现扩展了造园活动的领域，它们成为今天的“风景名胜区”的前身。

另外还有一些非主流的园林类型，如文人名流经常聚会的新亭、兰亭这样的近郊风景游览地，具有了公共园林的性质。亭在汉代是驿站建筑，到两晋时，演变为一种风景建筑，成为了遮风避雨、诗酒唱和的公共场所，也成为了一种点缀风景的手段，最著名的就是王羲之在《兰亭集序》中提到的兰亭（图2-3）。

图2-3　文征明 兰亭修禊图

2.1.3 园林的全盛期——隋、唐

唐代成为古代中国继秦汉之后的又一个昌盛时代。贞观之治和开元之治把封建社会推向了兴旺的高峰，同时在文学艺术方面，如诗歌、绘画、雕塑、音乐、舞蹈等通过吸收外来养分呈现出盛极一时的局面。唐代已经出现了诗、画交融的场景，山水画也影响到了园林，诗人、画家直接参与了造园活动，这在私家园林中尤为明显。观赏植物的栽培技术也有了很大进步，培育出了很多珍稀品种如牡丹、琼花等，观赏植物的种类也比前朝增加了许多，这都促进了隋唐园林的发展。

隋唐时期的皇家园林集中设置在长安、洛阳两京，两京之外也有分布（图2-4）。其数量之多，规模之宏大，远超魏晋南北朝时期。从总体上看，皇家园林的建设已经趋于规范化，大体上形成了大内御苑、行宫御苑和离宫御苑。大内御苑紧邻宫廷区后面或者一侧，呈宫、苑分置的格局，比较著名的大内御苑有隋大兴宫、唐大明宫、洛阳宫、禁苑、兴庆宫等。郊外的行宫、离宫，绝大多数都建在山岳风景优美的地方，这些宫苑注重基址的选择，反映出唐人在宫苑建设和风景建设相结合的规划观。较著名的行宫、离宫有东都苑、上阳宫、玉华宫、仙游宫、华清宫等（图2-5）。郊外的宫苑基址除了考虑风景外，往往还都处于交通隘口、兵家必争之地，其军事价值是显而易见的。

隋唐时期开创了科举制度，这就使得读书人不再追求山林隐逸，而将作隐士的目的变为待价而沽，那种“隐于园”的隐士越来越多，这就直接刺激了私家园林的普及和发展。除了长安、洛阳外，江南地区的扬州、成都也都有大量的私家园林。一些文人出身的官僚，不仅参与风景的开发、环境的美化，还参与自己营造私园，他们使园林具有的清沁雅致的格调，得以进一步提高。唐代“文人园林”的代表有李德裕的平泉庄、杜甫的浣花溪草堂、白居易的庐山草堂、王维的辋川别业等。

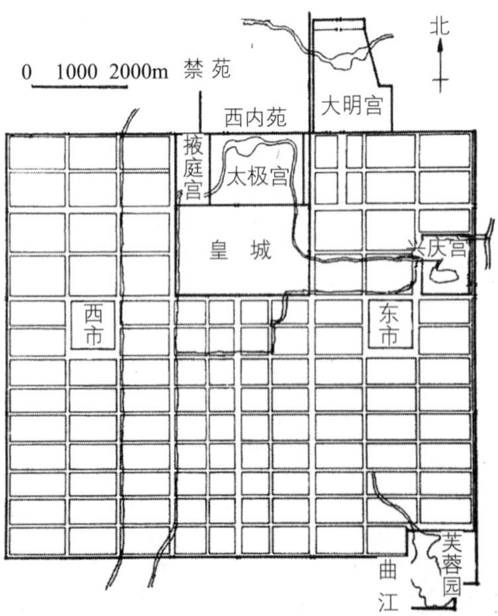

图2-4 隋唐长安城平面图（图片来源：周维权. 中国古典园林史［M］. 北京：清华大学出版社，2012）

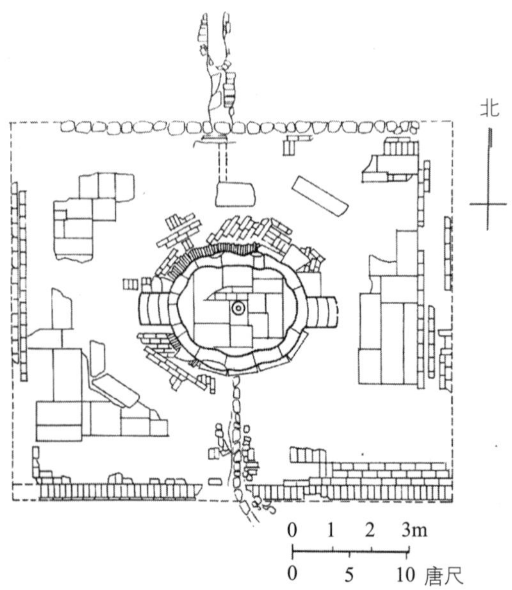

图2-5 华清池平面图（图片来源：周维权. 中国古典园林史［M］. 北京：清华大学出版社，2012）

除了私家园林，隋唐时期的寺观园林和公共园林也发展很快。长安城内，开辟公共园林比较有成效的有三种情况：一是利用城南一些坊里内的岗阜——“原”，如乐游原；二是利用水渠转折部分的两岸建设水景游览地，如曲江；三是街道的绿化。

隋唐园林作为一个完整的园林体系已经成型，并且在世界上崭露头角，影响了亚洲汉文化圈的广大地域。当时的朝鲜和日本，全面吸收盛唐文化，其中也包含园林在内。

2.1.4 园林的成熟时期——宋

中国的封建社会到了宋代已经达到了发育成熟的阶段。从两宋开始，文化的发展也像宗法及哲学体系一样，都在一种自我封闭的境界中从总体到细节不断自我完善。园林历经千年的发展到了宋代，进入了完全成熟的时期。作为一个园林体系，其内容与形式趋于定型，造园的技术和艺术达到了最高水平，形成了中国古典园林史上的一个高潮阶段。

宋代的皇家园林集中在东京和临安两地，园林规模和气魄远不如隋唐，但更加精致，园林内容也更加接近私家园林。东京的皇家园林只有大内御苑和行宫御苑。属于前者的有后苑、延福宫、艮岳三处，属于后者的有景华苑、宜春园、玉津园、金明池、瑞圣园等处。艮岳代表了北宋园林的最高水平，它是由宋徽宗亲自参与建造，为了经营此园，不惜花费大量财力、物力，甚至特设专门机构来运送“花石纲”。艮岳的艺术成就来自于叠山、理水、花木、建筑的完美结合，它把大自然生态环境和各地山水风景加以高度概括、提炼、典型化而缩移摹写（图2-6）。临安除了大内御苑——后苑外，也有大量的行宫御苑，如德寿宫、

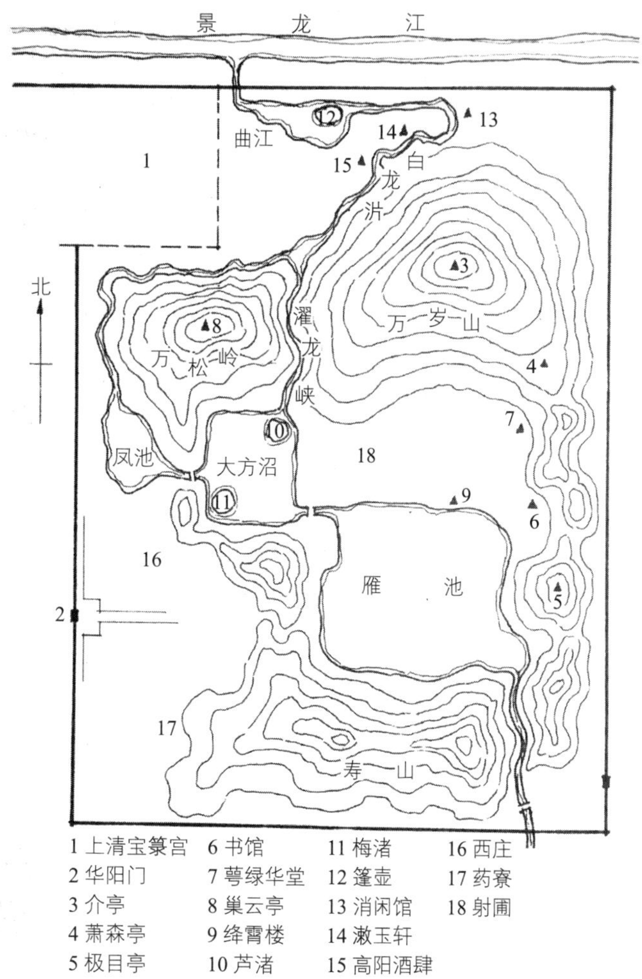

图2-6 艮岳平面设想图（图片来源：周维权. 中国古典园林史［M］. 北京：清华大学出版社，2012）

集芳园、聚景园、屏山园等。

宋代的私家园林多分布在中原和江南地区。北方私家园林以洛阳为代表，宋人李格非写了一篇《洛阳名园记》，记述了当时的名园19处，是研究北宋园林的重要文献。江南地区在南宋时，成为全国最发达地区，优越的自然环境也为民间造园提供了优越的条件。另外，湖州、绍兴和苏州也有大量的园林存在，如苏州的沧浪亭，经过历代迭经改建，至今仍为苏州名园之一（图2-7）。

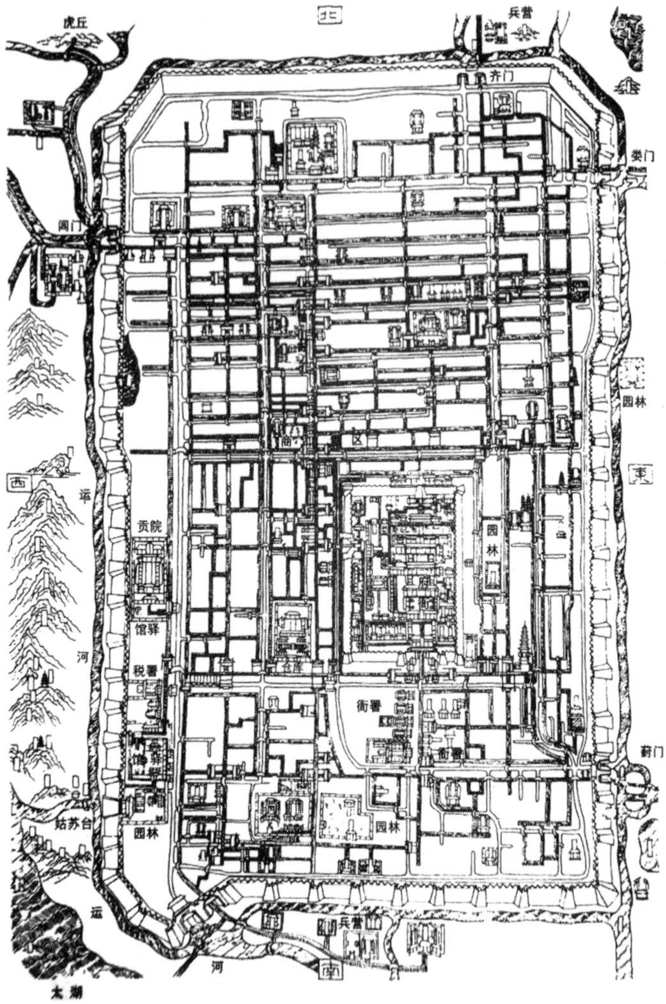

图2-7　宋代平江府图碑（图片来源：周维权．中国古典园林史［M］．北京：清华大学出版社，2012）

文人园林萌芽于魏晋南北朝，兴于唐代，到了宋代已成为私家造园的主流并影响到了皇家园林和寺观园林，禅宗的思想以及隐逸的观念也都间接促成了文人园林风格的异军突起。宋代文人园林的特点可概括为简远、疏朗、雅致、天然四个方面，两宋出现了把园林与美学概念“壶中天地”联系起来的理念，古代隐士的进取求志不见了，所谓的隐逸已经演变为一种情调，一种审美趣味。另外，宋代各个艺术门类之间广泛的互相借鉴，也促成了文人园林的“诗化”和“画化”。

宋代的公共园林也得到了进一步发展，如东京城内外的许多池沼都被开发为居民游览地，南宋的西湖经过隋、唐、北宋和南宋政权的整治逐渐成了闻名全国的风景区。

2.1.5　园林的成熟后期——元、明、清

元代蒙古族政权不到一百年的统治，民族矛盾尖锐，明初经济有待复苏，明永乐后才活跃起来，一直到清朝康、乾时期达到了一个高峰。元明清时期的古典园林，上承了两宋又有了新的面貌，主要是以下方面：（1）士流园林全面的“文人化”，使私家园林达到了艺术成就的高峰；

（2）有大批造园及其造园著作面世；（3）文人画的盛极一时影响到了园林，巩固了写意创作的主导地位；（4）皇家园林的建造无论从规模还是造诣，都达到了历史高峰，并通过引进江南民间园林精髓，使南北园林艺术大融合；（5）后期私家园林风格上形成江南、北方、岭南三足鼎立，并且许多少数民族风格的园林也已定型。

元灭金后，即把首都迁到大都，即今天的北京，从这以后的明清两代它一直都是中国的政治文化中心。明代御苑建设的重点在大内御苑，与宋代不同的是规模又开始趋于宏大，大内御苑共有六处：位于紫禁城的御花园，位于紫禁城的慈宁宫花园，位于皇城北部的万岁山，位于皇城西部的西苑，以及西苑西边的兔园和皇城东边的东苑。清代的皇家园林重在行宫御苑和离宫御苑的建设，时间稍早的是畅春园，后来有避暑山庄、圆明园、颐和园（图2–8）等。清代皇家园林到了乾、嘉两朝，进入了顶峰，精湛的技艺结合宏大的园林规模，使"皇家气派"得以凸显。它的成就主要体现在以下方面：（1）独具壮观的总体规划；（2）突出建筑形象的造景作用；（3）全面引进江南园林的技艺；（4）复杂多样的象征寓意。

江南在元明清三代，经济发达冠于全国，江南私家园林的数量之多，也是其他区域所不能企及的。大体来说，造园活动较集中的是扬州和苏州。扬州具代表性的园林有片石山房、个园、寄啸山庄、小盘谷、怡庐等，苏州具代表性的园林有沧浪亭、狮子林（图2–9）、拙政园、留园（图2–10）、艺圃、网师园、耦园、环秀山庄等。在清中叶以后岭南园林在布局、空间组织、水石运用和花木配置方面逐渐形成自己特点，并最终成为和江南、北方鼎立的三大地方风格之一。

明清江南的私家园林在实践的基础上积累了大量的经验，文人、造园家与工匠三者的结合促使这些实践向理论化升华，于是出现了许多关于园林的理论著作。《园冶》成书于明代，由计成所著，全面讲述了园林的规划、设计、栏杆、建筑构件、园林小品等内容。《一家言》又名《闲情偶寄》，作者李渔，全书共九卷，第四卷是建筑和造园的理论，分为房舍、窗栏、墙壁、联匾、山石五节。《长物志》的作者是文震亨，其中与造园有直接关系的为室庐、花木、水石、禽鱼四卷。《园冶》、《一家言》、《长物志》的内容以论述规划设计艺术、叠山、理水、建筑、植物造景为主，也涉及园林美学的范畴，是文人园林自两宋发展到明末清初时期的理论总结。

图2–8 颐和园佛香阁

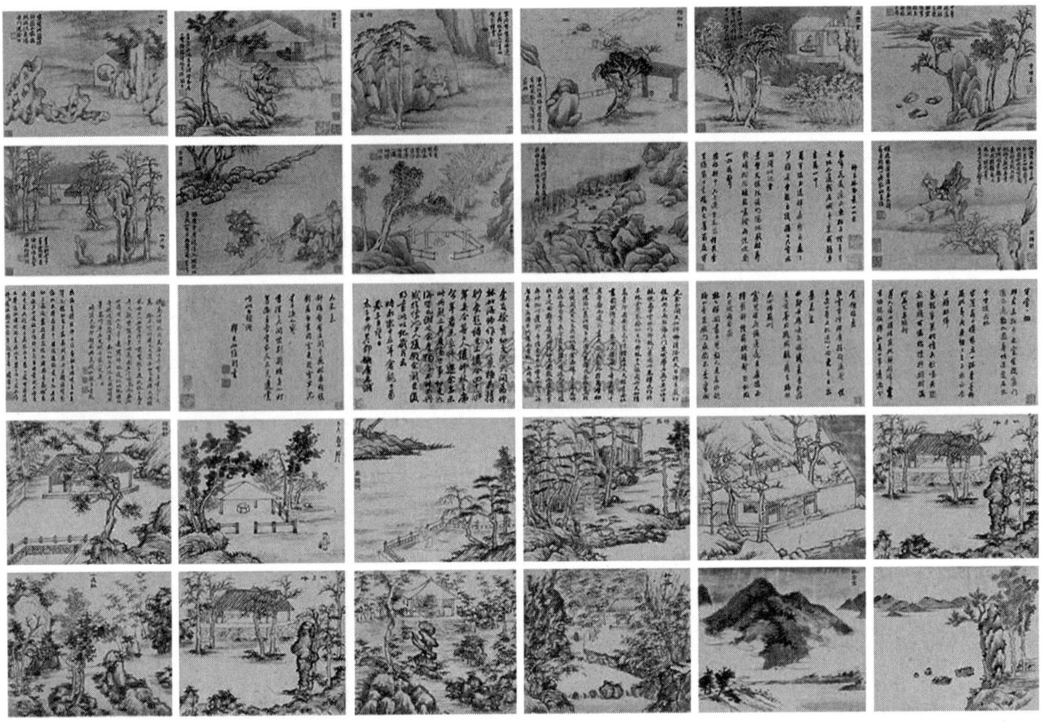

图2–9 明 徐贲 狮子林图

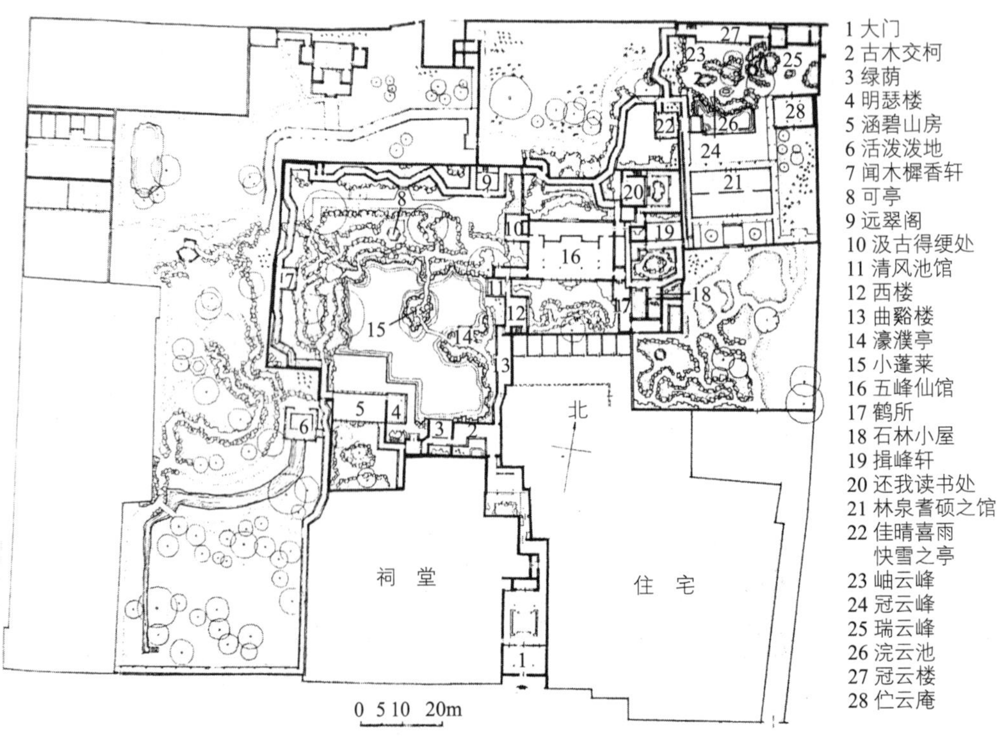

图2–10 留园平面图（图片来源：周维权．中国古典园林史［M］．北京：清华大学出版社，2012）

到了清代末期，从乾隆到清末的二百年时间，这时期的园林取得了辉煌的成就，同时也暴露了封建文化的末世衰颓迹象。随着封建社会的由盛而衰，经外国侵略者的焚掠之后，皇室再没有气魄和财力来营建宫苑，终至皇家园林的一蹶不振。在私家园林领域，由早先的“自然化”逐渐演变为“人工化”为主的倾向，私家园林的流俗使其不再呈现宋、明和清初的活力了。

2.2　西方古典园林

2.2.1　西方古代造园

最早关于西方园林的记录可以追溯到《旧约圣经》中的伊甸园，“园中还有‘生命树’和‘知善恶树’”，“有河从伊甸流出，滋润着伊甸园，并从那里分为四条河流。第一条是比逊河、它环抱着整个哈腓拉，那里有上好的金子，还有珍珠和红玛瑙；第二条是基训河，围绕着整个古实；第三条叫希底结河，流入亚述的东部；第四条即伯拉河。”从这些字句中我们能看到这是一个物产丰饶的梦想家园，被称为“天主乐园”。《圣经》的考古学家们认为伊甸园确实存在过，并在波斯湾头的区域。但是作为造园史，《圣经》中的园林毕竟还缺乏考古发掘的佐证，所以我们仍然把西方造园史的源头放在古埃及的造园上面。

2.2.1.1　古埃及的造园

古埃及的历史从公元前3500年持续到公元前1500年。埃及的国土中央，尼罗河贯穿南北，每年的七月到十一月的定期泛滥带来了肥沃的土壤，但这一地区因为雨水稀少，适合谷物生长却并不适合树木，所以森林稀疏。因而埃及人对树木倍加珍惜，并十分热衷于植树造林。人们把古王国时期的第四、第五王朝及中王朝时期的第十二王朝称为园艺发展的鼎盛期，新王朝时期则出现了游乐性的园林。埃及的园林景观有庭园、神苑、陵园等形式。

从底比斯阿米诺菲斯三世大臣的墓中发现的壁画可知（图2-11），当时的庭园均为方形，四周围着高墙，入口处有埃及特有的塔门。高墙内成排种植着埃及榕、枣椰子、棕榈、无花果、洋槐等树木，水池围在它们之中。其中水池是庭园的重要组成元素，一般为矩形，当水池较大时，池岸的阶梯一直伸至水面，造成“下沉式水池”。池中种着莲之类的水生植物，并养着水鸟和鱼。池旁还建有亭子，这种亭式构造物是埃及庭园中的重要设施。

除了私园外，还有附属于神庙的神苑，这是一种设置在神庙周围的园林。其中最著名的是德尔·埃尔·巴哈里神庙（图2-12），该庙由三个台阶状的大露坛组成，将山拦腰削平，用列柱廊组成的围墙来装饰，是一座颇为壮观的神庙。

埃及的神庙及寺院造园中，还有与陵墓有关的陵园。人们认为现世成就之物在来世也能为灵

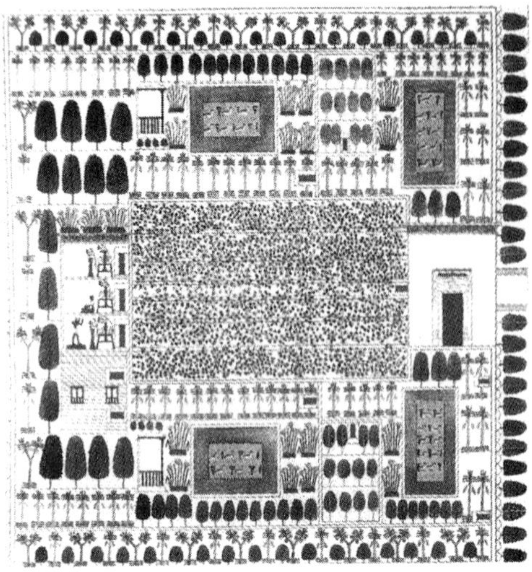

图2-11 阿米诺菲斯三世大臣的墓中壁画（图片来源：（日）针之谷钟吉. 西方造园变迁史——从伊甸园到天然公园［M］. 邹洪灿译. 北京：中国建筑工业出版社，2012）

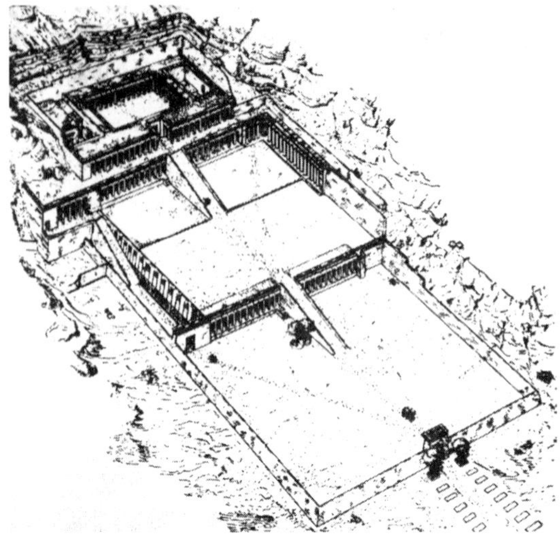

图2-12 德尔·埃尔·巴哈里神庙复原图（图片来源：（日）针之谷钟吉. 西方造园变迁史——从伊甸园到天然公园［M］. 邹洪灿译. 北京：中国建筑工业出版社，2012）

魂带来慰藉，结果致使他们希望在住房周围尽可能有庭园，以作为灵魂的安息之所。他们在其陵墓的四壁上造出庭园的浮雕及壁画等，以满足这种愿望。陵园的范围往往很小，不过是由几棵树木及小花坛、水池所组成而已。

2.2.1.2 古希腊的造园

古希腊的文化大概从公元前3000年到公元前337年，它的前身是克里特时期和迈锡尼时期的爱琴海文明。这两种文化因地理条件和社会状况不同具有不同性质。从宫廷建筑来看，克里特的宫殿采用住宅式的开敞形态，体现了其时代生活的安定和平；而迈锡尼的宫殿则为城堡式，各房间向中庭敞开，前门直达中庭，是完全封闭式的。

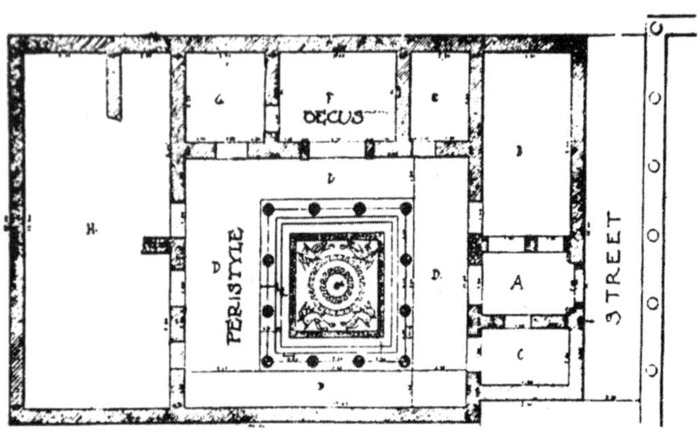

图2-13 带列柱中庭的住宅平面（图片来源：（日）针之谷钟吉. 西方造园变迁史——从伊甸园到天然公园［M］. 邹洪灿译. 北京：中国建筑工业出版社，2012）

公元前5世纪，希腊步入了鼎盛时期，住宅庭园的建造日益增多。在那时的普通住宅，有像迈锡尼时代那样的起居室式大厅，中庭面向远离街道的居室，在其一侧并排着柱廊。稍后，起居室被横置一侧，成了宽敞的大厅，中庭则成了列柱中庭，是住宅的核心所在（图2-13）。这种列柱中

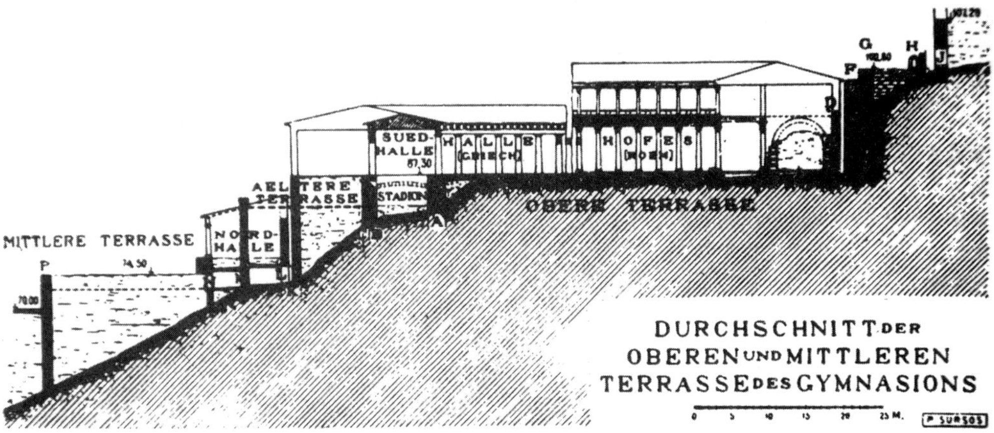

图2–14　佩尔加蒙的体育场（图片来源：（日）针之谷钟吉. 西方造园变迁史——从伊甸园到天然公园［M］. 邹洪灿译. 北京：中国建筑工业出版社，2012）

庭开始铺砌了地面，摆放赤陶雕像、盆栽及大理石的喷泉等。当时在希腊还有一种称为阿多尼斯园的屋顶花园，这种花园的形式起源于祭祀阿多尼斯的风俗。在祭祀日，希腊妇女们在屋顶建起阿多尼斯像，并在像的周围并排放置土罐，种植茴香、莴苣、小麦、大麦等植物，起初只在祭祀时期装饰，后来则盛行于四季。

希腊时期的公共园林主要有圣林和体育场。圣林早在埃及时期就已流行，即在神庙四周植树形成的神苑。圣林所用的树木与庭院不同，多为绿荫树，主要有棕榈树、悬铃木等。随着群众性体育竞赛的高涨，希腊青年为了体育运动而建造了体育场，最早的体育场只是一片空的场地，后来人们种植上了洋梧桐来遮阴，从此便逐渐发展成了公园或公共庭园。与圣林一样，体育场原来也与祭祀英雄的神庙有关，比较著名的有阿卡德弥体育场、佩尔加蒙体育场等（图2–14）。

2.2.1.3　古罗马的造园

古罗马在共和时代征服古希腊后，在各个方面都竞相希腊化，尤其是在造园领域。古罗马的园林景观有别墅、平民住宅庭园、公共园林等。

古罗马的别墅按其结构可分为田园型别墅和城市型别墅。田园型别墅中的建筑物为农舍式结构，其中设有厩舍、小仓库、奴隶小房等，还配置了果树园、橄榄树园、葡萄园等。城市型别墅则将庭园与建筑物连接在一起，一般来说这种建筑都建在斜坡上，利用地形以利于露台的伸展，并采用以水为装饰的手法。其中，以小普林尼的两座别墅，劳伦提努姆别墅和吐斯库姆别墅最有代表性。

对于当时的平民住宅庭园，通过庞贝遗址，我们能够有所了解。庞贝古城原是由埃特尔利亚工程师设计的长方形城市，它由公共建筑街、商店街、住宅街三大街区组成。庞贝城内的早期住宅是意大利式的，晚期住宅明显表现出希腊、埃及的影响，多为富裕市民所有。这类住宅中有列柱中庭，列柱中庭被包围在四周连着一排小房间的柱廊之中，比天井大，中庭规则地装饰着花卉、雕塑、喷水、祭坛等。在柱廊的墙壁上，往往点缀着庭园画，其采用的透视技法在视觉上能够扩大狭

图2-15 庞贝末期的维提府邸

小的面积。庞贝最有代表性的住宅庭园是城内建于庞贝末期的维提府邸（图2-15），以及建于近郊的迪欧麦德别墅。

古罗马的造园，值得一提的还有公共造园。古罗马因不同于古希腊般热衷体育竞赛，所以没有造运动场，取而代之的是在城市规划方面取得了前所未有的业绩。被视为广场前身的古罗马公共集会广场也是城市规划的产物，它是担负着市民社交和娱乐活动的场所。

2.2.2 中世纪西欧的造园

中世纪即从罗马帝国灭亡的5世纪到文艺复兴开始的14世纪，历时约1000年，这段时期又称为黑暗时代。中世纪的基督教势力强大，渗透到生活的所有方面，造园文化也深深受到基督教文化的影响。

2.2.2.1 修道院的庭园

从公元四世纪至八世纪初期被称为基督教美术时代。基督教徒首先效法罗马时代的法院、市场、大会堂的样式建造寺院，称之为巴雪利卡式寺院。在这种寺院中，建筑物前方有用连拱廊围成的长方形中庭，被命名为“前庭”。这类前庭的中央有喷泉或水井，人们进入教堂时，先用这里的水净身。作为建筑物的一部分，这种前庭成为不久后出现的修道院庭园的一个雏形。

修道院大约始于6世纪，是由本尼狄克创始的。他对修道院有着严格的戒律，并且要求修道院所需要的物资全部都在修道院内生产，所以实用的蔬菜园成为修道院中必不可少的东西。后来，花卉逐渐被用来装饰修道院、教堂，为种植花草还建造了装饰性的花园，至此，实用庭园和装饰庭园就组成了修道院庭园。菜园、药草园是实用庭园，而回廊式的中庭则属于装饰性庭园。

回廊式中庭类似于罗马柱廊式中庭的露天方形中庭，一般位于教堂南侧，庭园的四周围绕着有柱门廊，在回廊的墙壁上描绘着主题各异的壁画。回廊式中庭不同于柱廊式中庭，它的柱子设置在护墙上，只有从指定地方进入中庭。庭园的构成也很简单，两条垂直的路将庭园分为四个区域。园路的交点或种树，或设置水盘、喷泉或水井，空地上则种植草坪或花草果树。目前遗留下来的早期修道院的平面图有圣加尔修道院和坎特伯雷大修道院，据此我们可以看到那个时期的庭院面貌（图2-16）。

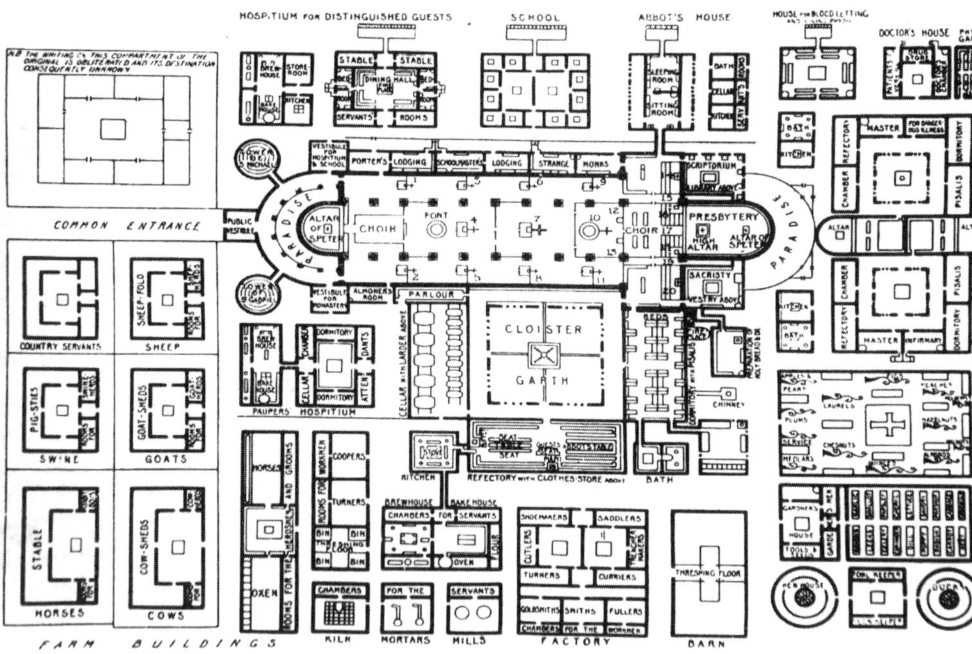

图2–16 圣加尔修道院平面图（图片来源：（日）针之谷钟吉. 西方造园变迁史——从伊甸园到天然公园［M］. 邹洪灿译. 北京：中国建筑工业出版社，2012）

2.2.2.2 城堡的庭园

中世纪后期，随着封建制度的发展，在武士们居住的城堡内外，开始建起城堡庭园。起初，城堡是一种简陋的木结构建筑，为防敌人攻击建在山顶，因为空地匮乏，是没有庭园的；到了10世纪，城堡依旧十分不完善，只不过是领主的简单防御设施而已；11世纪，诺曼底人征服了英国，将原来的木结构城堡改造成耐久的石结构城堡，这种城堡由一或两层围廊组成，中央有兼具防御与住宿的城楼，已经开始出现了庭园；13世纪，城堡的结构发生了显著变化，城堡摒弃了城楼形式，变成了居住型城堡或者府邸；到了14世纪，城堡结构变得更为开敞，住宅区域也比以往增大了，逐渐变成了专用住宅。

比尤里成书于13世纪的长诗《玫瑰传奇》，其手抄本中有大量被认为是描绘城堡庭园的插图，可以看作是画家对实际庭园的真实写照（图2–17）。城堡在英国和法国留下许多实例，比较著名的法国城堡有比尤里（图2–18）、盖

图2–17 《玫瑰传奇》手抄本中的插图

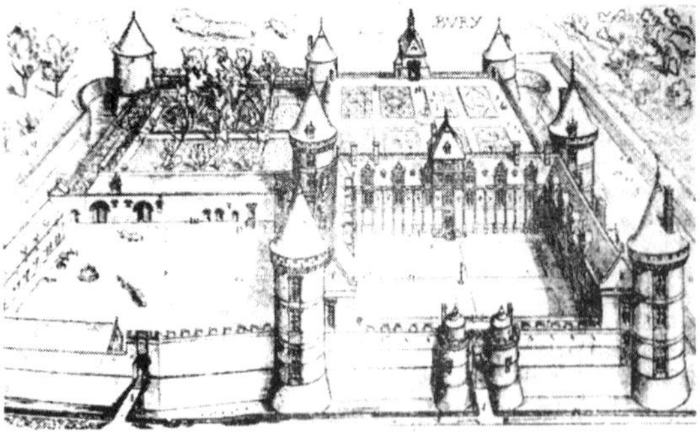

图2-18 比尤里城堡（图片来源：（日）针之谷钟吉. 西方造园变迁史——从伊甸园到天然公园［M］. 邹洪灿译. 北京：中国建筑工业出版社，2012）

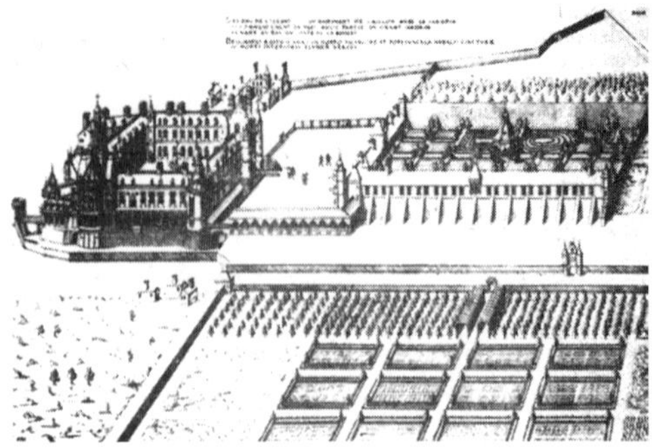

图2-19 盖尔龙城堡（图片来源：（日）针之谷钟吉. 西方造园变迁史——从伊甸园到天然公园［M］. 邹洪灿译. 北京：中国建筑工业出版社，2012）

尔龙（图2-19）、蒙塔尔吉斯、枫丹白露、维尔内、谢农苏等。

2.2.3 意大利文艺复兴式造园

随着与东方各国的贸易往来，意大利的都市日趋繁荣，也使地方统治阶级、中产阶级、地方商贾们富裕起来。教会文化在中世纪末期步入了黄金时代，当革命浪潮和人们潜意识中复兴文化的氛围相结合，立刻变得生机勃勃。

文艺复兴初期的14世纪，佛罗伦萨成了发祥地。这座以毛纺织业为主的工业城市，美第奇家族更是脱颖而出，一直支持着艺术的发展。三大文豪但丁、彼特拉克、薄伽丘都对庭园怀有非比寻常的爱好。到15世纪，建筑师阿尔伯蒂在《Del Govomo della Familia》一书中赞美了别墅生活，并在《De Architectura》中论述了他所理想的庭园，这个庭园设想如下：①正方形庭园用直线分区，小区做草坪并用植物镶边；②树种成直线；③园路的尽端是凉亭；④沿园路而造的平顶绿廊支撑在圆石柱上；⑤在园路上点缀石或陶制的花瓶；⑥花坛中用黄杨树种植拼写主人姓名；⑦每隔一段距离将树篱修剪成壁龛造型；⑧中央园路相交处建造祈祷堂；⑨祈祷堂附近设迷园，旁边建造绿廊；⑩流水的山腰设洞窟，在其对面设置鱼池、草地、果园、菜园。阿尔伯蒂的庭院设想很多是以小普林尼的古罗马别墅庭园为依据的，但他提出的用造型树木围合起来草坪区域的秘园，在后来的意大利庭院中被沿袭。文艺复兴早期别墅有喀累吉奥别墅、卡法鸠罗别墅、萨尔维亚提别墅、美第奇别墅等。这一时期人们不将植物作为造园材料，而是从园艺角度欣赏，是这时期最显著的特征。

16世纪的文艺复兴以罗马为中心，由罗马教皇尤里乌斯二世创造，是文艺复兴的全盛时期。当时最负盛名的建筑师兼画家布拉曼特以罗马为起点，创造发展出了一种平台建筑式造园样式。此后的意大利庭园都以建筑式构成为主，即以宽大的平台、连接各层平台的台阶、绘着壁画的凉亭、青铜或大理石的喷泉、古代的雕像等来装点。布拉曼特的代表作是贝尔维德雷园，不过其本人在这座园林未完成时就与世长辞了，其后续工作持续到16世纪（图2-20）。布拉曼特之后，这种台地园的代表是拉斐尔为美第奇家族建造的玛丹别墅，它的构思，成了后世的典范。罗马别墅区中，最负盛名的是所谓三大别墅——法尔纳斯别墅、埃斯特别墅、兰特别墅，我们选取其中的埃斯特别墅进行分析（图2-21~图2-23）。

埃斯特别墅位于罗马以东40公里的蒂沃利城，别墅是由利戈里奥设计的。埃斯特别墅总面积约14000平方米，它将斜坡推平后筑造了六个露台。底层露台占地约5000平方米，围着露台中央的喷泉，有种着罗汉松的“罗汉松园亭”，四周花园围绕。沿它们内侧，并列一排四个泉池。从底层露坛伸出三道台阶，穿过冬青树林，通向二层露台。连接二三层露台的坡道中央有著名的“龙喷泉”。喷泉耸立在椭圆形水池中，水池两边的半圆形台阶盖满了常春藤和杂草，这是全园的重心。第三层露台名曰“百泉台”沿露台长边有无数个喷水口。顶层露台位于建筑物的前边，是一块宽约40英尺（约12.2米）的空间，边缘设置了石栏杆，远处的景色能够尽收眼底。

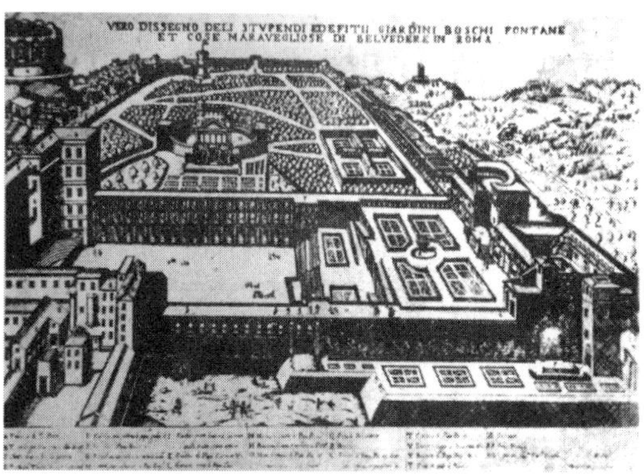

图2-20　贝尔维德雷园古版画（图片来源：（日）针之谷钟吉．西方造园变迁史——从伊甸园到天然公园［M］．邹洪灿译．北京：中国建筑工业出版社，2012）

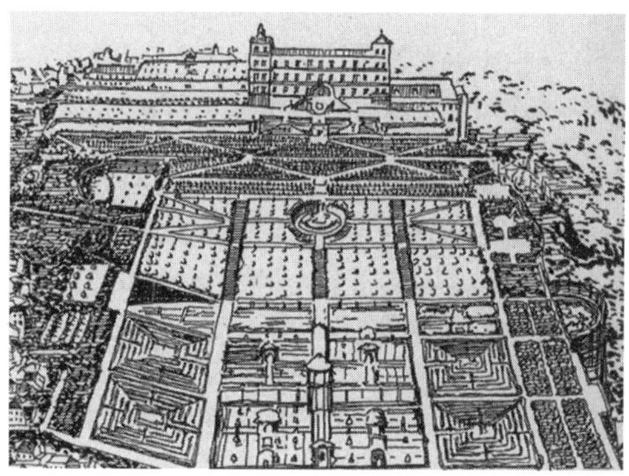

图2-21　埃斯特鸟瞰（图片来源：（日）针之谷钟吉．西方造园变迁史——从伊甸园到天然公园［M］．邹洪灿译．北京：中国建筑工业出版社，2012）

图2-22　埃斯特别墅百泉台

图2-23　埃斯特别墅龙喷泉

16世纪末，17世纪初，文艺复兴后期的庭园随着建筑的巴洛克化而呈现出巴洛克风格。巴洛克的建筑表现在喜用曲线和繁琐的细部技巧，而庭园风格也更多体现在细部特征上。如新颖别致的水景设计上，各种处理水的技巧，“水剧场”、“水风琴”、“惊愕喷水”、“秘密喷水”等就属于此类。另外，滥用造型树木也是巴洛克造园的一个特征。这个时期，比较有代表性的别墅有阿尔多布兰迪尼别墅、伊索拉贝拉别墅、奥尔西尼别墅等（图2-24）。

图2-24　伊索拉贝拉别墅水剧场

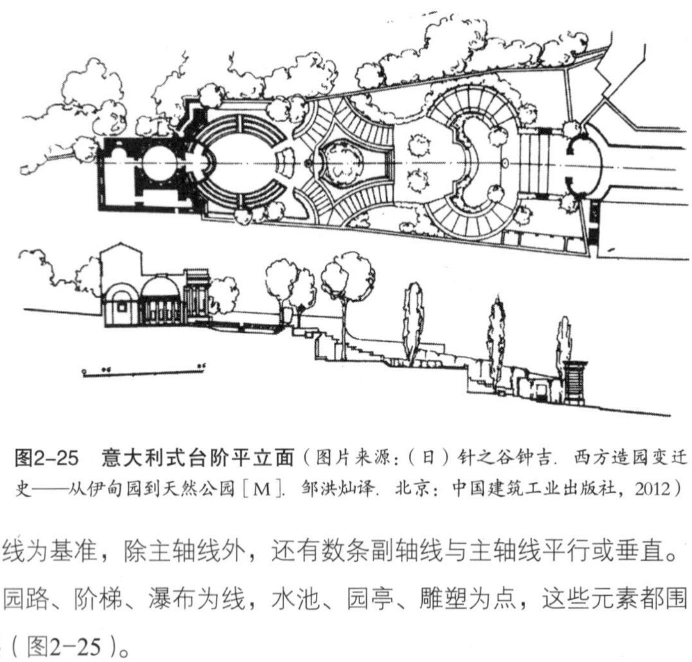

图2-25　意大利式台阶平立面（图片来源：（日）针之谷钟吉. 西方造园变迁史——从伊甸园到天然公园［M］. 邹洪灿译. 北京：中国建筑工业出版社，2012）

意大利文艺复兴时期造园也称为台地园，它的特征可以从立面和平面两方面来描述。在立面上，露台是由倾斜部分和平坦部分组成，各层露台间有台阶，建筑物也被用作瞭望台。在平面上，有着规则对称布局，庭园的对称轴以建筑物轴线为基准，除主轴线外，还有数条副轴线与主轴线平行或垂直。庭园以花坛、泉池、露台为面，园路、阶梯、瀑布为线，水池、园亭、雕塑为点，这些元素都围绕轴线对称布置，强化了规则感（图2-25）。

2.2.4　法国勒·诺特尔式造园

从16世纪下半叶，法国接受了意大利的影响，同时又经历了自身发展。至17世纪末，勒·诺特尔的出现，标志着模仿意大利时代的结束和新的法国古典园林的诞生。

1613年勒·诺特尔出生于巴黎的造园世家，他终生作为路易十四的宫廷造园家为国王尽职尽责。真正使勒·诺特尔一举成名的是被称为维康府邸的庭园。此园长1200米，东西宽600

米，整个庭园具有庄重典雅、简洁明快的风格。主轴线由宫殿引出，通过装饰花坛、编枝林荫道、水渠，穿越阶式瀑布和水渠直抵洞窟，再从此穿过森林，一直延伸到深处，体现了中轴线的秩序感。宫殿的四周环绕着宽大的壕沟，仍沿袭中世纪城堡的样式，这也逐渐成为法国园林的一个特性。运河是勒·诺特尔式园林的另一个主要特征，它强化了轴线，也有利于蓄水排水。花坛是法国园林中最重要的构成元素之一，勒·诺特尔以整个庭园为构图框架，按图案布置“刺绣花坛”，形成了与宏伟宫殿相匹配的气魄（图2-26）。

图2-26　维康府邸的刺绣花坛

在勒·诺特尔的设计生涯中，由他指导的在法国国内修造的园林数不胜数。其中著名的有苏园（1673年）、玛丽园（1679年）、拉姆布伊艾、克拉尼、丹比埃尔（1683年）、枫丹白露等。但最使他名垂青史的就是凡尔赛宫（图2-27），这座在世界园林史有着重要地位的园林确立了法国式或者称为勒·诺特尔庭园样式。

比较意大利造园，我们能看到勒·诺特尔造园具有的意大利式造园所没有的典雅庄重的风格和颇具匠心的局部处理，下面的表格展示了意大利和法国庭园设计的异同（表2-1）。

图2-27　凡尔赛宫的园林设计

意大利造园和法国造园比较　　表2-1

意大利	法国
露台建筑式（台地式）造园	平面图案式的造园
规则式——立体、堆积感	规则式——平面铺展感
地处干燥的丘陵地带	地处沼泽性的低湿地带
从高处鸟瞰	利用园路的透视法

2.2.5 英国风景式造园

从17世纪后半叶到18世纪，英国绘画和文学这两种艺术中热衷自然的倾向为18世纪自然式造园的产生奠定了基础。自然式造园运动是从文学家们的文学著作开始的，这是一个非常有意思的事实，当时有一大批文学家和艺术家的参与为风景式造园奠定了基础（表2-2）。

英国风景式造园兴起的代表人物及其理论与实践　　表2-2

代表人物	相关理论与实践
培根	被称为“造园预言家”，1962年，培根所著《随笔集》描述了理想中的庄园：虽然仍然固守着相当规整有序的手法，但另一方面又极力排斥非自然物，在庭园的一部分中表现出自然原野的情趣
弥尔顿	被称为“自然式造园先驱”，在《失乐园》第四卷中，描写了充满自然情调的伊甸园
艾迪生	1712年发表了以《庭园的快乐》为题的随笔，他认为在自然中有着造园无法企及的恢宏与壮观。庭园有类似于自然的美，通过与自然的同化，就会取得最佳效果。他不喜欢几何形的造型与树木，推崇自然生长的树木
蒲柏	1713年在《The Guardi—an No.173》上发表《论植物雕刻》的随笔，赞美了风景式造园，讽刺了植物造型式庭园
斯威特则	风景式庭园的鼻祖，写出了《Ichinographir Rustica》一书，他设计的庭园，将围栅一扫而空，扩展延伸到林苑及四周田园之中
兰利	将造园方针归纳为二十八条，最早在规则式庭园中以不规则手法来设计作品
布里奇曼	他继承了艾迪生和蒲柏的造园思想，是宫廷庭园的管理人。设计了著名的白金汉郡斯陀园，四周废弃了围墙，创始了水渠
肯特	他是18世纪后半叶风景式造园鼎盛时期的先锋，是布里奇曼的继承者，完全抛弃了规则式造园。他的庭园将直线形园路、林荫道、喷泉、树篱拒之门外，只留下不规则的池岸和弯曲河流，设计了奇思威克别墅园、罗沙姆园、克莱尔蒙特园（图2-28），对斯陀园进行了增补
布朗	是继肯特之后风景派的一代宗师，设计改造了英国众多园林。对于水的处理很在行，佳作是筑在阿什比城中的水池，他拆毁围墙，建筑物斜坡一概不建露坛、菜园，而种了树木。代表作是布伦海姆风景园和查兹沃斯风景园（图2-29）

图2-28　肯特 克莱尔蒙特园

图2-29　布朗 查兹沃斯风景园

中国的造园艺术也对英国风景式造园产生了极大影响。最早将中国庭园介绍到英国的是坦普尔，他于1685年在《伊壁鸠鲁的庭园》中比较了欧洲的规则式园林和中国的不规则式园林。钱伯斯1772年的名著《东方庭园论》将中国的造园介绍到了西方，他指责英国造园过度追求粗犷的自然，空洞无物，而中国造园家知识渊博，将趣味效果反映在园林中。1758年到1759年，他担任了邱园的建筑官员，建造了很多中国式建筑，最著名的就是中国塔（图2-30）。钱伯斯的观点为英国造园带来了浪漫主义色彩。

在当时，由于对模仿自然持不同态度，分成了两个派别：布朗派和绘画派。布朗派的代表人物是雷普顿和马歇尔，绘画派的则是普赖斯、奈特、吉尔平。绘画派批评布朗式园林的单调乏味，认为要将洛兰、罗扎这些画家的画中意匠再现出来；而布朗派则强调自然风景与绘画之间的差别。两派论战使人们采取了更认真的态度看待造园，客观上促进了英国造园的发展。

雷普顿是当时最著名的造园师，他在《造园绘画入门》中，提出了造园的四条法则：（1）庭园展示自然美也要掩盖自然的缺陷；（2）将境界伪装或隐蔽起来，赋予庭院广阔自由的外观；（3）一切有碍艺术之物，都要极力隐藏；（4）凡不具装饰或不能够成风景的，都应隐蔽。雷普顿的理论一方面重视自然美，一方面又注重实用。他在1803年出版的《造园的理论与实践》中，还发明了一种叠合图法，将改造后的风景图和现状图贴在一起，可以直观看到改造的效果。

图2-30 邱园

西方古典式园林到了英国风景式造园就画上了句号。如果排除历史的因素，从外观特征来分类，可以分为规则式庭园和不规则式庭园两种。规则式几乎囊括了从古埃及到勒·诺特尔时期所有的园林，而从英国风景式造园开始有了规则式与不规则式的区分。古典园林在风景式造园时期到达了顶点，进入19世纪的很长一段时间内，柔和了规则式与不规则式的折中主义园林盛行，而这种折中主义在造园样式上并没有新的创新。

2.3 现代景观的产生

18世纪中叶，蒸汽机和纺织机在英国的广泛使用促成了工业革命，许多国家随着工业文明的崛起，陆续由农业社会过渡到工业社会。社会的结构在这个时期也发生了很大变化，社会形势的变化不允许那种能满足特权阶级生活要求的大庭园的存在，适于平民阶层生活的具有实用功能的园林逐渐兴盛。在另外一个层面上，科技的进步使人们更有效地开发自然，但是无计划地、掠夺性地开发造成了对自然环境严重的破坏。城市人口密集、城市不断膨胀、居住环境的恶化在19世纪中叶以后的西方更为显著。以上这些问题的出现，都预示着古典园林时代已经走到了尽头，人们需要建立新的园林、景观体系来适应新的时代。

2.3.1 美国的城市公园和国家公园

美国的造园是建立在英国风景式造园的基础上的，开创者是道宁，而继承者是著名的奥姆斯特德。更重要的是奥姆斯特德将自己从事的事业称为景观规划设计（Landscape architect）来取代园林设计（Landscape gardening），这种转变不仅仅是名称的变化，而是将造园师的职业领域大大扩大，以更加适应社会变化的要求。他与建筑师沃克斯合作，利用纽约市大约843英亩（约341.15公顷）的一块空地改造，规划成了市民公共游览、娱乐的用地，这就是世界上最早的城市公园之一——纽约中央公园（图2-31）。随后，他还陆续主持了费城的“斐蒙公园”、布鲁克林的“前景公园”、波士顿的公路林荫系统等。

奥姆斯特德的主要观点如下：（1）保护自然环境并根据需要增补和夸张；（2）力戒一切规则、呆板的设计；（3）开阔的草坪区要设在公园中央地带；（4）采用当地乔灌木来造成浓郁的边界栽植；（5）穿越较大区域的园路要设计成曲线回路；（6）主要园路要能通过整个庭园。他所提出的这些观点在今天依然是我们设计中的基本法则。他的城市园林的思想逐渐被公众所认可，于是“公园”作为一种新兴的公共园林在欧美大城市中陆续建成，并陆续出现街道和广场绿化、公共建筑、校园、住宅区的园林绿化等多种形式的公共园林。

图2-31　纽约中央公园

在美国，除了城市公园外，还有一项成就体现了对于自然保护的重视，那就是自然风景区的保存，它分为六个层次：（1）国家公园；（2）国有森林；（3）国家纪念物；（4）州立公园；（5）州有森林；（6）名胜古迹。最早的国家公园为黄石公园。

2.3.2 现代思潮与现代景观

2.3.2.1 工艺美术运动和新艺术运动

1870年，英国人对工艺美术运动产生了强烈兴趣，他们开始潜心研究居室内外空间的处理，其结果也刺激了造园。当时工艺美术运动的领袖威廉·莫里斯认为。庭园无论大小都必须从整体上进行设计，外貌必须壮观，另外庭园必须脱离外界，绝不可一成不变地照搬自然的变化和粗糙不精。英国建筑师布鲁姆菲尔德1892年出版了题为《英国的规则式庭园》一书，他毫不客气地指出风景式庭园的不合理，提出了对庭园设计中“自然”的意指的疑惑，他的著作在英国引起了很大反响。而造园家鲁滨孙和吉基尔则反对他的观点，鲁滨孙写了两篇关于庭园和建筑样式的论文，谴责对树木加以修剪造型以求与建筑协调的做法。论战的结果是促使人们对残留至今的古典样式庭园的研究，并记录下其造型，作为模板来使用。在热衷庭院设计的同时，人们也没有放弃对植物学的兴趣，将规则式布局与植物野趣相结合。园艺家吉基尔就对花坛的色彩很感兴趣，她推崇以适应气候、枝繁叶茂的植物为基础的无装饰味道的园艺。

在工艺美术运动的影响下，欧洲掀起了更大规模的新艺术运动。反映在园林上，艺术家们不满足于现状，不断打破僵化的学院派教条，虽然本身没有一个统一风格，但这些探索都是希望通过装饰的手段创造出一种新的风格，主要表现在追求自然曲线和追求直线几何形两种形式。

追求曲线的风格特点是：从自然界中归纳出基本线条，并用它来进行设计，强调曲线装饰。曲线风格的代表是西班牙建筑师高迪，他的作品主要集中在巴塞罗那，包括米拉公寓、圣家族教堂等。他的园林景观作品居尔公园，以超凡的想象力，将建筑、雕塑和大自然融为一体，整个设计充满了波动的线条和色彩、光影的变化。围墙、长凳、廊柱和绚丽的马赛克镶嵌个性鲜明。

建筑师参与到园林设计中的代表是穆特修斯，他受到了英国新造园运动的影响，其观点和布鲁姆埃尔德非常相似，即反对自然式园林。穆特修斯认识到协调房屋与庭园关系的重要性，并且在观赏性庭院中反复利用从外部可见的垂直或水平的房屋轮廓线、雕刻及其他装饰物。他所希望的设计是在庭园中尽量再现居室的内部部分，凳子、栅栏或花廊边缘、园路，都应该与房屋的室内配置有相似之处。

2.3.2.2 现代艺术思潮与现代景观

从20世纪最早的现代艺术运动——马蒂斯的野兽派开始，在众多的艺术流派中，许多对景观产生过形式、内容或价值方面的影响。如毕加索和布拉克的立体派对建筑和雕塑的影响；康定斯基的点线面理论，对于建筑和景观设计的形式语言产生的影响；蒙德里安、里特维德的风格派，提倡几何形的设计和构图，提倡纯粹的抽象，建立一种理性的、充满秩序的风格，这对后来的建筑设计、景观设计都产生了巨大影响。另外，超现实主义、波普艺术、极简主义、达达风格、大地艺术等都直接或间接地影响到了景观设计的思维，丰富了景观设计的灵感和设计语言，成为推动现代景观发展的动力。

这其中比较特殊的是大地艺术，准确说它包含两层含义：为艺术的大地艺术和景观中的大地艺术。早期的大地艺术往往在远离文明之地，并且因其尺度大而往往只能通过照片来了解这些艺术品，所以更偏重于强调大自然及其力量的完整统一。而在后期大地艺术逐渐突出了其生态性，并且和景观设计、景观规划相结合，变成了一种景观设计手法。如詹克斯（Charles Jeneks）的宇宙思考花园（图2-32），他在设计中采用了许多来自自然界的曲线，土地、水和其他要素都在波动，绿草覆盖的螺旋小山和扭曲的土丘构成花园的基调，水面随着地形而形成蝴蝶的形状。整个设计形成了富有诗意的视觉效果也体现了作者自身独特的造园哲学。

图2-32　詹克斯的苏格兰宇宙思考花园

2.3.2.3　巴黎国际现代工艺美术展

1925年的巴黎国际现代工艺美术展是欧洲现代园林发展的里程碑。展览的作品被收录在《1925年的园林》一书中，随后一大批介绍这次展览前后的现代园林出版物，对园林设计领域思想的转变和事业的发展，起了重要推动作用。

由建筑师古埃瑞克安设计的“光与水的花园”就在这次展览中引起普遍反响。这个作品打破了以往的规则式传统，以一种现代的几何构图法完成，大量采用新物质、新技术，如混凝土、玻璃、光电技术等，展示了大胆的想象力。园林位于三角形基地，由草地、花卉、水池、围篱组成，这些要素按照三角形划分为更小形，水池中央有一个玻璃球，随时间变化旋转并反射光线。会展后，古埃瑞克安设计了法国南部Hyeres一座别墅庭园，它由地砖和郁金香花坛将三角形划分开，这与传统的植物景观主导的园林完全不同。

在这次博览会中还展出了一个庭院的平面和照片，设计者是当时著名的家具设计师和书籍封面设计师P. E. Legrain。这个作品实际上是他为Tachard住宅做的室内设计的向外延伸。从平面上看，这个庭院与Legrain设计的一幅书籍封面有很多相似之处，他似乎把植物从传统的运用中解脱出来，而将它们作为构成放大的书籍封面的材料。当然庭院设计并非完全陷于图形的组合上，而是与功能、空间紧密结合的。Tachard花园的意义在于，它不受传统的规则式或自然式的束缚，采用了一种当时新的动态均衡构图：是几何的，但又是不规则的。

2.3.2.4 现代造园的形成

第二次世界大战前，各个国家对于新庭园、新景观的理论和实践在全面进行着，出版了许多造园著作，其中具有代表性的是《现代风景中的庭园》，它的作者是在美国耶鲁大学讲授城市规划的英国人唐纳德。在书中，他提出了现代景观设计的三个方面：功能主义的、移情的、现代艺术的。在他看来，功能主义庭园避免了在伤感主义的自然式庭园和理念主义的规则式庭院中任一方走极端，他认为庭园与风景都应遵循现代的要求而充满人情味。

这个时期重要的造园师还有活跃在加利福尼亚的托马斯·丘奇，他作为一流的造园师，在美国尽人皆知，并在加利福尼亚创造了许多“加利福尼亚花园”。他的代表作有唐纳花园、加州的旧金山庭园、加州的阿普托斯庭园（图2-33）。

第二次世界大战后，美国在从欧洲逃亡来的格罗皮乌斯、密斯·凡德罗、布鲁尔、门德尔松等建筑师的指导下，发展成为世界建筑界的中心。在精英辈出的哈佛大学，三位杰出的学生，加勒特·艾科伯、丹·凯利、詹姆斯·罗斯通过探讨现代艺术和建筑理论，探讨它们在景

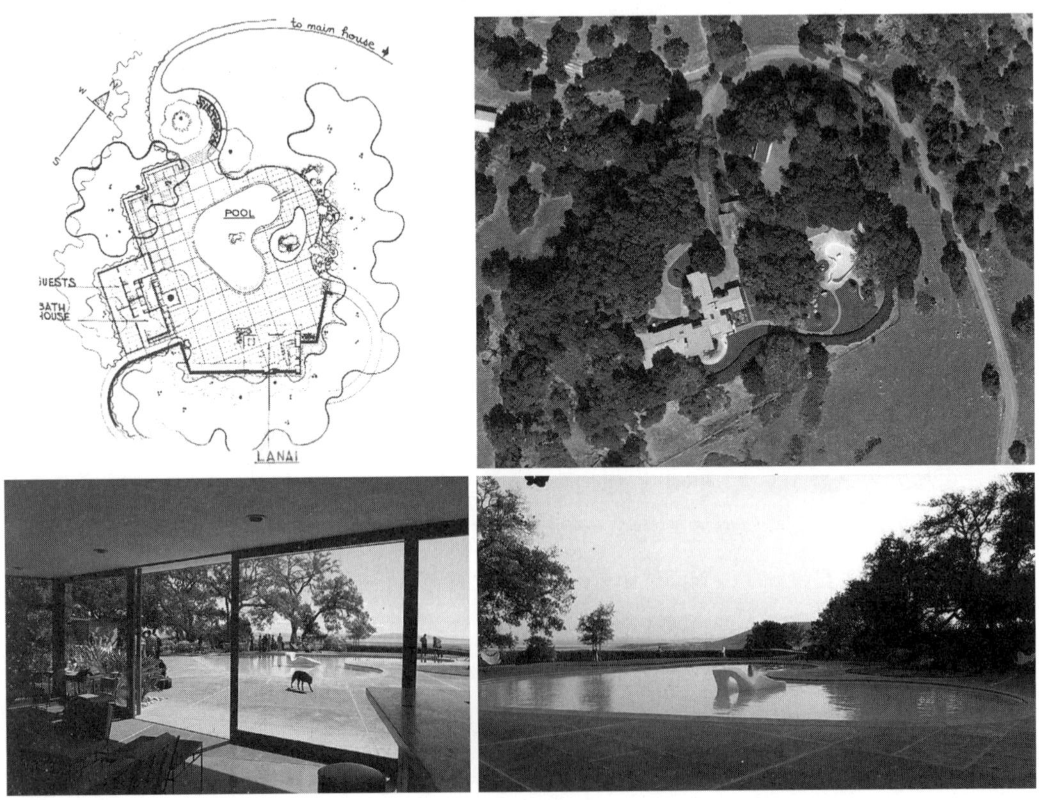

图2-33 托马斯·丘奇的唐纳花园

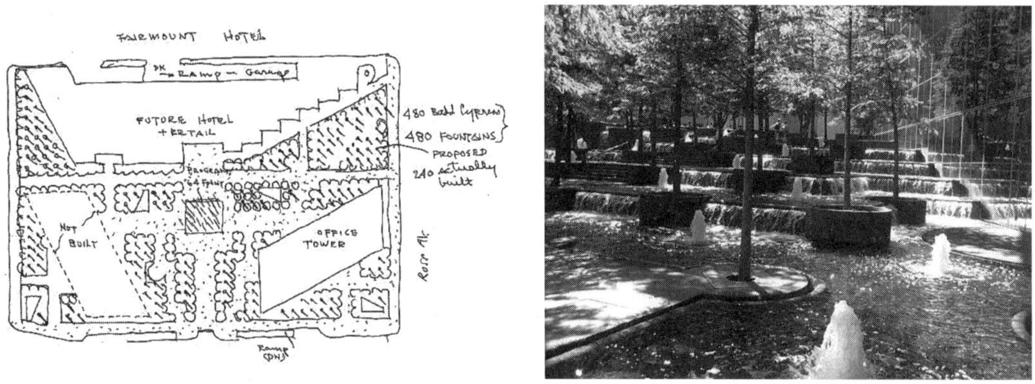

图2-34　丹·凯利的达拉斯喷泉广场

观上可能的应用。艾科伯把设计看作是人类社会发展的一般过程，是人类与自然界以及人与周围环境的一种关系，并强调了科学在设计中的作用。他与合伙人共同创立的EDAW景观设计事务所已成为美国最著名的设计事务所之一。罗斯是一位有创新精神的设计师，他努力削弱理论成分，强调场地的个性，他把景观看作是一种具有一定空间关系，并使人能够身临其境获得愉快感觉的环境。丹·凯利的设计哲学是建立“连续而简单化的组织”，人们通过设计可使它满足人类和场地的需要。凯利的作品常表现出对秩序的强调，所以很多人将他看作是结构主义的先驱（图2-34）。

2.3.3　设计结合自然

西方景观设计的生态主义思想可以追溯到英国的风景园林时期，经历了奥姆斯特德的生态城市、国家公园思想和英国学者霍华德“田园城市”设想的发展，最终在20世纪六七十年代随着“宾夕法尼亚学派”的兴起，成了主流的景观规划思想。

1969年，宾夕法尼亚大学景观规划和区域规划的教授麦克哈格出版了《设计结合自然》一书，在西方学界引起了轰动。书中运用了生态学原理，提出了创造人类生存环境的新的思想基础和工作方法。麦克哈格将景观作为一个生态系统，通过地图叠加的技术，把各个要素单独分析综合成景观规划的依据，并将景观提升到了一个科学的高度。他本人与和合伙人共同成立了WMRT宾夕法尼亚公司，并完成许多区域规划和土地利用规划项目，如沃辛顿河谷地区规划、纽约市Richmond公园大道研究、华盛顿市景观规划、纽约斯塔滕岛环境评价研究。麦克哈格还是一个景观教育家，他在担任宾大景观规划和区域规划系主任期间，培养了大量优秀的学生。宾夕法尼亚学派最大的贡献在，它促使设计师在设计时不仅仅关注艺术性和场地设计，而是要时刻提醒自己，他们的所有技巧都是联系于整个地球生态系统的。

在生态主义的影响下，更多的设计师在设计时会遵循生命的原则，充分利用资源和减少能耗，建立良性的生态系统。我们现在把设计中运用生态主义思想的设计统称为“生态设计”。较早运用生态原理的设计有哈克（Richard Haag）的西雅图煤气厂改造（图2-35），它将原本认为丑陋的工厂保持了历史、美学的实用价值，而用生态手法将被污染的土壤进行净化。煤气厂公园的改造是给未来提供了一个框架，而使人们以自己的方式来使用公园。

图2-35 哈克的西雅图煤气厂改造

2.3.4 现代景观的新风格

2.3.4.1 后现代主义的景观设计

20世纪60年代起，资本主义世界的经济进入了全盛时期，而文化领域则出现了动荡和转机。一方面，20世纪50年代的波普艺术在60年代蔓延到设计领域；另一方面现代化所表现出的环境问题、犯罪问题等使人们失去了信心。在这种背景下美国建筑师文丘里（Robert Venturi）1966年发表了《建筑的复杂性与矛盾性》，标志着后现代主义的到来。英国建筑理论家詹克斯（Charles Jenks）总结了后现代主义的六种类型特征：历史主义、直接的复古、新地方风格、因地制宜、建筑与城市背景相和谐、隐喻和玄学及后现代空间。

建筑师查尔斯·摩尔1974年设计的新奥尔良意大利广场是典型的后现代作品（图2-36）。广场地面将黑白线条处理成同心圆图案，中心水池将意大利地图搬了进来。广场周围建了一组漆着赭、黄、橙色的弧形墙面，罗马风格的科林斯柱式、不锈钢的柱头、霓虹灯勾勒的线脚、喷泉形成的塔司干柱式，这些元素放在一起充满了讽刺、诙谐、玩世不恭的意味。

但作为一个景观设计师，其作品往往是多种风格的结合，即使表现出了后现代的特征，我们也很难将它表述为后现代的景观设计。所以多数学者的观点是：后现代主义与现代主义既有联系也有区别，后现代是现代的继续与超越，后现代设计应该是多元化的设计。

巴黎雪铁龙公园的设计也带有明显的后现代主义特征（图2-37），公园建于雪铁龙的旧工厂区，经过国际招标于1992年建成，包括百色园、2个大温室、7个小温室、运动园和6个系列花园，南部有

图2-36　新奥尔良的意大利广场

图2-37　法国雪铁龙公园

黑色园、中心草坪、大水渠和水渠边建筑。雪铁龙公园的设计体现了严谨与变化，几何与自然的结合。公园以三组建筑来组织空间，共同限定了公园中心部分的空间，同时构成了一些小的系列主题花园。公园游览线路是靠对角线的轴线完成的，这条线路在空间和高差上有很多变化。两个大温室如同巴洛克园林中的宫殿，温室前的草坪又似宫殿前的下沉花坛，大草坪会让人比照法国传统园林的手法，系列园的跌水如同文艺复兴园林中的水链……所有这些，都体现了典型的后现代主义思想。

2.3.4.2 解构主义景观设计

解构主义由法国哲学家德里达最早提出，进入20世纪80年代，成为主要设计思潮之一。解构主义颠覆了古典主义，认为应当将一切既定的设计规律加以颠倒，例如反对统一、和谐，反对形式与结构之间的联系，认为建筑可不考虑周围环境或文脉，提倡分解、不完整、无中心、持续变化……解构主义的常用手法有裂解、悬浮、消失、分裂、拆散、移位、拼接等。

图2-38 拉维莱特公园

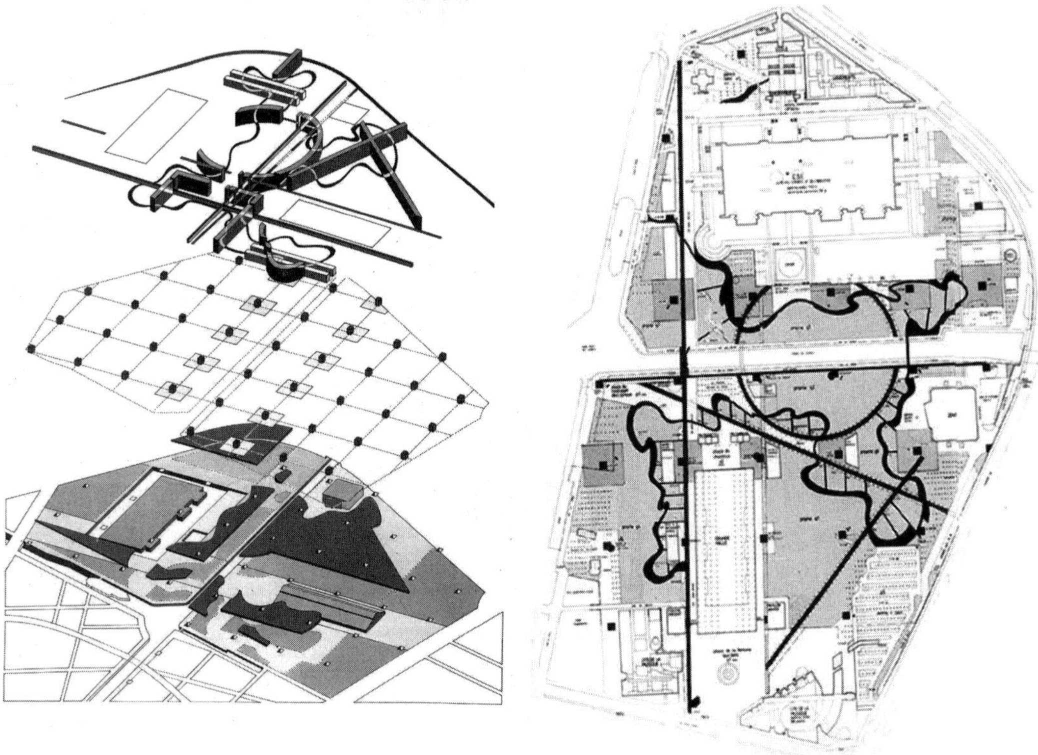

图2-39　拉维莱特公园的点线面系统

拉维莱特公园是解构主义景观的代表（图2-38）。公园位于巴黎东北角，之前是一个百年市场，市场拆迁后这里被建成了一座公园。1982年，经过设计竞赛，屈米（Bernard Tschumi）的方案被最终采用。公园基地环境较复杂，东西向的运河将其分为南北两部分，现有的两个大厅将被改造为展览馆和音乐厅，南侧和北侧分别是音乐城和科学技术与音乐展览馆。

屈米使用了被认为是解构主义的手法将环境串联起来。他首先按照120m×120m画了一个严谨的方格网，在40个方格网交汇点各设置一个红色建筑，构成了“点”的要素，这些点有的在建筑物内，有的作为一栋建筑的入口，有的单独立在草坪上……这些点一部分是没有功能的，而另外一部分则作为问询、展览室、小卖部、咖啡馆、钟塔、医务室等来使用。公园南侧和西侧各有一条长廊连接，这条长廊经过那些网格点。园区的游览线路由几条林荫道和一条贯穿全园的流线构成，这条流线也联系着公园中的10个主题园。长廊、林荫道和主线路构成了“线”，而10个主题园和其他场地、草坪则构成了“面”。

在拉维莱特公园中，屈米把公园的要素通过“点”、“线”、“面”来分解，各自组成完整系统，然后又以新的方式叠加起来。这三层体系各自有自己的秩序，相互间没有关系，这样就构成了整个公园的冲突，构成了矛盾（图2-39）。

2.3.4.3 极简主义景观设计

极简主义是产生于20世纪60年代的一种思潮，主要特征是：非人格化、客观化、表现物体的存在而非精神。反映在设计中，喜好用工业材料；在审美上具有工业文明的时代感；形式简约，色彩简洁；推崇非关联构图，强调整体、重复、系列化；雕塑直接和环境产生关系。反映在景观设计中，设计师喜欢极简的形式来形成简洁有序的空间，或者利用重复形成一种生长的结构，又或是在平面上用不同的材料、质地、色彩来划分空间。

具有明显的极简主义特征的景观设计师是彼得·沃克（Peter Walker）。彼得·沃克的作品受古典主义影响较少，受现代主义思想影响较多，早期表现为两个倾向，一是建筑形式的扩展，二是与周围环境的融合。后来他尝试将勒·诺特尔的古典主义、当代的极简艺术和早期现代主义联系起来去塑造景观。沃克的极简主义在构图上强调几何和秩序，多用简单的圆形、椭圆形、方形、三角形的重复，它将自然材料都纳入到严谨的几何秩序之中。在追求极简的同时，彼得·沃克也在考虑景观的功能性和意义，他试图创造一种具有“可视品质”的场所，使人们能够愉快活动。

1983年建成的伯纳特公园，沃克用网格和多层的要素重叠在一个平面上来塑造一个不同以往的公园。他将景观要素分为三个水平层。底层是草坪层；第二层是道路层，用方格和斜交道路组成，略高于草坪；第三层是由一系列方形水池并置排列成的方形水渠，水渠中的一排喷泉柱为公园带来生动的效果（图2-40）。

1991年建成的加州南海岸中心广场是一件有代表性的作品。他将钢材引入景观之中，将不锈钢装饰条铺设在连接广场和多层停车楼的入口区，由不锈钢组成的同心圆水池坐落于入口两侧。两个不锈钢水池与草地、水、卵石一起构成雕塑般的场景，反射着天空和周围环境（图2-41）。

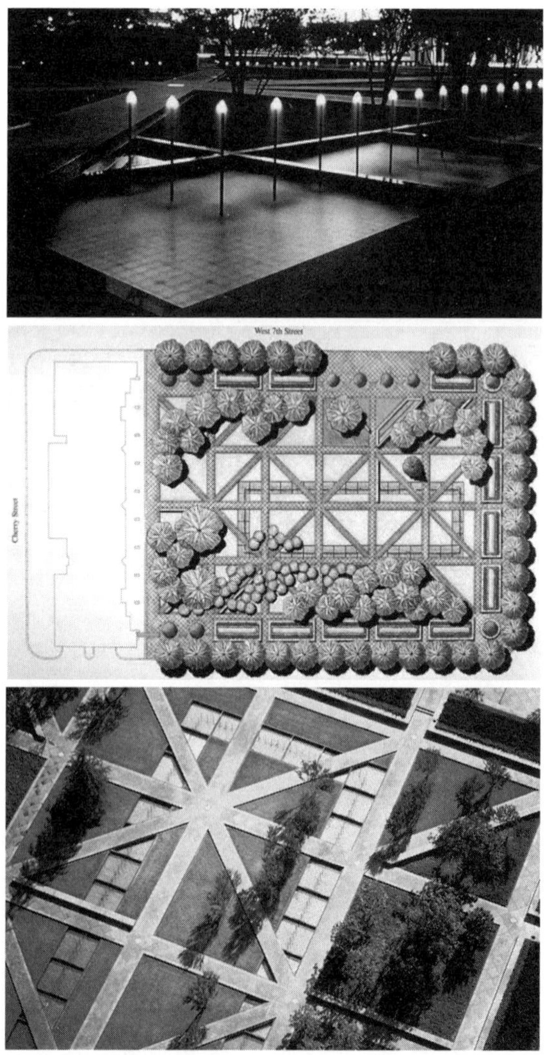

图2-40　伯纳特公园

图2–41　加州南海岸中心广场

第 3 章

景观要素的构成设计

景观要素，就是组成景观环境的词汇、词组，通过景观要素的组合，“汇词成句、集句成章”。景观的物质要素，包括地形、山石、水体、植物、道路、景观建筑与小品、铺装、景观照明等，它们就像组成景观环境的名词；景观的艺术要素如形态、色彩、肌理和质感，它们组成了形容词和状语。

3.1 景观的物质要素

3.1.1 地形

3.1.1.1 地形概要

地形是所有室外活动的基础，在设计中既是一个美学要素，又是一个实用要素。地形是“地貌”的近义词，指地球表面三维空间的起伏变化。简言之，地形就是地表的外观。一定程度上，“景观”可以解释为关于地形的艺术或科学。根据景观尺度的不同，可以将地形分为大地形、小地形、微地形。“大地形”指峰峦、丘陵、平原、盆地等；“小地形”指在小尺度的景观区域中，土丘、台地、斜坡、平地或因台阶坡道引起的水平面的变化；“微地形”是起伏最小的，起伏的沙丘和具有不同肌理的铺地都是微地形的范畴。

地形联系着众多的环境因素和环境外貌，所以地形能影响某一区域的美学特征，影响空间的构成和空间感受，也影响景观、排水、小气候、土地的使用。

地形是室外环境中的基础成分，被认为是构成景观的基本结构因素，影响到了环境设计的秩序和形态。在平坦的地方，它的作用是统一与协调；在崎岖的地方，它的作用是分割。

最后，地形还是景观设计的起点，它影响到其他设计因素的布局和功能性的布局，是场地设计的基础。所以设计程序的首要任务就是绘制基础图，然后根据原地形画出用地的功能分区，这是重要的一步，因为功能的布局会影响环境的序列、比例尺度、主题特征及环境质量。

3.1.1.2 地形类型

地形通过规模、特征、坡度、地质构造及形态进行分类。按照分类，地形包括：平地、凸地、山脊、凹地以及山谷。但是这些地形类型在自然界场地中往往是相伴而生的，它们彼此相连、相互融合（图3-1）。

1. 平坦地形

指在视觉上与水平面相平行的土地基面，如景观中的平坦草地、集散与交通广场、理想的建筑基地等。平坦地形是所有地形中最简明、最稳定的地形，具有静态、稳定、中性的特点，给人一种舒适和踏实的感觉。平坦地形属外向空间，视野开阔，可随意组织空间和安排道路。

平坦地形在设计中具有较有利的一方面。由于视野开阔，地形平整，各种设计要素容易组织在一起，有助于构成统一协调感。任何一种垂直的元素，在平坦地形中都会形成视觉焦点。

平坦地形也有自己的弊端。大面积平坦、无起伏的地面容易使人感到乏味，且不利于排水。所以在进行平地形的空间设计时要避免过于直白的表达方式，应运用各种空间手法如抬高或降低地面，划分出不同的空间平台。也可以通过增加构筑物、树木等垂直方向的要素来增加空间的视觉变化，增强空间的吸引力。

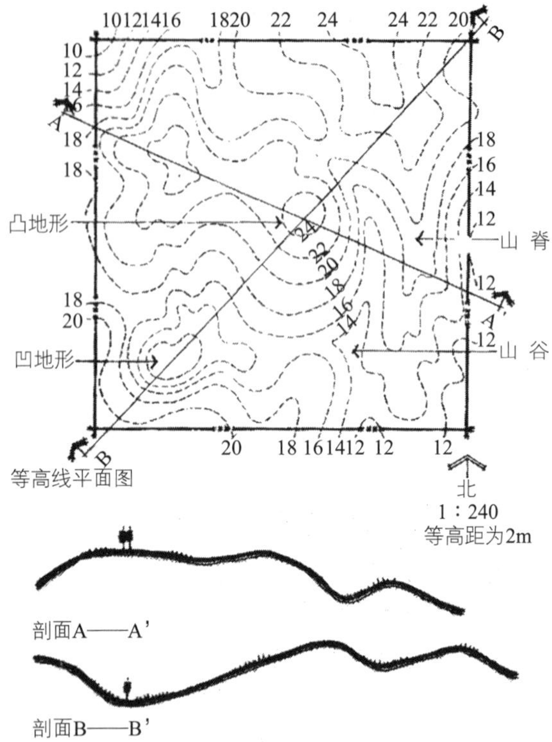

图3-1 地形的类型（图片来源：汤晓敏，王云. 景观艺术学——景观要素与艺术原理［M］. 上海：上海交通大学出版社，2009）

2. 凸地形

凸地形的表现形式有土丘、丘陵、山峦及小山峰。凸地形比周围环境的地势高，视野开阔，具有360°全方位景观（图3-2）。它是一种正向实体，也是负向的空间，被填充的空间。

凸地形的顶部具有控制性，适合建立标志物，如瞭望塔和观景平台——既是观景之地，又是造景之地，宜成为景观焦点。

凸地形由于坡度和坡向的不同，光照和风向具有显著变化：南及东南向的坡面，在大陆温带气候带内，冬季可受到阳光的直射，是理想的场所；北坡则气候寒冷，不适合大面积开发利用。

3. 山脊地形

总体呈线状，可限定户外空间边缘，调节其坡上和周围环境中的小气候，也能提供一个具有

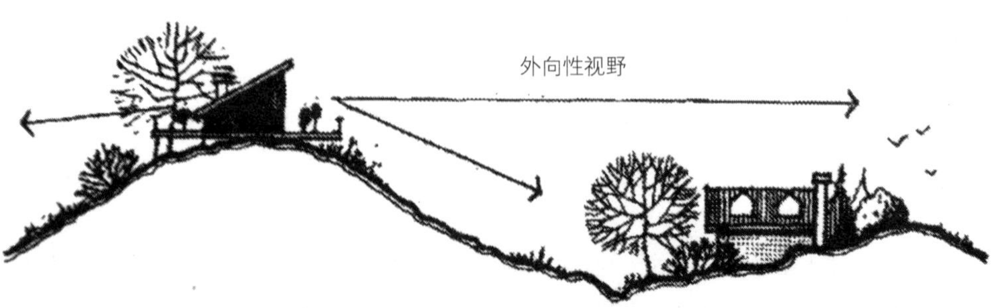

图3-2 凸地形的外向视野（图片来源：汤晓敏，王云. 景观艺术学——景观要素与艺术原理［M］. 上海：上海交通大学出版社，2009）

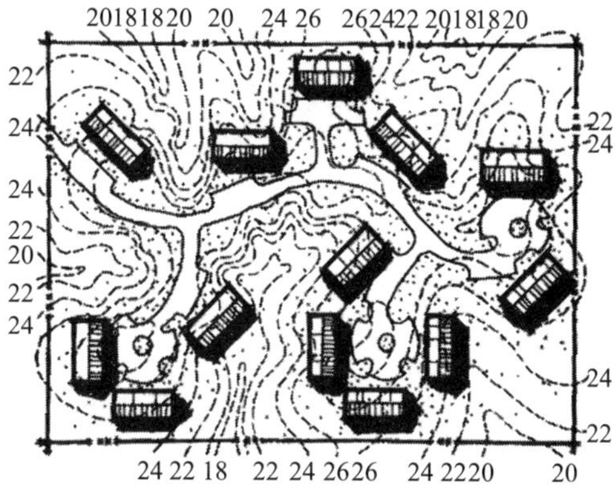

图3-3 山脊周边的建筑布置（图片来源：汤晓敏，王云. 景观艺术学——景观要素与艺术原理［M］. 上海：上海交通大学出版社，2009）

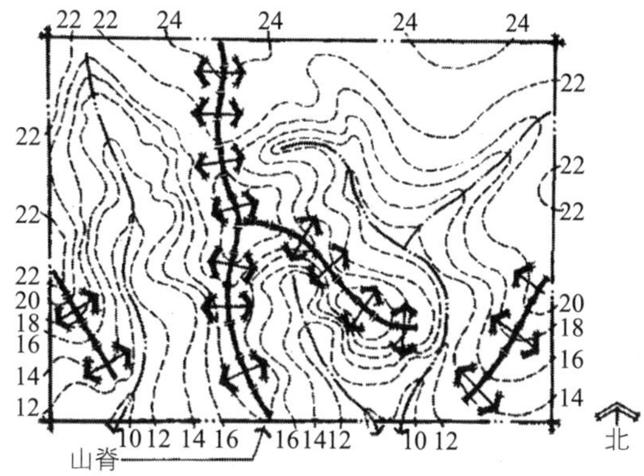

图3-4 山脊的排水方向（图片来源：汤晓敏，王云. 景观艺术学——景观要素与艺术原理［M］. 上海：上海交通大学出版社，2009）

外倾于周围景观的制高点。所有脊地终点景观的视野效果最佳。它的独特之处在于它的导向性和动势感，能摄取视线并沿其长度引导视线的能力。

从功能上讲，沿着脊线行走是最方便的；同时，山脊是大小道路、停车场与建筑物布置的理想场所（图3-3）。山脊还利于排水，脊线的作用就像是“分水岭”（图3-4）。

4. 凹地形

凹地形可以被理解为一种呈碗状的洼地空间，而非实体地形。它有内向性和保护感、隔离感，属于静态、隐蔽的空间，不受外界的干扰（图3-5）。

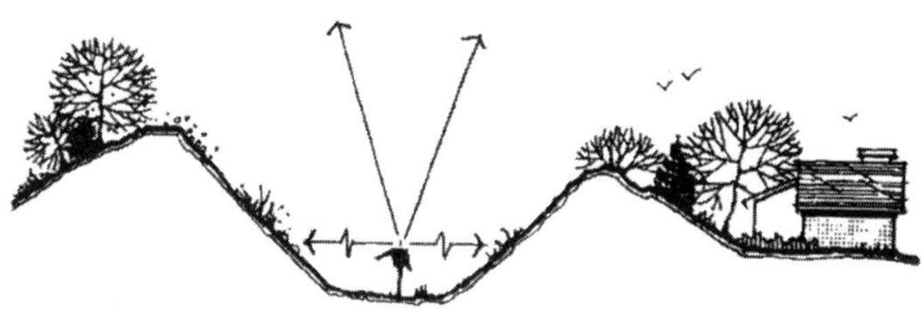

图3-5 凹地形的内向隐蔽（图片来源：汤晓敏，王云. 景观艺术学——景观要素与艺术原理［M］. 上海：上海交通大学出版社，2009）

地形的形成有两种情况：当地面某一区域泥土被挖掘时；当两片凸地形并排在一起时。凹地形的空间封闭程度取决于周围坡度的陡峭和高度，以及空间的宽度和基地上的树木和建筑的高度等。

5. 谷地

谷地与凹地相似，在景观中也是一个低地，具有虚空间的特征。它具有脊地和凹地形的双重特点，地貌特征较丰富。

谷地属于敏感的生态和水文区域，常伴有小溪、河流及相应泛滥区。因此，在谷地修建道路和建筑之前必须进行科学的环境评价，以避开生态敏感区，避免对环境造成破坏。

3.1.1.3 地形的功能

地形是景观设计的基础，在设计之前必须了解地形的功能，以便在造景中充分利用地形条件，地形的功能主要表现在如下几个方面：

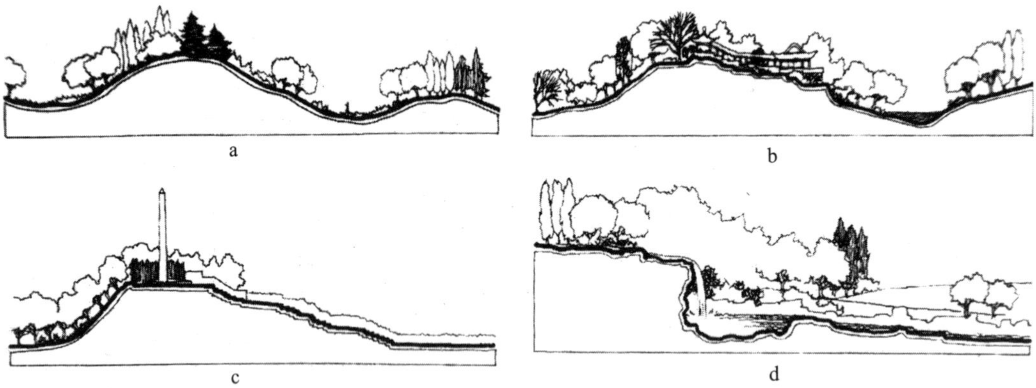

图3-6 地形作为景观的基础与骨架（图片来源：汤晓敏，王云. 景观艺术学——景观要素与艺术原理［M］. 上海：上海交通大学出版社，2009）

1. 景观的基础与骨架

地形是连接景观中所有因素和空间的主线，地形同时也是景观构成的基本骨架，建筑、植物、落水等景观需要以地形作为依托。地形图就是设计中的“基础平面”，它通过现场的勘测和测绘最大限度地保留了原始的地形信息，并成了设计师进行景观规划的基础。图3-6中，a地形作为植物的基础，起伏产生了林冠线的变化；b地形作为建筑的基础，形成了丰富的建筑立面；c地形作为纪念性景观的基础；d地形作为瀑布等水景的基础。我们在景观设计中第一步就是通过将硫酸纸覆盖在原始地形图上进行设计方案的构思来实现的。

2. 分隔空间

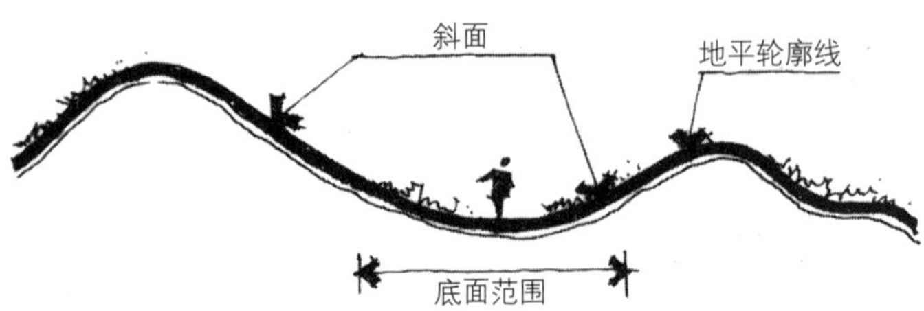

图3-7 影响空间感的三要素（图片来源：汤晓敏，王云. 景观艺术学——景观要素与艺术原理［M］. 上海：上海交通大学出版社，2009）

地形具有分割和限定外部空间的作用。影响空间感的因素有三个：凹地形的底面范围；斜坡的坡度；地平轮廓线。底面范围是指空间的底部或基础平面，通常代表了可使用的范围，底面范围越大，空间也越大。坡面可理解为空间中的一道墙体，斜坡越陡空间的轮廓线越明显。地平轮廓线是指地形可视高度与天空间的边缘，地平轮廓线以及观察者的位置、高度、距离都会影响空间的视野（图3-7）。地形同时还能影响景观空间的游览气氛，平坦、平缓的地形能给人以美的享受和轻松感，而陡峭、崎岖的地形易在空间中造成兴奋感。

3. 控制视线

地形的起伏不仅丰富了景观，而且还创造了不同的视线条件。利用地形的变化可以影响游客的可视目标和可视程度，构成连续观赏的景观序列，或者屏蔽掉不悦目的风景。图3-8中a地形的遮挡作用；b地形造成焦点的变化；c景观焦点随距离变化。如果需要强调某一特殊景物，则有以下几种手法：①将景物置于高处；②将景物置于谷底；③将景物置于坡面之上；④将周边物体利用地形遮掩，将视线引向强调景物。

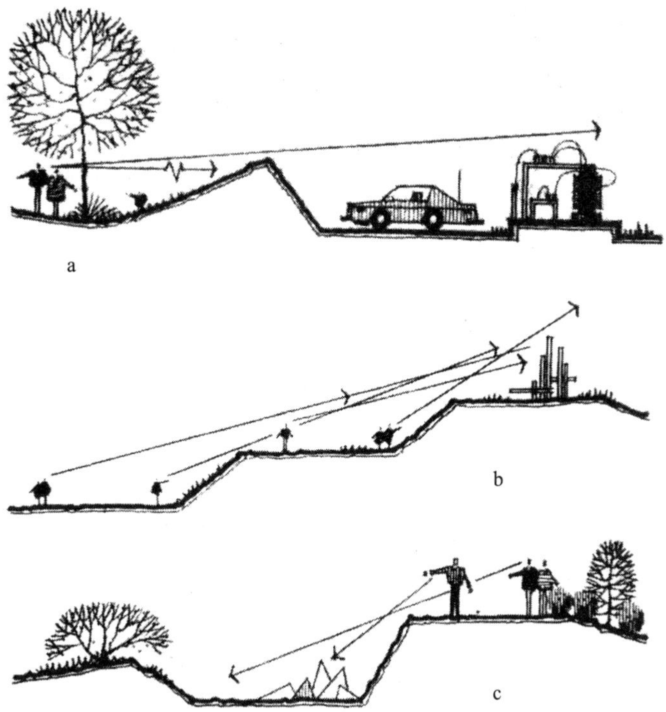

图3-8 地形影响景观层次（图片来源：汤晓敏，王云. 景观艺术学——景观要素与艺术原理［M］. 上海：上海交通大学出版社，2009）

4. **解决排水**

地形过于平坦不利于排水，容易积水而破坏土壤稳定性。而地形越陡雨水的地表径流越大，容易引起水土流失。因此，使地形起伏适当，调节好地表排水和引导水流方向是景观地形设计的重点。

5. **影响游览路线和速度**

地形可以用来影响行人和车辆运行的方向、速度和节奏。在设计中我们常常可以来利用这一点。为了快速通过，可设计成平地形；让人放缓脚步，就可通过缓坡或者一系列的台阶（图3-9）。

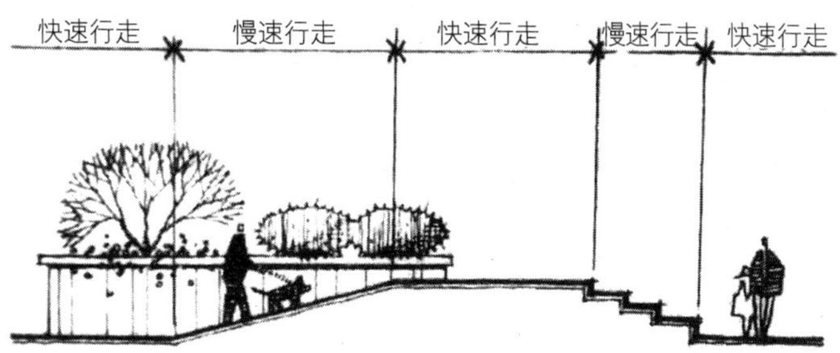

图3-9 地形影响行走速度（图片来源：汤晓敏，王云. 景观艺术学——景观要素与艺术原理［M］. 上海：上海交通大学出版社，2009）

6. **改善小气候**

地形通过影响光照、风向等，在景观中可用于改善小气候。从日照的角度上讲，地形的正确使用可形成充分采光聚热的南向优势，从而使建筑物在一年中的大部分时间里都保持温暖宜人的状态。从风的角度来说，凸地形、山脊等，可用来阻挡冬季寒风或者引导夏季风穿过两高地之间形成的谷地和马鞍形空间。

3.1.1.4 地形设计的基本原则

1. **满足功能上的要求**

一般来说，文化娱乐、体育活动、儿童游戏等区域，要求有平坦的场地；游憩、观赏的区域

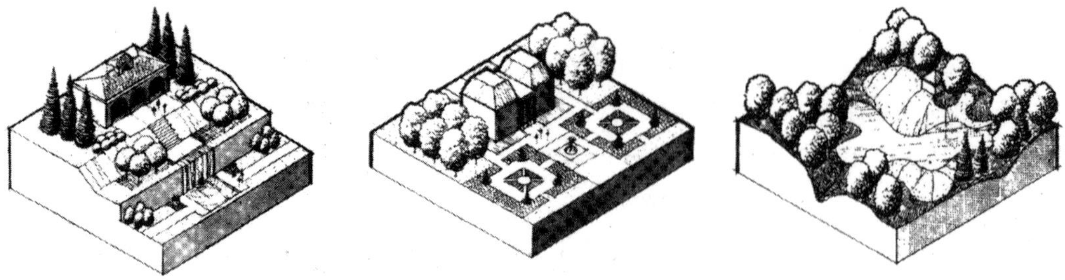

a意大利台地园　　b法国凡尔赛宫　　c英国自然风景园

图3-10　各种风格对地形的利用

要求有地形的起伏和空间的分隔；水上游乐区需要有足够大的水面并根据不同活动划分功能；出入口和人流集中的地方需要有地势较为平坦的广场。

2. 满足造景要求

造景要根据景观用地的具体条件，根据地形改造构成不同空间。我国传统园林素以因地制宜、善用地形而著称。计成在《园冶》中总结："园林地惟山林最胜，有高有凹，有曲有深，有峻有悬、有平有坦，自成天然之趣，不烦人事之工。"讲到造景的因地制宜，他说"高方欲就亭台，低凹可开池沼"，提倡利用现有条件稍加改造即成园景。但是，遵从自然不等于照搬，我们所遵循的是自然山水地形、地貌的形成规律，在此基础上加以提炼、概括，使其在有限的用地内获得最大限度的景观效果（图3-10），如不同风格园林对于地形的利用：（1）意大利台地园；（2）法国凡尔赛宫；（3）英国自然风景园。

3. 满足工程要求

地形设计应以总体设计所确定的控制点的高程为依据，且在设计中应注意对地表土壤的保护。涉及有坡度的地形时，应采取护坡、固土或防冲刷的工程措施。地形坡度的设计要考虑到造景和排水的要求，一般来说，平地要有5‰~5%的排水坡度，适合作为草地和集散广场。坡度在8%~12%为缓坡，可做活动场地之用。坡度在12%以上称为陡坡，可做观众看台或种植用地。坡度与场地的关系见表格（表3-1）。

坡度与场地利用的关系　　表3-1

0~1%坡度	1%~5%坡度	5%~10%坡度	10%~15%坡度	15%以上
坡度过于平缓，几乎不适宜室外空间的开发利用。最好使其作为开阔地或保护区	是比较理想的外部空间，适应大面积工程用地的需要，不会出现大面积平整土地的问题。但缺点是区域过大视觉上会显得单调	可适合多种形式的土地利用，配合阶梯和墙体可有动人的视觉变化。排水性能总体不错，但若不加以控制会造成水土流失	对于土地利用来说过于陡斜，为了防止水土流失，应尽量少动土方，主要工程设施须与等高线平行。在这种斜坡上的构筑物可利于观景	不适合土地利用，但若地形使用得当能创造出动人景观

3.1.2　山石

3.1.2.1　石材的类型

在中国园林中，石景是指将石材以巧妙的构思进行堆叠，从而把名山大川的形态融入园林的细部，以达到“壶中天地”和“咫尺山林”的效果。石景是中国传统园林重要的细节之一，往往起到画龙点睛的作用。

置石堆山首先要精选石材。选石有自己的审美标准：一是造型和轮廓；二是质感、色泽；三是肌理、脉络；四是尺度比例和体量。天然的石材包括：湖石、黄石、英石、斧劈石、灵璧石、宣石、卵石等。

湖石多为石灰岩、砂积岩，体态婀娜，玲珑剔透，为园林叠山首选。太湖石，因产于洞庭山而得名，是传统园林中使用最多的石材。太湖石纹理纵横，最具特色的是由溶蚀和风浪冲击而成的透空凹坑，所谓“瘦、透、漏、皱”的选石标准也主要针对太湖石。

黄石属细砂岩，为深暗的赭黄色。棱角分明、纹理古拙、质感浑厚，富于折线变化，多用于堆叠假山。黄石相对低廉，分布广泛，取之便利，在江南园林中的应用仅次于太湖石。

英石产自于广州英德，故名英石。一种英石多褶皱，形似太湖石；一种为片状，有行云流水状肌理；另一种参差积叠，嶙峋俊俏。英石为上乘园林用石，较太湖石为名贵，色黑润泽，小巧者可作为案头把玩，形体较大者更为名贵。江南园林中现存英石最出名的当属杭州曲院风荷的皱云峰。

斧劈石有较高的观赏价值，常见于山石盆景的叠山。斧劈石有纵向的纹理，节理平直，犹如斧劈、刀削一般，但缺点是易风化剥落。

灵璧石产自安徽灵璧县，故而得名。石身为片状，色泽有黑、白、赭红等。敲击石材会有悦耳的声音，我国最早的乐器磬就是由灵璧石加工而成。由于灵璧石具有形、质、色、声之美，所以历来受文人雅士和园林设计师的钟爱。文震亨就认为：“石之灵璧为上，英石次之，然二品种甚贵，购之颇艰，大者尤不易得，高逾数尺便属奢品。”

宣石产于安徽的宣州，宣石以石色洁白为其特征，并有积雪般的团状肌理。扬州园林善用宣石，例如个园四季山之东山，以宣石置于墙阴处，望之如石上积雪一般，是宣石造景的经典范例。

卵石又名河滩石，出自海岸、河谷。因为经过流水长年的冲刷，形状浑圆而得名。色泽、纹理俱佳的卵石可用于特置孤赏，如雨花石。园林中常常将各色小卵圆石铺地，并镶嵌成各种吉祥有寓意的图案。

3.1.2.2　中国古典园林的叠石法则

1. 山石的造景形式

山石的造景形式包括假山和景石两种。假山又包括土山、石山两类；景石则包括孤赏石、散点石、峭壁石等。

土假山渊源久远，先秦和两汉时期便已开始，《汉书》中已有“采土筑山，十里九阪”的记载。由于土假山往往占地面积较大，随着私家园林的兴起，出现了土石相结合的做法。以土包石或者是石包土简单易行，又可兼顾假山的种植，防止水土的流失，是园林假山造景的主要形式。另外还有一种全石山，可用来模拟奇峰的形象，在有限的空间内，表现出名山大川的雄、奇、险、秀、幽的美学效果。

孤赏石是指用形态优美的整块山石或若干山石拼叠成的完整的山峰，具有独立的形式美感，或秀丽多姿，或古拙奇异。它既可作为庭院中视觉的中心，也可将其置于园林尽端或空间转折处作为引景，或者放在墙角、池旁、竹林边作为点缀。另外，孤赏石还可以作为障景，置于门内、堂前来增加意趣，或者用于屏蔽不良的景物。

散点石包含两种形式：一种是以个体为单元的散置形式，一种是以群体为主的散置形式。以个体为单元的应选择大小、形态既有差异又有关系的石材，散点放置时应注意朝向呼应、竖立或斜卧，形成良好的节奏起伏。以群体为主的散置形式更强调聚散的组合体量关系，与个体散置相比往往以数块石材堆砌而成，借以形成较大体量。如扬州个园的假山，以石笋、湖石、黄石和宣石等四种石头分别隐喻春山、夏山、秋山和东山，这四季假山合为一个园林。如图3-11：a春山；b夏山；c秋山；d冬山。

a b c d

图3-11　扬州个园的四季假山

峭壁石是山石与墙面的结合。明代计成有“借粉壁为纸，以石为绘也。理者相石皴纹，仿古人笔意，植黄山松柏、古梅、美竹，收之园窗，宛如镜游也”。

2. 叠石的艺术法则

堆山叠石是中国古典园林特有的造景手法。从中国造园艺术的历史发展来看，人工造山始终伴随着历史发展的进程。秦汉时期宫苑的水池中堆成三座山即方丈、瀛洲和蓬莱，象征海上神山；后汉梁的“采土筑山，十里九阪”是绵延数十里的山；宋代的园林中，造山土石结合，如“艮岳”的万寿山已向写意山水过渡；明清写意山水达到了新的高度，通过或土石结合、或叠石的手法，来模拟自然山水的气象万千，寓无限的山水于有限的空间之中。

叠石的手法借鉴中国传统绘画理论。构思讲究“做假成真”，注重营造自然山林意境，使其具有真山神韵。叠石讲究平处见高低，直中求曲折。叠石依造型模式——或雄伟峻拔，如鬼斧神工；或婉转缥缈，如流云舒卷；或浑厚质朴，如天然画卷。石山的空间布局与造型应高低起伏，前后错落；假山中的悬崖、深涧、绝壁应主次分明、疏密有致、浑然一体。

借堆山叠石，不仅从外部看可以再现大自然的峰峦峭壁，并使之具有咫尺山林的野趣，而且从内部讲还可以形成虚空的沟涧洞壑，从而形成扑朔迷离的幻觉。凡较大规模的堆山叠石，多同时着眼于这内、外两方面的处理，来把实的峰峦峭壁与虚的沟涧洞壑结合在一起。例如苏州环秀山庄（图3-12），虽然作为私家园林规模不大，然而在有限的空间内，竟能使人感到曲折不尽和变幻莫测，有赖于巧妙地借堆山叠石而使山池萦绕，蹊径盘迴，特别是峡谷、沟涧纵横交织和洞壑的曲直蜿蜒。

图3-12 苏州环秀山庄的叠石

3.1.2.3 现代山石设计的要点

现代山石景观是在继承了传统园林石景的基础上，借鉴了西方现代主义设计的手法发展而来的，呈现了更加丰富的形态和多样化的风格。

1. 山石的空间尺度布局

布置山石要把握好空间比例尺度，还要注意与周边环境的协调。在小尺度环境中，山石尺度不宜过大；而在空旷环境中，则要注意加大山石的体量感，并注意山石与其他元素的组合，避免在竖向上过于单调。如苏州博物院的石景（图3-13），就是以相邻拙政园的白墙为纸，模仿宋代米芾的山水画来摆设大大小小数十块石头。石头轮廓形成的山形与背后的竖向白墙互为映衬，尺度适宜，形成了一幅真实的“山水画”。在石景的布局上，我们要结合现代设计学“少就是多”的理念，尽量简洁大气，使用尽量少的石头创造石景效果。如苏州万科中粮本岸项目，在圆形的卵石池中放置六块自然石，形成简洁的造型，韵味深远，安静祥和（图3-14）。

图3-13 苏州博物院的石景山水画

图3-14 苏州万科中粮本岸项目的石景小品

2. 石景的意境营造

石景在设计中与周边的环境元素一起构成一种有意味的场景，称之为石景的意境。如前边所说的苏州博物馆的石景，就是通过石材的质感、轮廓与层次营造出中国传统水墨画的意境。用石景来表达意境最典型的例子就是日本的“枯山水”了，它脱胎于中国园林却又贯穿着日本“朝花夕落”以及对于“生存忧患”的思考。三两块一组的石头看似漫不经心，但和谐自然。耙好的白砂呈同心波纹状，仿佛水波泛起，包围石庭的低矮土墙交融土黄色与黑色，古朴且深邃。石头、树木、砂岩，寥寥数笔但在修行者眼中就是海洋、山脉、岛屿、瀑布，充满了意境的景观可以是简单的，但它带给人们精神世界的震撼力也是惊人的（图3-15）。

图3-15 日本“枯山水”石景

3. 山石与其他景观元素的组合

山石要考虑到和其他自然元素的结合布置，加强景观元素之间的联系。山石和植物的搭配，能够营造特有的氛围，如松、竹、梅、红枫、南天竹、垂柳等。石与松的搭配，显示出苍劲有力的感觉；石与竹搭配显示出自然飘逸的效果；石与南天竹的搭配显示出轻松、宁静的氛围。石景与水景的结合，主要是体现静态倒影与动态瀑布等效果。石头与静态水景搭配，水面会形成石头的倒影，形成宁静致远之感；石景与动态水景搭配，能营造出唯美的意境。苏州晋合邻里花园的入口水景设计就是充分运用了石景与动水和静水的搭配（图3-16）。

图3-16　苏州晋合邻里花园的入口石景

3.1.3　水体

3.1.3.1　水体概要

水是生命之源，人的生活都离不开水。宅有井、镇有溪、城有河、田有渠，说明了人和水的密切关系。水体包括自然水域和人工水域，自然水域如江、河、湖、海，人工水域如水库、池塘等。水体是景观中最富有生气的元素之一，由水体形成的景观形态千变万化，有着丰富的表现力。人和动植物在生态意义上都离不开水，“无水则枯不得生”，从这个意义上讲，水比起山来说更为重要。

从景观营造的角度，水体具有生态功能、场地功能和视觉功能。首先是在生态上，水体能够调节小气候和改善环境，且水体能够为水生动植物提供生存的环境；在场地上，水体具有独特魅力，亲近水面会带来很多乐趣，所以我们可以围绕水体开展各种活动；在视觉方面，水作为一种流动、柔性的元素，可通过实体形态和物理手段形成水景造型，如瀑布、喷泉、跌水、水池等，自身既可以成为视觉背景又可以成为视觉焦点。

3.1.3.2 水体的类型

自然界的液态水有四种运动方式，分别是“喷、流、滞、落”。据此，我们可以总结出来水体的四种类型：静态的水、流动的水、跌落的水、喷涌的水。

1. 静态的水

静态的水也称为滞水，水在静止的状态下，潋滟的水光和周边的倒影给人以明快、静逸的感觉。静态的水包括湖泊、池塘、潭、井等。湖泊是景观中面积最大的水体形态，它的平远宽广的特征决定了其境界开阔的空间性格；池塘是由人工挖掘而成，尺度相对湖较小，形式上有几何规整式和自然式之分，空间适应性强，广泛应用于景观设计中；潭的尺度可大可小，大如“日月潭”，小如“玉渊潭”，是指较深的水坑，它总是和瀑、溪、泉相联系来营造诗情画意；井是最小尺度的平面水体，常常和历史传说有关。

2. 流动的水

流动型水体是由于地形的高差产生坡度，水景顺势流动产生的。流动型水体可大可小，且曲折狭长，贯穿于环境之中，它使空间形态因为有了水体的穿插而变得更加的活泼。按照规模的大小，流动的水可分为河流和溪流。

河流是一种自然流水的景观，它的水域范围较大。在设计时，既要塑造优美的河流景观，又要考虑到河流经过区域的生态格局。首先要了解区域内的水文情况，考察自然条件、汛期及水系形式特征；然后对现状进行分析，找到有利因素和不利因素，对水岸线、护坡、河道、观景平台、道路、植物进行综合治理和合理设计。

溪流比河流体量要小很多，且形式更加生动。溪流的形态应根据环境条件、水量、水深和所用材料进行合理的设计。溪流分为可涉入式和不可涉入式两种。可涉入式溪流水深小于0.3m，水底做防滑处理。不可涉入式溪流应种养适应本地气候的植物，增强观赏性和趣味性。普通溪流坡度宜为0.5%，急流处为3%，水深超过0.4m，应增加栏杆等防护措施。溪流水岸应采用散石与块石，并与水生植物造景相配合，营造自然的感觉，还应该尽量使其蜿蜒曲折，以增加视觉变化。

3. 跌落的水

跌落型水体是指从高水面跌落到低水面形成的水景，通常来表现水景的节奏和变化。地形高差和跌水口形式的不同，使得跌水的造型变化多样，最为常见的形式是瀑布和跌水。

瀑布按照其跌落形式分为滑落式、阶梯式、幕布式、丝带式等多种，并模仿自然景观，采用天然石材或者仿石材设置瀑布的背景和引导水流，考虑到观赏效果，不宜采用平整饰面的花岗石为落水墙体。为确保瀑布能够平稳滑落，应该对落水口作卷边处理，或者增加落水墙的坡度。跌水是通过阶梯状的跌水构筑物所形成的水流层叠下落的造型。跌水台阶有高有低，层级有多有少，使得跌水造型灵活多变。跌水的梯级宽高比宜3：2~1：1之间，梯面宽度宜在0.3~1.0m之间。

4. 喷涌的水

喷涌型是水在一定外力作用下形成的涌动或喷射。喷泉是喷涌型水的一种主要形式。喷泉由水源、喷头、管道和水泵等部分组成，水压由水泵产生并通过不同喷头产生出丰富的姿态。喷泉按照其形式与景观效果可分为涌泉、跳泉、雾化喷泉、旱喷泉等，其形式特点如表所示（表3-2）。

四种喷泉主要特点　　表3-2

喷泉形式	主要特点
涌泉	水由下向上冒出，不作高喷，称为涌泉，可独立设置也可组成图案
跳泉	在计算机的控制下所生成的可变化长度和跳跃时间，能准确落在受水孔中
雾化喷泉	由多组微孔喷管组成，水流通过微孔喷出的雾状水景，呈柱状或球形
旱喷泉	喷泉管道和设备被放置到地面以下的水池中，喷水时水流回落到广场硬质铺装上，或回流至水池，或沿地面坡度排出。不喷水时可作为休憩场地

3.1.3.3 水景的设计法则

1. 聚分关系

尺度上较小的庭园一般集中用水，即“聚”为主，如苏州园林中的中心水体。大尺度的公园或园林则有“聚”有“分”，主次分明。大面积的水面可以用堤、岛分隔，形成大小水面的强烈对比。小型水面结合带状设计，利用宽窄的对比，形成忽开忽合、忽放忽收的节奏感。

在以水为主题的大型公园中，应该注意布局上的聚分结合，水面形状与布置方式应与空间组织相结合。如上海的长风公园水体10mh^{2}左右，约占全园面积的23.72%，湖面宽约达300m，可容纳300多条游船，是上海大型的综合山水公园。公园的设计模仿颐和园等古典园林做法，通过岛、堤、湖、河、湾、溪等手法组织湖面空间，银锄湖中的岛屿打破了湖面的单调，使湖面不再“一览无余”，而是增加了层次感（图3-17）。

水面空间划分常用的手法有汀石、桥、堤、岛等。

1）汀石。水中落脚的石头称为汀石，也称为踏步。古典园林中常在溪涧中设置太湖石作为踏步，供人行走。现代景观中，汀步则常常用平整的石材制作，并采用等距的、间隔错落的形式，产生空间的秩序感。如

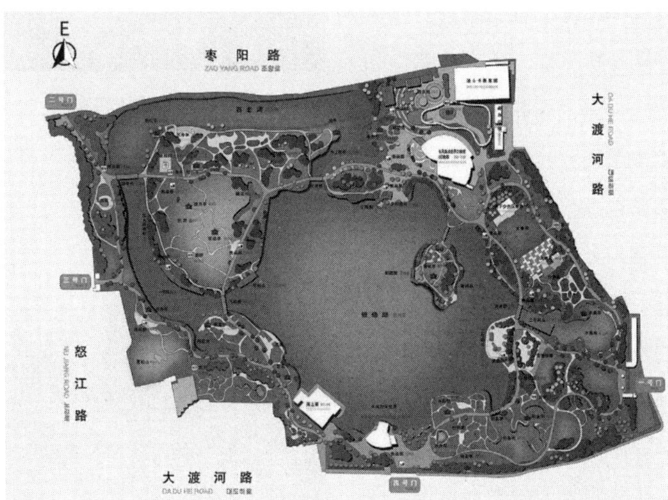

图3-17　上海长风公园平面图

丽江悦榕庄酒店（图3-18）的滨水平台就是巧妙借用滨水空间，水景环绕周围，并有水生植物点缀其中，营造出了舒适、高雅的意境。

2）桥。小水面的分隔和两岸的联系常用桥，使水面隔而不断。为了增加桥的变化和景观的对位关系，可用曲桥；下边航行船只的，可用拱桥；考虑到水面构景对组织空间的需要，常使用廊桥。在杭州悦榕庄中，拱桥的倒影配合着照明，在夜晚如同一轮满月（图3-19）。

图3-18 丽江悦榕庄水中踏步

3）堤。堤主要是为了将比较大的水面划分成不同分区的景色，而且可以用作通道。以堤划分水域，应有助于形成主从有序的水景效果，堤作为水面游路不宜过曲或过长，长堤应该有断有续，断处以桥相连，桥上走人，桥下行船。堤上植物应该疏密有致，组景应该有连续起伏的韵律感并形成天际线。比较有名的以堤来造景的是杭州的白堤与苏堤。

图3-19 杭州悦榕庄拱桥夜景

4）岛。岛是水域中的陆地，四面临水，只有较少部分与陆地相连的称为半岛。当人们站在岛上面，由于四周空间都很开阔，因此可以作为一个眺望点来欣赏风景。水面设岛忌讳在湖正中间或者形状过于规整，大多数岛在湖面一侧，可以保证有完整的大水面。岛的数量不宜过多，大小应该根据水面的大小设置适合的比例。如南京玄武湖就是利用了岛屿分割湖面的设计手法（图3-20）。

图3-20 南京玄武湖的岛屿

2. 尺度与比例

水面的大小与景观的比例是水景设计中需要慎重考虑的内容，除自然形成的或已具规模的水面外，一般应加以控制。过大的水面散漫、不紧凑，难以组织，而且浪费用地；过小的水面局促，难以形成气氛。

把握设计中水的尺度需要仔细推敲所采用的水景设计形式、表现主题、周围的环境景观。小尺度的水面比较亲切宜人，适合于安静、不大的空间，也是景观中常采用的形式；而尺度较大的水面烟波浩渺，适用于大面积自然风景、城市公园和巨大空间的广场。无论是大尺度还是小尺度，关键在于把握空间中水与环境的比例关系。

例如，美国基督教科学广场（Christian Science Complex）是一处集合了出版社、教堂、图书馆和博物馆的场所，位于美国的波士顿。在广场的中间有一处大型的水面，长约200m，宽约20m，水池的中间还设计直径约20m的圆形组合喷泉。对城市空间来说这种水景尺度是巨大的，但是水景却与四周的建筑有着朴素、相称的构图关系，周边建筑的倒影折射在水面上从视觉上减弱了巨大的水体面积，使水面与城市空间保持了良好的比例关系（图3-21）。

图3-21 美国基督教科学广场水景

3. 动静关系

水景总体上可分为动静两种，静态的水具有平静、幽深、凝重、平远开阔的特征；动态的水则具有明快、活泼、形声兼备的特点，动水的设计可以增加空间气氛。水本无声，但可随着构筑物及其周围的景物而发出各种不同的声响，产生丰富多彩的水景。王维“声喧乱石中，色静深松里”就是石与林交替产生的水景。喷泉则是水景动与静最好的结合。

3.1.4 植物

3.1.4.1 植物景观概要

植物是具有一定形态、大小、色彩与质地的生命有机体，观赏特征多种多样。首先，植物随着季节变迁和生长变化而不停地改变着色彩、质地、疏密等几乎全部的特征。落叶植物通常在一年中有四个截然不同的观赏特征：春季叶嫩花艳；夏季枝繁叶茂；秋季叶色斑斓；冬季枯枝冬态。其他植物，虽不如落叶植物变化强烈，但它们也会随着季节冷暖或干湿变化而花开花落、枝叶更替。

植物景观具有生态与美学的双重特征，既是景观季相变化的重要媒介，又是文化生态性的重要载体，是景观不可或缺的物质要素。从自然科学的视角看，植物与建筑、山水的关系，是生物与非生物环境相互间的生态学关系；从艺术美学的视角看，植物对于建筑、山水的关系，是风景建构的一部分。宋代郭熙的《林泉高致》说："以山水为血脉，以草木为毛发……故山得水而活，得草木而华。"所以说，因为有了植物，景观就会变得有生气而气韵生动。

另外，从人文角度看，很多种植物都寄寓着特定的情感和象征意义。松柏的苍劲挺拔、抗旱耐寒比拟人坚贞不屈的意志，荷花"出淤泥而不染，濯清涟而不妖"的气质，成了文人墨客歌咏绘画的题材。梅花作为高洁之士的代表，与兰、竹、菊并称"四君子"，这些都是寄情于物的表现。此外，柳树代表惜别，石榴多子多孙，红豆代表相思……由此来看，植物的文化属性异常丰富。

3.1.4.2 植物的分类

依据植物的大小和外部形态，植物可分为：乔木、灌木、藤本、竹类、花卉、水生植物、草坪与地被等七类。不同的植物本身生物学特性及人工修剪方式，形成了丰富的景观效果。由于植物在不同的生长阶段会呈现周期性的变化，就更增加了美学效果。

1. 乔木

一般而言，乔木具有体型高大、主干明显、分枝点高等特点。依体型的高矮可分为：大乔木（20m以上）、中乔木（8~20m）、小乔木（8m以下）三类。

大、中型乔木能够成为室外景观环境的基本结构和骨架，从而使布局具有立体轮廓。当大乔木置于植物之中时，它将占有突出的地位，成为视觉的焦点。正因为大、中型乔木会对景观整体结构产生较大影响，所以在种植设计中往往先确定大中乔木的位置。大型乔木的树干和树冠在顶平面和垂直面上限定空间，当树冠离地3~4.5m时，空间显得宜人；若树冠离地10m以上，空间就显得开阔。另外，大、中型乔木还为人和其他植物提供荫凉庇护，一些灌木和草本植物需要在遮阳的条件下生长，高大的乔木下成为理想的选择（图3–22）。

高度在8m以下的为小乔木，小乔木的树干能在垂直面上暗示空间的边界。当树冠低于视平线会封闭空间；当视线能穿透树干和枝叶，这些小乔木就成了前景漏窗，扩大了视野（图3–23）。

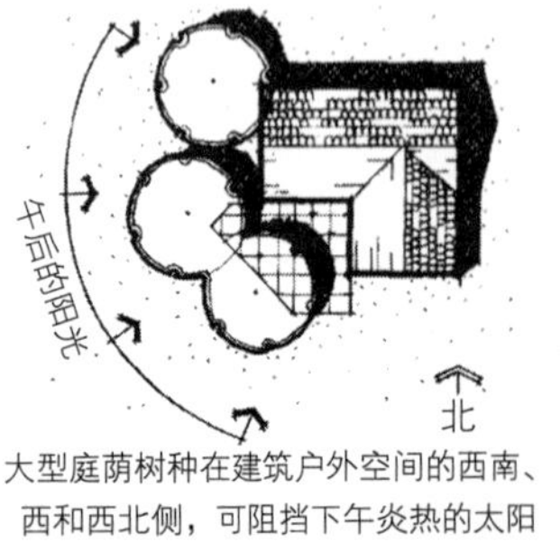

大型庭荫树种在建筑户外空间的西南、西和西北侧，可阻挡下午炎热的太阳

图3–22 高大乔木具有遮阳作用（图片来源：汤晓敏，王云. 景观艺术学——景观要素与艺术原理［M］. 上海：上海交通大学出版社，2009）

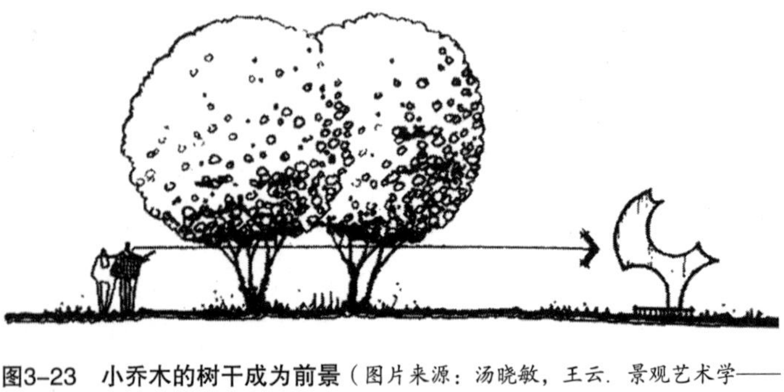

图3–23 小乔木的树干成为前景（图片来源：汤晓敏，王云. 景观艺术学——景观要素与艺术原理［M］. 上海：上海交通大学出版社，2009）

2. 灌木

灌木没有明显的主干，多呈丛生状态。高度在2m以上的为大灌木，1~2m的为中灌木，不足1m的为小灌木。

大灌木犹如一堵围墙，在垂直面上限定了空间，且具有强烈的向上趋势。由两列大灌木构成的长廊空间，能将视线直接引向终端。大灌木可作为视线屏障，或在低矮灌木的衬托下，成为构图焦点。

中灌木微微高于地面，在构图中可起到小乔木与矮小灌木间的视线过渡作用，也可形成围合空间。小灌木高度在0.3m以上，低于它的被称为地被。小灌木一般以一定数量集中起来（图3-24），能与较高的植物形成对比，能够从视觉上把不相关因素连接起来。

小型灌木过多分组

小型灌木较大群体的合理种植形式

图3-24 小灌木适量集中（图片来源：汤晓敏，王云. 景观艺术学——景观要素与艺术原理［M］. 上海：上海交通大学出版社，2009）

3. 藤本

藤本植物与其他植物不同的是，它必须有所依附，多以墙体、景石、护栏等为依托，形成竖向悬挂的构图，使其能够自然形成封闭或围合，并起到柔滑附着体的作用。藤本植物按照攀缘习惯可分为缠绕类、卷须类和蔓生类三种。

4. 竹类

竹类属于禾本科的常绿乔木或灌木，中空有节，皮多为翠绿色。从竹子生长的情况看，可分为丛生竹、散生竹、混生竹三种。我国竹类资源非常丰富，现有500余种竹种，大多可为优秀的观赏竹。竹子具有很高的文化品位和美学特征，从竹林七贤的嵇康到清代的郑板桥，竹贯穿于整个中国的诗书画史和文化心理史，构成了传统的竹文化。

5. 花卉

花卉是指姿态优美、花色艳丽，具有观赏价值的草本和木本植物。根据生长期的长短、根部的形态和生态条件的要求分为四类：一年生花卉、两年生花卉、多年生花卉、球根花卉。

一年生花卉是指春天播种，当年开花的花卉，如鸡冠花、波斯菊、万寿菊等。两年生花卉是秋天播种，次年春天开花的种类，如金盏菊。一、二年生花卉多具有花色鲜艳、花期整齐的特点，但因此寿命短，一般只在重点区域种植，发挥其色、香、形三方面的特点。多年生花卉指一次栽植能生存多年，年年开花，如芍药、玉簪、萱草等，又称宿根花卉（图3-25），它们多耐寒、耐湿、耐阴，适应范围比较广。球根花卉指植物的地下部分成球状、块状或鳞状的多年生草木本花卉，如大丽花、唐菖蒲等。

花卉造型的常见形式有花坛、花境、花丛、基础栽植、室内装饰、温室布置等。

图3-25 宿根花卉（从左至右分别是萱草、玉簪）

6. 水生植物

水生植物指生长在水中、沼泽或岸边潮湿地带的植物。根据其习性、环境和生长方式，可将其分为挺水植物、浮叶植物、沉水植物以及岸边耐湿植物等。

挺水植物指茎叶挺出水面的水生植物，常见的有荷花、菖蒲、水芹、水葱等（图3-26）。浮叶植物是指叶浮于水面的水生植物，常见的有睡莲、凤眼莲、红菱等。沉水植物是指整个植株全部没入水中，或有少许叶尖或者花朵露出水面，常见的有金鱼藻、香蕉草等。岸边耐湿植物主要指生长于岸边潮湿环境中的植物，有的根系长期浸泡水中，如水杉、垂柳、水松、黄菖蒲等。

水生植物在设计中起着画龙点睛的作用，以潇洒的姿态、优美的线条点缀水面与水岸，并形成倒影，加强了水体的美感。水生植物除了造景功能外，还能对水体中的污染物及有害物质进行吸收、分解和过滤，起到水的净化作用，发挥着生态作用。

图3-26 挺水植物（从左至右分别是荷花、菖蒲、水葱）

7. 草坪与地被

地被又称地被植物，是指高度在30cm以内的所有低矮、爬蔓类植物。草坪是地被的一种，它们都被视为室外空间的植物性“地毯”，对人们视线及运动方向不会产生任何屏蔽与阻碍，可构成自然连续的空间。

草坪是指草本植物经人工修剪后形成的具有美化和观赏效果，或能够供人休闲、游乐的坪状草地。按照用途，草坪可以分为游憩性草坪、观赏性草坪、运动草坪、护坡草坪几种。草坪作为主体景观，以其细致、平坦的绿色平面创造出开朗柔和的视觉空间。作为基调景观，草坪能够很好地衬托树木、花卉、建筑与小品的轮廓和色彩。草坪还可以使人们在视觉上将其他孤立元素或者多种元素联系成一个整体（图3-27）。

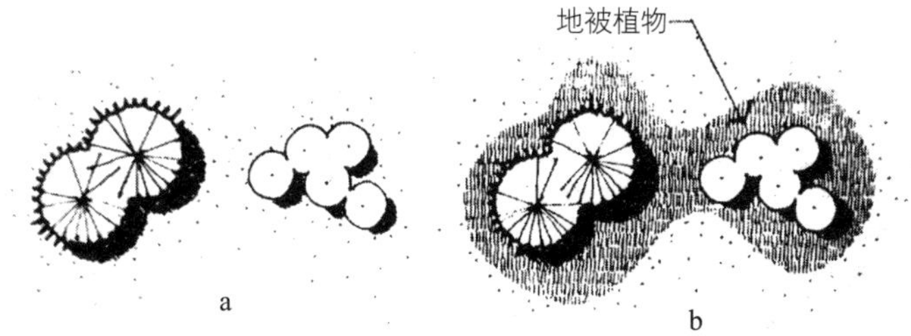

图3-27 草坪的联系作用（图片来源：汤晓敏，王云. 景观艺术学——景观要素与艺术原理［M］. 上海：上海交通大学出版社，2009）

地被植物和草坪植物一样，都可以覆盖地面、涵养水源，形成优美的视觉风景。地被植物也有自身的特点：一是种类繁多，枝叶花果富于变化，色彩丰富；二是适应性强，可在阴、阳、干、湿等不同环境下生长；三是地被植物有高低、层次上的变化。鉴于以上特点，地被植物多用来表现具有山野景象的自然景色。

3.1.4.3 植物的造景功能

1. 植物的空间塑造功能

植物本身是一个三维实体，是景观营造中组成空间结构的主要成分。高大的乔木可视为建筑的立柱，乔木的树冠和爬满构架的藤本植物可视为顶面，修剪过的绿篱好似墙面，平整的草坪就是地面。从而植物也可以构成开敞、半开敞、覆盖、封闭等空间类型（图3-28）。

2. 植物的美学功能

1）协调统一。植物具有连接和统一其他景观元素的作用。植物可以把凌乱的景色统一起来，这一功能体现在城市街道中的行道树设置上，行道树能将各不相同的街道建筑连接成一个悦目的整体。

2）创造焦点。植物本身具有独特的姿态、色彩和质感。按照它们自身的特点，或者孤植，或者以一定构图方式配置在一起，能组合出漂亮的植物群落景观。比如我们常常在广场和道路交叉口设置的大型花坛，就是使植物本身成为景观的焦点。

3）烘托主景。景观设计中常用柔质的的植物来软化生硬的几何式建筑体，如墙角种植、墙壁绿化。在体型较大的建筑

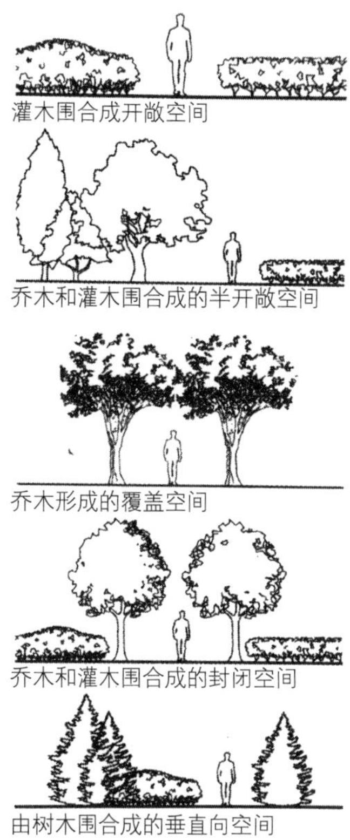

图3-28 植物的空间塑造（图片来源：公伟，武慧兰. 景观设计基础与原理［M］. 北京：中国水利水电出版社，2013）

物附近，要选用高干、树冠展开的树种。特别是一些建筑小品，合理地利用植物能够烘托主景的氛围。

4）形成框景。如将照片通过构图放入画框内，树干可放在画面的一侧，较低的树枝则位于景物上端，从而将近景远景区分出来，使观赏者的注意力更集中在景物上面。

3. 体现景观季相

四季的演替使植物呈现不同的面貌，而将植物的不同季相应用到景观艺术中，就构成了四季演替的时序景观。春季色彩最丰富，植物开发加上嫩芽的萌发，给人以生机盎然的效果；夏季林木最为茂盛，水草丰美；秋季丰富的秋叶效果美不胜收；冬季草木凋零，呈现萧美的景象。图3-29展示了杭州西湖一年四季不同的植物效果。

4. 展现地域特色

不同的地域有着不同的植物景观，如热带的雨林与阔叶常绿林植物景观、暖温带的针阔叶混交林植物景观、温带的针叶林景观都很有特色。环境气候的不同也造就了各种具有地域特色的植物景观，如海南的椰子树和北京的国槐，甚至这种地域植物已经和当地文化相融合。比较典型的是日本的樱花和荷兰的郁金香，已经作为了国家的象征（图3-30）。

5. 塑造景观意境

在景观设计中，我们还可以借助于植物来抒发情感，寓情于景来表达设计的主题。传统的中

图3-29 西湖四季

图3-30　地域特色的花卉

国古代诗词中的“岁寒三友”就是一些被赋予了内涵的植物，松树四季常青，姿态挺拔，在万物萧条的寒冬依然郁郁葱葱，象征着坚强不屈的精神。北京奥林匹克公园的山顶上，设计师通过布置石头，并与松树相互搭配，共同营造出现代中国的气质和风貌。竹是高雅、纯洁等优秀品质的象征，竹子是最能代表中国文人的植物。在很多“新中式”景观中，现代派建筑碰上竹子很容易表现出“中国味道”。梅的资、色、香、韵俱佳，在冬日漫天飞雪之际，只有梅花能够绽放。常用植物的传统寓意见表3-3。

常用植物的传统寓意及应用　　表3-3

名称	寓意	应用传统
松	象征延年益寿、健康长寿；松被视为吉祥物、“百木之长”，称作“木公”、“大夫”	岁寒三友（松、竹、梅）；松柏同春；松菊延年；仙壶集庆；可用于制作盆景
柏	在民俗观念中，柏的谐音“百”，是极数，象征多而全；民间喜用柏木“辟邪”	皇家园林、坛庙以及寺观、名胜古迹广植柏树
桂	有木樨、仙友、花中月老、岩桂、九里香、金粟、仙客、西香、秋香等别称；汉晋后，与月亮联系在一起，亦称“月桂”；习俗将桂视为祥瑞植物；因桂音谐“贵”，有荣华富贵之意	私家园林中经常使用；书院、寺庙中多栽植
椿	被视为长寿之木，属吉祥，人们常以椿年、椿龄、椿寿祝长寿；因椿树长寿，世称父为椿庭，椿萱比喻父母	广泛栽植于庭院中
槐	吉祥树种；被认为是“灵星之精”，有公断诉讼之能；周代廷种三槐九棘，公卿大夫分坐其下，以“槐棘”指三公	作为庭荫树或行道树
梧桐	吉祥、灵性；能知岁时；能引来凤凰	祥瑞的梧桐常在图案中与喜鹊同构，谐音“同喜”；也是寓意吉祥，梧桐宜制琴；常植于庭院
竹	贤人君子，在中国文化中，把竹比作君子；竹又谐音“祝”，有美好祝福的意蕴；丝竹指乐器	岁寒三友、五清图（松、竹、梅、月、水）；五瑞图（松、竹、萱、兰、寿石）

续表

名称	寓意	应用传统
合欢	象征夫妻恩爱，婚姻美好；合欢被文人视为释仇解忧之树	栽植于庭院、宅旁
枣	谐音“早”，民俗有枣与栗子（或荔枝）合组图案，谐音“早立子”	多栽植于庭院宅旁，作为绿化树种，也可以作为果树栽植
栗	古时用栗木作神主，称宗庙神主为“栗主”	绿化用树，果树
桃	桃花比喻美女娇容；桃有灵气，驱邪，如：桃印、桃符、桃剑	庭院、绿地、宅旁
石榴	因“石榴百子”象征多子多福	民居庭院、宅旁、寺院中
橘	橘有灵性，传说可应验事物；民俗中“橘”与“吉”同音；象征吉祥	庭院、绿地、宅旁，作为绿化用树或者果树栽植
梅	梅傲霜雪，象征坚贞不屈；梅喻女人，竹喻夫，婚联有“竹梅双喜”之说。男女少年称为“青梅竹马”；梅花是吉祥的象征，五瓣象征五福	庭院、绿地、宅居；可制作盆景；果实可食用，具有经济价值
牡丹	牡丹有“花王”、“富贵花”之称，寓意吉祥富贵	与寿石组合象征“长命富贵”，与长春花组合为“富贵长春”的景观，常片植或植于花台之上，形成牡丹台
芙蓉	芙蓉谐音“富荣”，在图案中常与牡丹组合为“荣华富贵”，具有吉祥含义	蜀后主遍植木芙蓉，花开如锦，故成都称为锦城、蓉城；常植于庭院中
月季	因月季四季常开，固有“四季平安”的意蕴	月季与天竹组合有“四季常青”意蕴，花可提取香料
葫芦	象征子孙繁盛；民俗认为葫芦吉祥	庭院中的棚架植物、果实可作容器
茱萸	象征吉祥，唐代盛行重阳佩茱萸的习俗	宅旁种茱萸可延年益寿，除患病
菖蒲	菖蒲象征富贵，其气味使人延年益寿	多为野生，但也适于宅旁、绿地、水边、湿地
万年青	象征吉祥、长寿	观叶、观果兼用的花卉；皇家园林用桶载万年青
莲花	莲花图案是佛教的标志；莲花被崇为君子，象征清正廉洁	古典园林中广泛使用的水生植物，也可以盆栽置于宅院、寺院中
菩提树	在佛教国家被视为神圣的树，是佛教的象征	植于寺院
七叶树	佛树	用作庭荫树、行道树；寺院中栽植
曼陀罗花	象征宁静安详、吉祥如意	寺院栽植
山茶花	山茶被誉为花中妃子；山茶、梅花、水仙花、迎春花为“雪中四友”	山茶花为传统园林花木，盆栽地栽均可，可孤植、片植，也可与杜鹃、玉兰配置

除了引用植物传统的文化内涵以外，当代设计师也尝试着挖掘植物更多的方面来为设计主题服务。如北京土人景观设计公司在沈阳建筑大学项目中，引入了水稻这种农作物作为景观植物。这个设计不仅在形态上做足了文章，设置了纵横阡陌的道路来模仿田埂，加深了农田场景的认同。更为绝妙的是，它引入了植物的季相作为设计灵感，从春天的播种到秋天的收割，还有冬天收割完后留下的稻禾斑块和稻茬，以及田间的稻垛都作为“景观设计的内容”出现了。将传统文化中的耕读精神赋予到了植物景观中，这也是寓情于景的表现（图3-31）。

3.1.4.4 植物的配置方式

1. 植物的色彩配置

色彩是景观植物最引人注目的观赏特征，在植栽设计中经常运用色彩丰富的植物，它们的茎、叶、花、果所产生的鲜艳的视觉效果，成为景观设计的亮点。一般而言，红色、橙色和黄色等暖色调的色彩看上去比较突出，可作为前景色；而绿色和蓝色等冷色调的色彩可作为背景，能更好地衬托前景。

1）叶的色彩。按照色彩，可分为绿叶植物和色叶植物。大部分的植物为绿色叶，但随着季节的变化，绿色会从早春的嫩绿、浅绿变成深绿色。色叶植物也称彩叶植物，具有很高的欣赏价值。春季发生色彩变化的有石榴、樟树、山杨、黄檗等，秋季产生红、黄或红褐色的色彩变化的

图3-31 沈阳建筑大学稻田景观

有枫香、鸡爪槭、黄连木、黄栌、花楸、银杏、金钱松、白蜡、黄檗、水杉等。另外有些植物常年呈现异色，如红色的红枫、紫色的紫叶李、紫叶小檗，黄色的金叶女贞、金叶连翘。常见的彩叶树种见图3-32。

2）树干的色彩。树干虽不及树叶的色彩丰富，但也对植物的视觉效果有影响。绿色枝干的有梧桐、迎春、竹类等；白色枝干的有白皮松、白桦、银杏、白杨等；枝干为红色的有红端木、山桃、红槭、赤松等。

我们在选择色彩丰富的植物时，应遵循以下的设计要点：

第一，确定一种色彩为主题或基调色，占主要比例，并适当搭配其他色彩。如杭州西湖风景区以绿色为基调，大量种植水杉、垂柳、朴树、香樟、榉树、合欢、黄杨、小叶女贞、红叶小檗、黄馨等，在统一的色调中有深绿、浅绿、蓝绿等不同色彩，同时点缀鲜艳的红枫、红叶李、金枝槐、红叶石楠、金叶女贞等植物进行搭配，起到了画龙点睛的作用。从水面向岸边看，靠近岸边的水中有芦苇、茭白、水葱、香蒲、荷花等植物，岸上为木芙蓉、黄馨、迎春、黄杨球等灌木，后边为香樟、垂柳、水杉等乔木，远处为山体上的松柏类植物，在整体为绿色的基调下，前景的浅绿到背景的深绿层次丰富。

第二，应该注重同种种植和自然式搭配种植的合理运用（图3-33）。同种种植比较适用于大的区域，如一片金黄色的油菜花或者相同色彩的大面积郁金香，可产生惊叹的视觉效果。但这种

图3-32 常见彩叶树种

图3-33 同种种植、自然式搭配

图3-34 丛植

图3-35 群植

种植方式需要经常更换，要考虑如四季秋海棠、一串红、彩叶草等植物作为后续展示。自然式搭配种植通过各种植物的合理搭配和色彩组合，形成色彩斑斓的效果，能够有效延长栽植设计的延续性。

第三，观叶植物和观花植物的相互搭配要注重冷暖和对比色的使用。如金黄色的菊花和郁金香为暖色调，显得温暖火热；紫蓝色的鼠尾草为冷色调，显得优雅安静。有时，使用强烈的对比效果，如红色和绿色、橙色和蓝色、黄色和紫色等能给人以鲜艳又舒服的视觉效果。

2. 植物的形态配置

1）孤植。孤植是把树形、树冠优美的乔木孤立种植，一是作为庇荫树或观赏树，二是单纯为了构图的需要。常用于大片草坪、花坛中心作为主景，或者是置于空间一角与山石相互成景。

2）丛植。一个树丛由3~10株同种或异种的树木不等距离的种在一起成为整体，是园林中普遍应用的方式，可用作主景或配景。构图方式应该符合艺术规律，既能表现植物的群体美，又能表现个体美（图3-34）。

3）群植。一两种乔木为主体，与数种乔木和灌木相搭配，组成较大面积的树木群体。因为数量比较多，以表现群体为主，具有“成林”的视觉效果（图3-35）。

图3-36 带植

图3-37 花境与灌木结合

4）带植。林带组合与树群一样，以带状形式栽种树木很多的乔木、灌木，多应用于街道、公路的两旁，常用作景物的背景和隔离，一般密植形成树屏（图3-36）。

5）花坛。花坛是指在一定范围内，按照一定图案栽植观赏植物，以表现花卉群体美的造景方式，一般以草本花卉为主。花坛可以是规则式、自然式和混合式三种。花坛作为主景，常设在广场或交叉路口的中心位置；作为配景，常设于道路、广场两侧，以带状出现。

6）花境。花境是根据自然界林缘地带多花卉交错生长的状态，加以提炼而形成的花卉造景形式。花境体现群体美，多采用自然的配置，充分体现了规则与自然的结合（图3-37）。

3.1.5 道路

3.1.5.1 道路的功能与组成

1. 道路的功能

道路是城市交通的主要组成部分，联系着城市的各个功能用地，并相互连接形成网络，构成场地的空间骨架。道路作为城市开敞空间的一部分，不仅集中了上下水道、电力、电信、燃气等设施，保证城市通风和建筑采光，还为行人提供休息、散步场所。

2. 道路的组成

道路的组成包括道路红线范围内的所有内容，主要有路面、设施和停车场。具体包括机动车道、非机动车道、人行步道、隔离带、绿化带，以及道路的排水设施、照明、地面线杆，另外还包括停车场、交通广场、公共交通站等附属设施。道路级别高的，道路空间的结构越复杂；级别低的道路，结构相对简单。

3.1.5.2 道路的分级

根据道路所承载的交通性质和交通量的大小，可以将道路按照各层面来划分。城市层面，可分为主干道、次干道、支路、尽端道路；居住区层面可分为居住区道路、小区道路、组团道路、宅间路；在绿地空间层面可分为主园路、次园路、小径。

1. **城市道路**

1）主干道。主干道是市区主要的交通运输线，连接城市主要功能区、公共场所等。主干道两侧应设非机动车道，可设置机动和非机动的隔离设施，并尽量减少过多的道路开口。

2）次干道。次干道是普通的干路，联系主干道的辅助交通线路。次干道道路可包括机动车道、非机动车道及人行道，次干道两侧可以设置各种建筑物出入口。

3）支路。支路是次干道与街区内部道路之间的连接路，为解决局部交通而设计，以服务功能为主。道路可设公共交通线路或自行车专用道，并考虑停车场。

4）尽端路。尽端路是街区内部的道路，同时也是机动车交通最末端的道路。

以上道路的宽度大小顺序为：主干道→次干道→支路→尽端路。在我国，主干道宽度一般为30~45m，次干道宽度为25~40m，支路的宽度一般为12~15m。主干道、次干道、支路、尽端路共同构成城市道路的等级系统（图3-38）。

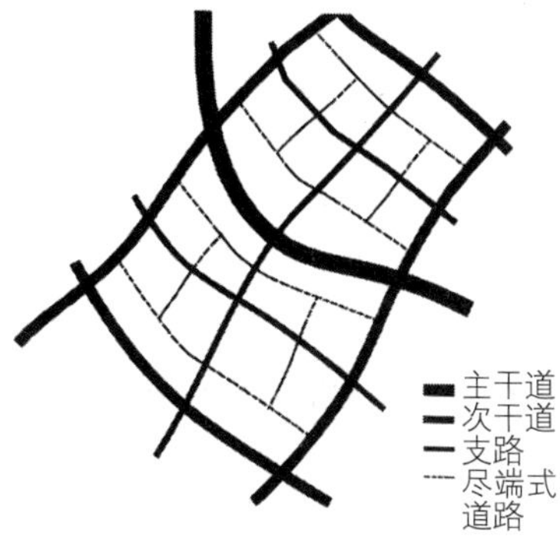

图3-38 城市道路分级（图片来源：许浩. 城市景观规划设计理论与技法［M］. 北京：中国建筑工业出版社，2008）

2. **居住区道路**

1）居住区级道路。一个居住区可以由几个居住小区或者组团构成。居住区级道路是整个居住区的主干道路，主要解决内外交通问题，并联系各居住小区或者组团。其车行道路不应小于9m，道路红线宽度一般为20~30m。

2）居住小区级道路。小区级道路是居住区中的次要道路，用来解决小区内部交通划分和联系小区内的组团、公共建筑及中心绿地。车行宽度应允许两辆机动车对开通行，宽度为5~8m；人行道宽1.5~2m，道路红线宽度为10~14m。

3）居住组团级道路。组团级道路是连接小区级道路和宅前路的道路，是小区内的支路。主要通行内部管理车辆、非机动车与行人。车行道宽度一般为4~6m。

4）宅间路。宅间路是居住区道路系统的末梢，是住宅建筑间通向各单元门的小路，主要通行自行车和行人，需满足垃圾清理、救护、消防、搬运家具的需要。道路宽度不小于2.5~3m。

3. **园路**

1）主园路。主园路是全园主要道路用来联系各个功能区。通过主园路的序列连接规划游人线路，营造完整的空间序列。主园路的宽大概在3~7m。

2）次园路。次园路是各个分区内联系景点的道路，对主园路起到辅助作用。考虑到游人需要，还应在景区之间开辟捷径。次园路的宽度大概在2~5m。

3）小径。小径又称游步道，是次园路的进一步细化。引导游人深入到景点内部，走进山林、水边，对景致进行细微观察。小径的宽度在1~3m。

3.1.5.3 尽端式道路系统

尽端式道路系统是机动车最接近建筑物的部分，一方面要确保用车的方便，另一方面要保证街区环境的安静和步行的安全。尽端式道路有四种基本形式：口袋路、U字路、格子路、T字路。口袋路仅有一条机动车路深入街区，能确保环境的安全，缺点是没有迂回，不方便机动车进出；U字路是在口袋路基础上增加了迂回，提高了便利性；格子路便于机动车通过，破坏了街区的安静；T字路是格子路的改进形式，有效排除了过路交通，影响了机动车的速度，却提高了步行安全。

在实际应用过程中，四种形式的相互组合，可以形成不同类型的道路系统（图3–39）。

3.1.5.4 道路的断面

沿道路宽度在垂直道路中心线的方向所作剖面为道路横断面。通常道路红线范围内包括有车行道、人行道、分隔带、绿化带等。机动车车行道的宽度取决于车辆外廓宽度、横向安全距离。通常主干道和高等级公路车道宽度宜采用3.5m，大型车车道或混合行驶车道宽度3.75m，供沿边停放车辆的道路宽度2.5~3.0m。道路两侧的自行车道单车道宽1.5m、双车道宽2.5m、三车道宽3.5m。

道路断面的基本形式常见的有四种，分别是单幅路、双幅路、三幅路、四幅路（图3–40）。应

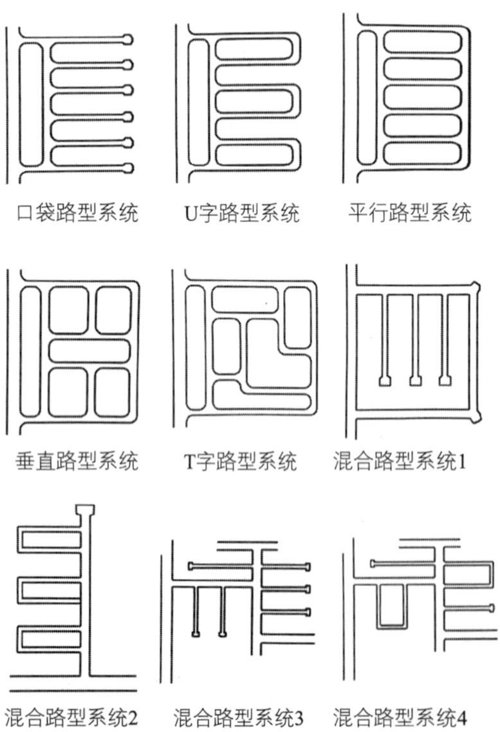

图3–39 尽端路网形式（图片来源：许浩. 城市景观规划设计理论与技法［M］. 北京：中国建筑工业出版社，2008）

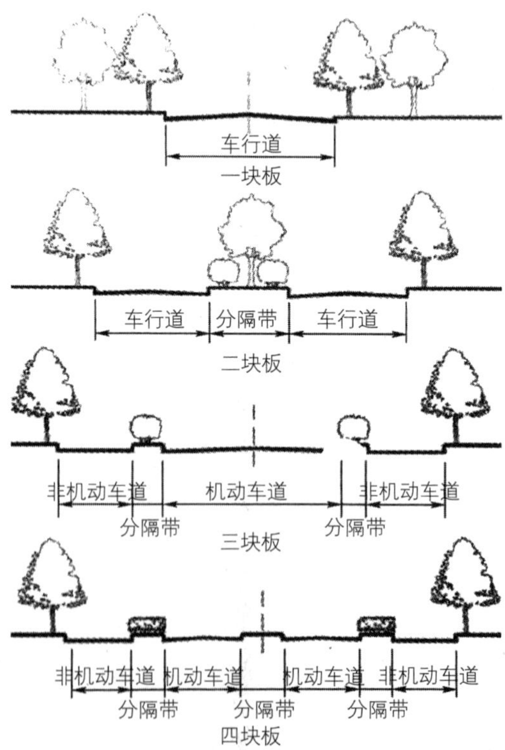

图3–40 道路断面的四种形式（图片来源：公伟，武慧兰. 景观设计基础与原理［M］. 北京：中国水利水电出版社，2013）

根据道路的性质和等级，并考虑机动车、非机动车、行人的交通组织以及城市用地等具体条件，来确定断面性质。

1. 单幅路

俗称“一块板”，道路由一块连续的路面构成，各种车辆在同一条路面混行，适用于路幅较窄的道路。断面宽度不大于24m，车行道宽度在9~16m之间。

2. 双幅路

俗称“两块板”，在单幅路基础上，中间增加隔离带，车辆双向行驶，适用于机动车流量大而非机动车少的道路。一般断面宽度在25~35m之间，中间隔离带3~8m，单向车道9~12m。

3. 三幅路

俗称“三块板”，由两条分隔带把车行道分成三部分，中间为机动车道，两边为非机动车道。主要用于机动车和非机动车流量都较大的道路，道路断面一般为35~50m。

4. 四幅路

俗称“四块板”，在三幅路的基础上将中间机动车道分隔开。四幅路适用于快速干道，既要求双向的快速交通有隔离，又要使同向机动车与非机动车分道行驶，道路段面的宽度一般为40~60m。

3.1.6 景观建筑与小品

3.1.6.1 景观建筑

景观建筑是指为游人提供休憩活动，造型优美，与周围景色相和谐的建筑物。景观建筑能构成并限定室外空间，组织游览线路，影响视线和影响毗邻景观的功能。景观建筑具有使用和造景的双重功能，尤其突出其造景功能，在景观中往往成为视线的焦点甚至主景。

传统中国园林建筑有亭、台、楼、阁、桥、廊、榭、舫、轩等，基本以木构和土石结构为主，往往都十分精致讲究。西方的景观建筑，一般都是具有功能的构筑物，主要包括遮阴篷、凉亭、栽花的温室等。当代的景观建筑应该在保持民族传统的同时，吸收西方理念，从功能出发进行设计，追求化繁为简，在传统中进行创新。

1. 亭

传统的亭，也作“停”，是供人休息的地方。亭是古典园林中最具特色的建筑，“虚”是其主要特征，往往是点景、借景的主要建筑。亭的样式变化无穷，有半亭、独立亭、鸳鸯亭之分，平面又有方形、长方形、六角形、八角形、圆形、梅花形、扇形等。

在两种情况下，我们会依然延续使用传统亭样式，一是在涉及文物保护区或者在历史遗迹周边的项目中，二是一些注重生态的常规绿地设计中。如杭州西湖景区周边的公园为了追求景区风貌的统一，以传统亭为主。

当前，亭的设计趋势是越来越注重现代材料和形式，越来越简洁，甚至是越来越抽象。如苏州博物馆中心水池中设计了一个现代的亭，此亭是庭院中最好的观赏点，同时又与其他建筑物互为对景。该亭形态为双层玻璃屋顶，内侧局部覆盖木饰钢格栅，整体结构为钢结构，钢柱上设置照明灯具。该亭的内部空间也有所创新，除了周围有座椅外，中心设计了一座洗漱台供人使用，这与传统亭的功能有所区别（图3-41）。再如北京园博园中供人休息的亭，整体是钢结构刷仿木色漆，造型已经被精简至有顶的六柱构筑物。但它的立面却半围合着类似传统窗格栅的菱形，使人感受到了中国情调（图3-42）。由此可见，将中国传统园林建筑分解出一两个具有代表性的符号，用现代设计手法进行解构重塑，就能形成全新的景观。

2. 廊

有顶的过道为廊，房屋前檐伸出的部分可避风雨、遮太阳的部分也称为廊，具有轻灵的特征。廊是中国园林中最富特色的建筑之一，是联系建筑物的脉络，又是赏景的导游线。廊同时也有很多种变体，比如和亭结合起来形成廊亭，和桥结合形成廊桥。廊的规模可大可小，大规模的可形成空间的划分，小的可以独立成景，形成视觉中心。

廊作为一种传统景观建筑形式也有许多新的尝试。如苏州科技文化中心，在建筑的不同区域结合部设计了廊。顶部为钢结构，制作成冰裂纹的造型，上边覆盖着透明玻璃。立面上有很多倾斜角度的钢柱，形成冰裂纹的门窗，并间隔镶嵌磨砂玻璃。总体来看，廊的形式非常现代但又充满了中国元素（图3-43）。再如，中国美院象山校区中大尺度的廊桥，跨过一条天然溪流，从校园伸向山林中。廊桥顶为瓦顶，和周边建筑物一致，但是它又用倾斜交错的钢结构柱来支撑，表现出一种现代主义的建筑气势（图3-44）。

3. 园桥

桥本身是一种跨越河流的功能性构筑物，在古典园林中桥不仅有通过功能，更是一种艺术对象，按照形式可分为平板桥、圆拱桥、单孔桥、多孔桥、廊桥等。

桥的布置同景观空间总体布局、道路系统、水体面积的比例、水面的聚合等密切相关。大水

图3-41　苏州博物馆的亭

图3-42　北京园博园休息空间

面架桥，易宏伟壮丽。重视桥的体形和细部表现；小水面架桥，宜轻盈质朴，简化体形。

在当代设计中，桥的形式已经非常多样，它会根据整体设计的需要而变化形式。如土人景观设计的江苏睢宁流云水袖桥（图3-45），总长635m，跨越城市快速路和多个水系。它整合了被道路分开的两个空间，避免了车流和人流平面相交时的冲突。从设计上讲，其形式是有机的，从舞动的水袖中获得灵感，在三维空间中起伏。可以说流云水袖桥是城市景观元素功能和形式的完美结合。

图3-43 苏州科技文化中心的廊

图3-44 中国美院象山校区的廊

图3-45 睢宁流云水袖桥

3.1.6.2 景观小品

常见的景观小品有休息设施、标示系统、公共卫生设施、照明设施、公共游乐设施、景观雕塑等。

1. 休息设施

休息设施是为游人提供驻足、休息的设施，体现了景观的人性化设计。座椅是最主要的休息设施，但其他构筑物也结合了休息的功能，比如亭和廊。座椅的种类很多，可分为单人的、双人的或多人的，根据人数需要座椅长度不等。从外形看，有椅形、坐凳形、规则形、不规则形等，要根据空间的需要来选择合适的座椅。从设置上分，可分为平置式、圈树式、台阶式、镶嵌式等。平置式是最常见的座椅形式（图3-46），将座椅平放在地面上；圈树式是指座椅围绕树木设置（图3-47），可构成围合空间；台阶式是指台阶兼具座椅功能；镶嵌式是地面和座椅整体考虑，形式较整体、前卫（图3-48）。

图3-46 平置式座椅

2. 标示系统

标示系统是指特定环境中引导方位、指示方向、传达信息的设施，常见的载体形式是标识牌、广告柱等。标示系统的设计是图形、文字、符号的结合，同时也是视觉传达、产品造型和环境艺术的结合。一般标示系统常设置在醒目位置，如广场入口、道路交叉口、道路边缘等。

如西安曲江遗址公园的标示指示牌，以石柱为主要支撑，固定住两根原木，中间为标注公园信息的磨砂钢化玻璃。精彩的是石柱上雕刻了唐朝宫女彩绘，使人立刻意识到公园的唐风特色（图3-49）。再如成都宽窄巷子街口的标识，采用了镂空灯箱的形式，字体和图案设计都很精致隽永，符合宽窄巷子的项目定位（图3-50）。

图3-47 圈树式式座椅

图3-48 镶嵌式式座椅

3. 公共卫生设施

公共卫生设施是为保持市政卫生而设置的相关设施，包括垃圾箱、饮水器、移动卫生间等。

1）垃圾箱。按照形态可分为直竖型、柱头型和托座型三类，材质可为金属、塑料、钢木、大理石等。按照垃圾投入方式可分为旋转式、抽屉式、启门式、套连式等。垃圾箱的设计要便于使用，标示清晰，也可复合其他设施的功能（图3-51）。

2）饮水器。按照饮水器龙头位置划分，有龙头在顶部和龙头在侧面两种。材料较多样，有混凝土抹面、花岗石、天然石、陶瓷、不锈钢、铸铝等。设计时要依据人体工学的数据并考虑残疾人和老年人的便利（图3-52）。

图3-49　西安曲江遗址公园指示牌设计

图3-50　成都宽窄巷子标识牌

图3-51　结合座椅功能的垃圾箱

图3-52　广场饮水器

3）移动卫生间。在人流较大的区域需要放置临时卫生间，造型上力求与环境相融合，并考虑人体工学和无障碍设计方面的内容（图3-53）。

4. 照明设施

景观照明除了创造了一个明亮的景观环境，满足夜间游园、节日庆典、安保等要求外，更是创造现代化景观的手段之一。它能使景观呈现与白天不同的意趣，产生出一种静谧的气氛。

1）基本照明灯具。用于满足使用者的安全需要，具有空间的连续性与引导性。可分为路灯、庭院灯、扶手灯、草坪灯、地灯等。

2）重点气氛照明灯具。重点气氛照明灯用来营造艺术照明效果，如街口、广场等处的探照灯、聚光灯，可勾勒出空间轮廓。这类灯具如激光灯、水池灯，配合各种小品、水池、雕塑，创造出小范围照明效果。

5. 公共游乐设施

公共游乐设施主要指用来提供休闲娱乐和进行健身活动的器械。能够增加人与环境交流的互动，丰富空间活力，营造可参与性的活动空间。从活动内容看可细分为游乐设施和健身设施。

游乐设施通常有专门的游乐场地，区域相对封闭，承载着游客进行各种游乐活动的需要。常见的有沙坑、滑梯、攀爬、戏水池、秋千等，多供儿童使用。如在西班牙比斯开Atalaya社区公

图3-53 移动卫生间

园案例中，专门针对孩子和社区居民开辟了游乐场所，并用不同颜色的地面进行区别（图3-54）。

健身设施对场地要求低，多布置于健身广场或者开敞的硬质空间，考虑到游人的参与性，多处于场地周边对人流不形成干扰。

6. 景观雕塑

雕塑对景观环境有画龙点睛的作用，是点景的因素，也是表达某种思想感情和景观气氛的手段，它可以用来增强园景美感，连接景观要素、汇聚视线。景观雕塑的构建位置要得体，并有良好的观赏条件，要注意雕塑与相关景观的相互衬托和补充。雕塑的材料有大理石、金属、人造石、高分子材料、陶瓷等。

雕塑可按照空间形式、艺术形式、功能作用进行分类。

1）雕塑的空间形式分类。按照形式可分为圆雕、浮雕、透雕三种。圆雕具有强烈的体积感和空间感；浮雕介于圆雕和绘画之间，只能从正侧两面看；透雕是保留形象部分，形成空间流通、形象清晰的特点（图3-55~图3-57）。

2）雕塑的艺术形式分类。雕塑具有具象与抽象两种艺术

图3-54　西班牙比斯开Atalaya社区公园

图3-55　圆雕

图3-56　浮雕

图3-57　透雕

形式。具象雕塑以再现客观为主，在城市雕塑中应用广泛；抽象雕塑是对形体加以概括，并用抽象符合加以组合，具有强烈的视觉冲击力和现代意味。

3）雕塑的功能作用分类。按照功能作用，雕塑可分为纪念性雕塑、主题性雕塑、装饰性雕塑。纪念性雕塑主要为了纪念一些伟人和重大事件，一般在环境中处于中心和主导地位；主题性雕塑是在特定环境中，为增加文化内涵，表达某些主题而设置；装饰性雕塑主要在环境中起到装饰与美化的作用。

3.1.6.3 景观建筑与小品的设计原则

1. 功能性原则

景观建筑的布局首先要满足功能要求，如使用、交通、用地和景观要求。景观小品和设施主要是为人服务的，所以，好用、易用，便于识别、便于操作和维护是基本要求。

2. 系统性原则

景观小品设施的设计不仅是单体设施的设计，更是一个系统化的工程。各设施之间的布置关系的协调，包括功能关系、形态关系、色彩关系等。比如要根据人流量来设置座椅数量，并设计相关的垃圾箱，垃圾箱的数量和座椅的数量有种匹配关系。

3. 人性化原则

人性化原则是景观建筑与小品设计的根本原则，是最高价值的体现。环境中的设施能满足人的使用要求，丰富空间，对于人的体验影响巨大（图3-58）。

图3-58 人性化原则

4. 地域性原则

地域性原则包括两方面。首先是设计要考虑当地自然条件，如在干燥气候环境中，设施在材料选择上要多考虑木材的温暖质感，在多雨环境中，要考虑材料的防锈；其次，要考虑设施设计与景观环境的协调，包括风格、造型、色彩，体现出本地的人文特征（图3-59）。

图3-59 地域性原则（图片来源：作者自摄）

5. 艺术性原则

景观建筑和大型设施是有一定体量的，其

造型会影响到整体的景观环境。所以，在满足功能的基础上，要不断地在造型、色彩、材料、工艺、装饰等方面斟酌，创造出有视觉品质的作品。

3.1.7 铺装

景观铺装是指在环境中运用自然或人工的铺地材料，按照一定的砌筑方式铺设于地面形成的地表形式。铺装构成了硬质地面，它贯穿于人对空间感受的始终。

3.1.7.1 铺装种类和特点

我们依据路面交通的不同强度等级来选择不同的铺装材料（图3–60）。

1. 地砖

地砖，是指采用震压的方式，用同一种材料（如黏土、混凝土）制造的高密度咬合型砖砌块，这种材料能承受较重的压力，耐磨性、透水性、防滑性较好。铺装方式有垂直贯通缝、骑马缝、方格式接缝、席纹式接缝等。因为地砖体积较小，且拼法灵活，所以适用于广场、商业街、小区路和一些小尺度空间。地砖还能拼装出许多图案，形成不同的路面纹理，增强空间的趣味（图3–61）。

2. 石材

石材是一种天然的铺装材料，常用于铺装的有石灰岩、砂岩、花岗岩等。石材铺装的特点是观赏性好、耐用、色彩肌理变化丰富，利用其不同材质、颜色、饰面及铺砌方法，可组合出多种铺装方式，多用于主要的景观节点、广场、建筑出入口等。在户外使用时，石材很多需要烧毛处理，防止行人滑倒。

3. 木材与竹材

木材，常用于露台、滨水平台及休息区域等，它色调温和、质感舒适温馨，深受人们喜爱。

图3–60 各种铺装材质（图片来源：俞昌斌，陈远. 源于中国的现代景观设计——材料与细部［M］. 北京：机械工业出版社，2012）

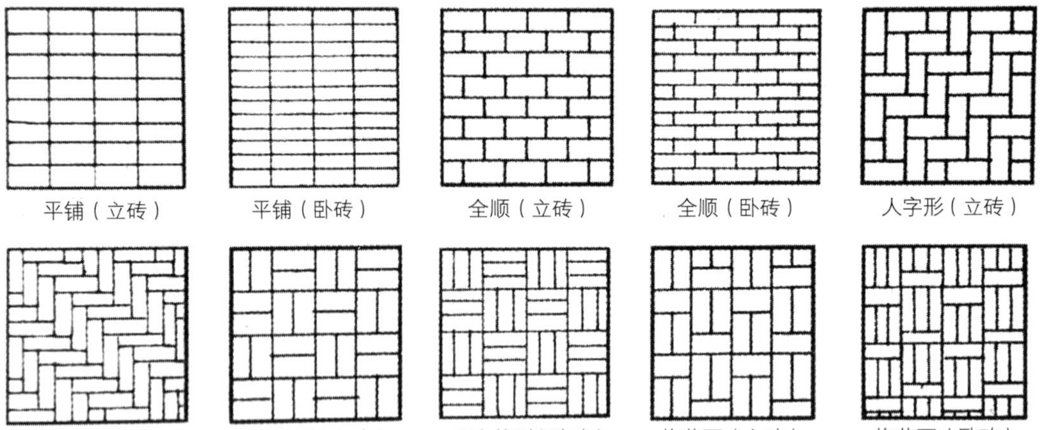

图3-61 地砖的铺装形式（图片来源：公伟，武慧兰. 景观设计基础与原理[M]. 北京：中国水利水电出版社，2013）

但木材容易腐烂、干裂，使用时需要进行防腐处理，不宜大面积使用于户外。

塑木是户外铺装中木材的替代品，是指用天然纤维素与热塑性塑料经过混合搭配而成的复合材料，来仿照木材效果。塑木是一种可再生的环保材料，它的颜色可根据需要来调节，长短宽度有不同的规格，比较适合拼接和切割。它解决了木材潮湿变形的问题，适用于大型公共区域的铺装。

竹材是一种不同于木材的新材料，由于国内竹子资源丰富，所以它具有规模生产的优势，而且该材料生长周期短，是一种低碳环保且能够持续使用的材料，很适合运用于景观工程中。

4. 混凝土材料

混凝土铺装是利用混凝土做面层的铺装方法。常见到的有现浇混凝土、透水混凝土、压膜混凝土。现浇混凝土造价较低、施工方便，但表面质感比较单调，通常可以通过刷子拉毛、设置变形缝等方法增加形式上的变化；透水混凝土是一种新型环保材料，能使雨水迅速渗入地表，减轻排水设施负荷，同时透水混凝土的较大孔隙能够吸收车辆的噪声；压膜混凝土指用预制好各种图案的模具，现场制作具有特殊纹理和效果的混凝土铺装，该材料较易褪色，因此只适合作为人行路面。

5. 卵石

卵石铺装是将卵石平整镶砌在路面的铺设方法。其特点是肌理细密、装饰性强，并可砌出各种图案，具有风格活泼、轻快的特点。这类铺装方式一般不大面积使用，而多在景观小路作为辅助铺装使用。

3.1.7.2 铺装的表现要素

1. 铺装的尺度

景观铺装图案的不同尺寸能取得不一样的空间效果。图案的形体较大，会使空间产生一种宽敞的尺度感，而较小、紧缩的形状能使空间显得压缩和充满私密感（图3-62）。通常大尺度的花岗岩、抛光砖适合大空间，而小尺寸的地砖和马赛克，更适合中小型的空间。有时小尺寸的材料铺装形成的肌理往往能产生很好的形式趣味（图3-63），或者利用小尺寸材料组成大的图案来与大空间取得比例上的协调。

图3-62　铺装图案尺寸对空间影响

图3-63　铺装图案的形式趣味

2. **铺装的色彩**

铺装的色彩一般是起到衬托主体物背景的作用，只有很少的情况下会成为主景观，所以要与周围环境的色调相协调。如果色彩过于繁杂和鲜亮，反而会弱化主体物，所以除非有意突出，铺装都要与周围环境的色调相协调。色彩的选择还应该考虑人的心理感受：在儿童活动区，可使用色彩鲜艳的铺装造成活泼、明快的气氛；在安静休息区，可采用色彩淡雅柔和的铺装来营造安静、舒适的气氛；在纪念性的场所，应使用稳重的色调，营造庄重、肃穆的气氛。铺装的色彩还应注意用视觉上的冷暖节奏来打破色彩千篇一律的沉闷感，做到稳重但不沉闷，鲜明但不俗气（图3-64）。

图3-64　明快、跳跃的色彩铺装

3. **铺装的质感**

在进行铺装选择的时候，要考虑到空间与铺装质感的关系。粗糙的铺装材料感觉稳重、开放，而且可以较好地吸收光线，适合于大空间；圆滑、精细的材料给人以轻巧、细致、柔和的感觉，适合于小空间。

粗糙的质感产生前进感，使空间显得比实际小，细腻的质感则产生后退感，使空间显得比实际大。所以，在设计中将粗糙材料作为铺设前景，而将质感细腻的材料作为背景，相当于夸张了透视效果，扩大了空间的尺度感。

3.1.7.3 铺装的功能

1. 引导视线

铺装具有引导游人视线的作用。直线能够引导人的前进；需要逗留的场所，则应采用无方向性的铺装；当需要成为焦点，则采用聚向焦点方向走向的铺装。另外，通过铺装线条的变化，可以强化空间感，如平行于视平线的线条强调铺装面的深度，垂直于视平线的线条强调铺装面的宽度（图3–65）。

图3–65 铺装用来引导视线

2. 分割组织空间

硬质的铺装通过材料、质感、样式的变化形成空间界限，暗示着不同功能区域的转换。铺装的变化一方面丰富了硬质铺装的层次，另一方面，使人们更容易辨认出行走、休息、集会等不同的场地。不同功能的空间铺地需要采用不同的铺装材料，即使是使用同一种材料，也往往采用不同的铺装形式相分割（图3–66）。

3. 意境与主题表现

良好的铺装对空间往往能起到烘托、补充或诠释主题的作用，给予空间以不同的意境和氛围。在中国传统园林中，经常用到铺装图案来强化意境的，这类铺装使用文字、图形、特殊符号来表达空间主题。例如江南古典园林中的“花街铺地”用砖、卵石、石片、瓦片等，组成四方灯锦、海棠芝花、攒六方、八角橄榄景、球门、长八方形等各种图案精美和色彩丰富的地纹，形如织锦，颇为壮观（图3–67）。

3.1.8 景观照明

城市照明设计是城市景观的重要组成部分，在一定程度上反映了城市的文化底蕴、社会经济

图3–66 铺装用来分割组织空间

图3–67 留园的花街铺地

状况、居民生活水平，以及政府的城市建设能力。城市照明不仅能美化城市环境，还可以优化城市夜间生活和投资环境，减少犯罪率，所以照明设计正变得越来越重要。

3.1.8.1　景观照明设计概述

景观照明设计是一项系统工程，它包括建筑物、构筑物、街道、桥梁、广场、公园、绿地、水面、城市附属设施的照明。从照明设计的应用范围来分类，可将照明设计分为城市照明规划和城市照明设计两种。前者是将照明置于城市规划层面进行统筹安排，后者则是个体和小区域照明的一般规律。

1. 景观照明规划

城市照明规划依据城市规划的相关要求，分为两个层次：总体规划和详细规划。总体规划的主要内容有：规划依据；规划的指导思想和基本原则；规划的模式与定位；规划的构思和基本框架，确定城市夜景照明体系（含夜景观景点、轴线、分区、点、线、面的构成和光色及亮度分布等）；确定近期、中期、远期夜景照明建设目标；提出中心景区和标志性工程的夜景规划的原则建议；规划的实施与管理；实施规划的政策与措施。

详细规划包括控制性详细规划和修建性详细规划。控制性详细规划的主要内容有规划景区或景点夜景规划，包括主题分析、照度、亮度、色彩和防止光污染的规划，城市景观元素如建筑和构筑物、广场、道路、商业街、园林、绿地、广告标示和市政设施的夜景照明导则（图3-68）。

2. 景观照明设计

景观的照明首先要符合场地的要求，空间不同意味着照明的效果也不尽相同，如通过性的空间要确保通行的安全性，而建筑物的照明要强调建筑的造型特点；其次照明设计，特别是区域照明要做到主次分明，整体统一，对于重点景物要重点刻画，同时注意其与周边关系；再次，空间照明是一种艺术性的创作，并非仅仅照亮物体，通过灯光的营造，可使物体展现出和白天不同的艺术效果；最后，照明要考虑到经济性，不能盲目讲求亮，而应做到审美与经济性的统一。

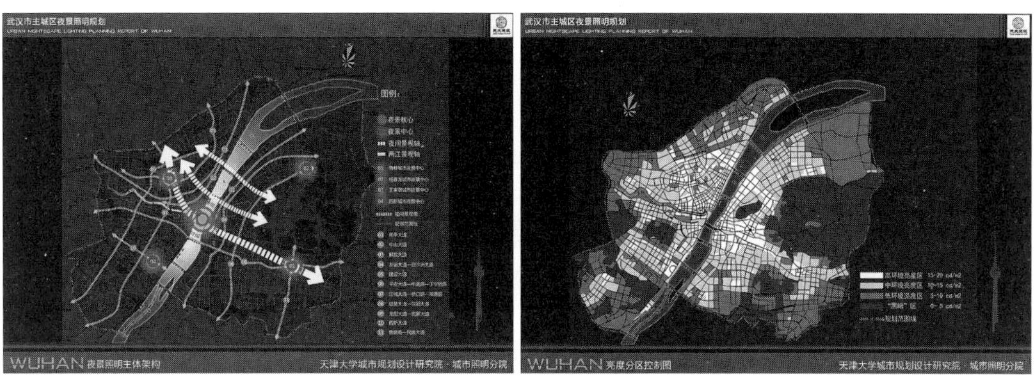

图3-68　城市主城区照明规划

3.1.8.2 照明设计的基本知识

1. 基本光度单位

光源在单位时间内向周围空间辐射出去的，并使人眼产生光感的能量，称为光通量，用符号Φ表示，单位为lm（流明）。在光学规定中，发出波长为555nm黄绿光的单色光源，若辐射功率为1W，则它发出的光通量为683lm。

光源在空间某一方向上的光通量的空间密度，称为光源在这一方向上的发光强度，以符号I表示，单位为cd（坎德拉）。

被照表面单位面积上接收的光通量，称为被照面的照度。用符号E表示，单位为lx（勒克斯）。

发光体在视线方向上单位立体角内的发光强度，称为该发光体表面的亮度，以符号L表示，单位为cd/m^2。亮度直接影响人的主观感受。

2. 光色

照明光源的颜色通常用两个指标来表示：光源的色表与光源的显色性。色表即光源的颜色，显色性即灯光对它照射的物体颜色的影响作用。

1）色温

光源的色表常用色温来表示，在黑体辐射时，随温度的不同，光的颜色会随之变化。比如，将一标准黑体加热，当它的温度升至某一程度时开始发光，并且随着温度升高光色会逐渐变化。当光源颜色与黑体的光色相同时，我们把黑体当时的温度称为该光源的色温，以绝对温度K来表示。色温在3000K以下，光色偏红；色温超过5000K，光色偏蓝。

2）显色性

物体色随不同照明条件而变化。物体在待测光源下的颜色同它在参照光源下的颜色相比的符合度，称为待测光源的显色性。一般将中午的日光定义为参照光源，并把它的显色指数定为100。被测光下的颜色于日光的一致性程度越高，显色性越好，显色指数越高。反之，显色性越差，显色指数越低。

3. 光源与灯具

目前最常见的光源类型有三类：热辐射光源、气体放电光源、固体发光光源。

热辐射光源包括普通白炽灯和卤钨灯，普通白炽灯显色性好，但光效率低、寿命短。卤钨灯是在普通白炽灯基础上改进的，在寿命和光效方面有提高。

气体放电电源有低压和高压之分，低压气体放电灯有荧光灯和低压汞灯，高压气体放电灯有高压汞灯、金属卤化物灯、高压钠灯等。荧光灯有较好显色性和光效，但易受温度影响，常用于室内照明；低压钠灯光效高但只能发出单一颜色，显色性差，常用于道路照明；高压汞灯有较高光效，但光色差，一般用于道路、广场照明；金属卤化物等光色多样，多用于步行街和文化休闲场所；高压钠灯体积小、亮度高，用处较广泛。

固体发光光源指某种固体材料与电场相互作用而发光的现象，包括无极感应灯、微波硫灯和LED灯等。特别是LED灯，目前作为新兴光源，使用非常广泛。LED属于全固体冷光源，体积小、重量轻，结构坚固且使用寿命长。虽然发光效率不高，但由于光谱集中，通过集群的方式可满足各种场合的需要。

景观的照明是光源配合不同的照明设施完成的，照明设施就是灯具，常用的照明灯具按造型特点及使用范围可分为高杆灯、庭院灯、草坪灯、地埋灯、投光灯等。

1）高杆灯。一般指15m以上的钢制柱形灯杆和大功率组合式灯架构成的照明装置，由灯头、内部灯具电气、杆体及基础部分组成。主要用于广场、街道、立交桥等的大面积照明。

2）庭院灯。是常见的一种中等尺度灯杆的照明形式，高度通常在3~5m，灯具在灯杆顶端。主要用于庭院、公园、街头绿地、居住区的照明。

3）草坪灯。草坪灯比较低矮，造型多样，多放在草坪边缘或广场周边作为装饰照明，创造夜景气氛，高度通常在0.5~1m。

4）地埋灯。地埋灯就是灯体嵌入地下，形成自下而上的投光效果。其特点是体积小，能保持与地面的平整统一，照明的同时不会影响到通行。广泛应用于广场、商业街、停车场等。

5）投光灯。投光灯是指利用反射器和折射器在限定的立体角内获得高强度光的灯具。主要用于建筑物、体育场、立交桥、纪念碑等大型公共建筑。

3.1.8.3　景观照明设计的方法

夜景照明中灯的数量、光的颜色及照明方向都可根据照射物的色彩、形态、材质进行设计，具有很强的可控性，还可通过光色的层次突出细部，这些都是自然光无法比拟的。几种典型的照明设计类型有：

1）投光照明法

用投光灯直接投射到建筑立面，这是一种最基本的方法。不仅能显现建筑全貌，而且还能体现出建筑造型、材质和细部特点等。要注意投射的角度应该合理，设施隐蔽，并利于维护和调试（图3-69）。

图3-69　投光照明法

2）轮廓灯照明法

主要表现建筑的外轮廓，做法是每隔30~40cm连续安装形成光带，或用串灯、霓

图3–70　轮廓灯照明法

图3–71　内透光照明法

虹灯、导光管或者发光光纤等来勾勒建筑轮廓。一般将投光照明和轮廓照明相结合，效果会更好（图3–70）。

3）内透光照明法

利用室内光线的透射来照明，归纳起来有三类：随机内透法，利用室内原有的灯光照射；建筑内透光照明法，在建筑物内设置内透光照明设备，形成发光面来表现建筑夜景；演示性内透光照明法，在窗户中利用内透光组成不同图案，用电脑统一控制，又称为动态演示式内透光照明法（图3–71）。

除了以上常用方法外，还可根据景物类型，选择剪影法、层叠法、特种照明法等方式来表现。

3.2　景观的艺术要素

3.2.1　点线面体

3.2.1.1　点

线与线的交点便是点。点没有绝对的大小，但可以在空间中标定位置。在空间上，点是具有形态的，其中以圆形居多，圆点具有位置与大小，而其他形态的点除位置、大小外，还有方向性。点越小，点的感觉就越强；点越大，则越有面的感觉；但如果过小，存在感也随之减弱。圆点是给人印象最深的，轮廓不清或者中空的点则较弱化，小而实的点则给人锐利的感觉。

景观中的点状要素有孤植、石头、雕塑小品、亭、塔、汀步等。点状元素的聚集、线状排列、分散等多种组合方式可产生不同的景观效果。景观中的一个或者几个聚集的点可形成视觉的焦点和中心，创造景观的空间美感。作为主景的点通常有以下几种运用方式：①在轴线的节点或终点设置点状景观可以形成景观的中心和主题；②在地形最突出的部分设置点状景观可使之成为焦点；③在构图的几何中心，如广场中心、花坛中心等布置点状要素使之成为视觉焦点；④在路的尽端或转弯处、水边或者水体的中心，点状要素也能形成视觉焦点。

美国景观设计师玛莎·施瓦茨非常善于使用几何形作为表现形式，她认为如果要在自然中读到什么，最快的方法就是在那里加入几何感的秩序（图3-72）。

图3-72 玛莎·施瓦茨景观中点的运用

3.2.1.2 线

两面相交，便形成线。线存在于点的移动轨迹和面的边界，以及面的断、切、截取处，具有丰富的形态，能形成强烈的动感。景观中的线状要素包括道路、溪流、驳岸线、林冠线、林缘线、围墙、长廊、栏杆、折桥等。线从形态上可分为直线和曲线两类，不同形态的线状要素给人的视觉感受也不同。

1. 景观中的直线要素

直线是人抽象出来的产物，所以具有表现的纯粹性。直线非常适合用来构图，直线间的交错很容易找到一种平衡性。所以，在景观中不会单独强调某一条直线，而是采用直线的对比和调和。西方规则式园林主要就是运用了直线的构图（图3-73、图3-74）。

水平线无明显的方向，具有平静、稳定的平衡感，空间开阔、统一。垂直线具有挺拔向上的感觉，代表坚定、永恒，能创造出端庄、严肃的景观，如纪念碑。斜线具有方向性和活跃、运动的动感，同时也充满了不稳定性，如闪电和倾斜的山崖。放射线具有扩张与舒展感，如放射的光芒。在景观设计中，综合运用不同类型的直线可使空间摆脱乏味。

2. 景观中的曲线要素

曲线包括几何曲线和自由曲线，给人以悠扬、柔美、轻快、优雅的感觉。景观中的线状要素贯穿全局，好的景观设计应该是“曲中有直、刚柔并济”的。平面中主要的园路系统、林缘线都以曲线为主；溪流、驳岸是自然流畅的曲线；长廊、桥、栏杆、道路绿化带常是曲线与直线的结合。立面上，建筑的轮廓线如亭、台、楼、阁的飞檐翘角都是曲线；林冠线是曲线；门洞、桥、云墙也多是几何曲线来表达的。美国景观设计师彼得·沃克的Pixar Animation Studios景观设计项目便是通过运用几何曲线和自由曲线在平面和立面上，都得到了让人满意的效果（图3-75）。

图3-73 美国宾西法尼亚州立大学草坪

图3-74 凡尔赛宫平面图

图3-75 美国加州的Pixar Animation Studios景观设计中曲线的运用

3.2.1.3 面

1. 面状要素的特点

面是线的展开，没有厚度，只有长度和宽度。在几何学中，面是线移动的轨迹，线宽的增加，线的封闭都会产生面。自然界中，完全的平面是没有的，只有水面最接近，通常平面都是弯曲或是扭曲的。

平面是围合空间的手段。大地扮演地平面角色，树木则是垂直的平面，而空间架构则能限定顶平面。劳伦斯·哈普林设计的波特兰爱悦广场就是采用了华丽而抽象的平面组合，互相重叠的水平面衬托着垂直平面形成一首和谐、平衡的乐章（图3–76）。

2. 景观中的几何形平面

几何曲线的平面体现了数学性和严谨性，是人工的产物，主要是出现在规则式的景观中。如纪念性广场、公园出入口广场、规则水池、网格树阵、规则式草坪等。特别是利用硬质铺装可以在平面上组合成各种各样的图案，具有一种人工的形式美感（图3–77）。

3. 景观中的自由曲线形平面

自由曲线形平面是指景观中自然的平面，具有自然、随和、自由生动的特性，一般应用在自然式的景观中。如英国风景式园林中的草坪、道路系统；又如美国纽约中央公园中草坪、水体和广场的轮廓都是自由形的。现代大型的公园设计的平面结构也多是自由形曲线平面（图3–78）。

3.2.1.4 体

点、线、面共同组合成了体。

1. 体的形状与特点

体是二维平面在三维方向的延伸。体可以是实体，实体是三维要素形成的一个体或空间中的质体；体可以是开敞的，即空间的体由其他元素围合而成。实体可以是几何形的，如立方体、四面体、球体、锥体等，也可以是不规则形的，有些偏于圆滑，而有些有棱角。

图3–76 劳伦斯·哈普林设计的波特兰爱悦广场

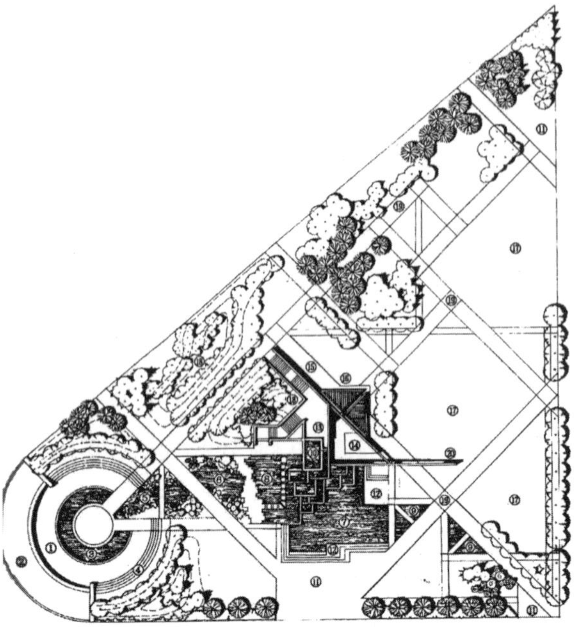

图3-77　景观中的几何形平面

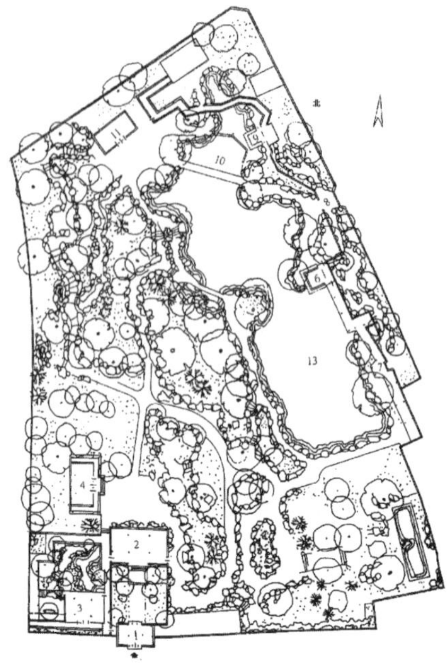

图3-78　景观中的自由形平面

2. 景观中的实体

建筑、地形、树木、森林都是景观中的实体，是空间中的质体。实体可以是几何形的，如埃及金字塔、国家游泳中心水立方等；实体也可以是自由形的，不规则的山丘、各种雕塑、树木等。其中，树木作为景观的主体之一，变化是最多的，既可以垂直向上向下，也可以水平展开或者被修剪成人工的造型。

3. 景观中的开敞体

开敞体由开敞的空间结构所界定，它们以密实的平面作为立面，围合成空间。透明也可形成开敞，如植物园中的玻璃房，围合成一个独立的气候区，模糊了围合空间和开敞空间的界限。树林所围合成的空间也形成了丰富的开敞空间，树冠、枝条、地面所构成的平面也可创造一个体的空间（图3-79）。

图3-79　植物景观中的开敞体

3.2.2 色彩

3.2.2.1 受自然环境影响的色彩

光造就了色彩，人之所以能够辨认自然界中的色彩，皆因为有光。只有在漫射光照射下，物体才呈现出固有色，而如果是有色光，则物体表面色彩会随之发生变化。白居易的诗“一道残阳铺水中，半江瑟瑟半江红”就指在江面上同时出现了两种色彩，半江红是光源色，而半江瑟瑟是环境色。这种受光源色和环境色同时影响的色彩称为条件色。由于受到光源色和环境色的影响，景物处在顺光、逆光和测光的条件下色彩的效果也不同。如逆光下的桂林山水，轮廓呈剪影感，而江水却波光粼粼，前景和背景的反差被拉大了，有了与白天不同的景观感受（图3-80）。

色彩还存在空气透视和色消除现象。唐代诗人王勃的“落霞与孤鹜齐飞，秋水共长天一色”描写了鄱阳湖水天一色的美景。从科学上来解释，一方面由空气分子的散射，大部分的青、蓝、紫等短波长的色光被反射，使空气呈现蓝色，一切远景都被蓝色笼罩；另一方面，景物越远，色相的亮度和饱和度就越低，景物的色彩随距离而减退亮度与饱和度，最后与天空同色，所以晴天时远山都会呈现蓝色，阴雨天呈现灰色（图3-81）。

3.2.2.2 景观中山石、水体的色彩

天然的山石色彩繁多，有灰白、青灰、浅绿、棕红、棕黄等，它们多是复色，不论在色相、明度与饱和度上都与景观环境的基色——绿色和黄色有着不同程度的对比。

天然的水是无色的，但因水面积、深浅及洁净程度不同，或者因光源色与环境色的影响而呈现出不同的色彩。人工的水池可根据水面的需要选用不同的池底材料和水下灯光，营造出多种多样的水面色彩（图3-82）。

3.2.2.3 景观中植物的色彩

植物的色彩是景观中极富表现力的因素，它能吸引人的注意力，创造气氛，影响人的情绪。

图3-80 桂林山水的剪影效果

图3-81 王勃诗意境

图3-82 水的色彩

所谓“万绿丛中一点红”、“层林尽染”都是对植物色彩的描述，特别是色彩的搭配可令平凡的景观升华。植物的色彩主要是通过植物的花、果、叶、枝、树皮呈现出来的。树叶的色彩是主要的造景因素，有大面积的效果；花与果的色彩有季节性，只能作为点缀；树皮的颜色是冬季植物的主要色彩。在用植物造景时，要考虑到植物的季相变化，通过搭配形成一年四季都有的丰富色彩景观。以下把常见的植物色彩作一归纳（表3-4）。

常见植物的色彩 表3-4

	花	叶	果	树皮和枝干
植物的红色	桃、山桃、海棠花、李、梅、樱花、蔷薇、月季、玫瑰、石榴、红牡丹、山茶、杜鹃、锦带花、红花夹竹桃、毛刺槐、合欢、粉红绣线菊、紫薇、榆叶梅、紫荆、木棉、凤凰木、扶桑、郁金香、锦葵、蜀葵、石竹、瞿麦、芍药、东方罂粟、红花美人蕉、大丽花、兰州百合、一串红、千屈菜、宿根福禄考、菊花、雏菊、凤尾鸡冠花、美女樱桃	秋叶呈红色：鸡爪槭、元宝枫、五角枫、茶条槭、枫香、黄栌、地锦、五叶地锦、小檗、火炬树、柿树、山麻杆、盐肤木； 春叶呈红色：石楠、桂花、五角枫、山麻杆； 平时呈红色：三色苋、红枫	小檗类、多花枸子、山楂、天目琼花、枸杞、火棘、樱桃、金银木、南天竺、石榴、丝棉木	红瑞木、青刺藤

续表

	花	叶	果	树皮和枝干
植物的橙色	美人蕉、萱草、菊花、金盏菊、金莲花、半支莲、旱金莲、孔雀草、万寿菊、东方罂粟	元宝枫	柚、桔、柿、甜橙、柑橘、贴梗海棠	
植物的黄色	连翘、迎春、金钟花、黄刺玫、棣棠、黄牡丹、腊梅、黄花夹竹桃、金花茶、栾树、美人蕉、大丽花、宿根美人蕉、唐菖蒲、金光菊、一枝黄花、菊花、金鱼草、紫茉莉、半支莲	秋叶呈黄色：银杏、洋白蜡、鹅掌楸、加杨、柳树、无患子、槭树、麻栎、栓皮栎、水杉、金钱树、白桦、槐； 平时呈黄色：金叶鸡爪槭、金叶小檗、金叶女贞、金叶锦熟黄杨、金叶榕； 叶有黄色斑纹：金边黄杨、金心黄杨、变叶木、洒金东瀛珊瑚、洒金柏	银杏、梅、杏	金竹、刚竹、金镶玉竹
植物的蓝色	瓜叶菊、翠雀、乌头、风信子、楼斗菜、八仙花、蓝雪花、蓝花楹、轮叶婆娑那		十大功劳	
植物的绿色		嫩绿色：多数落叶树的春叶色，如馒头柳、金银木、刺槐、洋白蜡； 浅绿色：落叶阔叶树及部分针叶树的颜色，如合欢、悬铃木、七叶树、鹅掌楸、玉兰、银杏、元宝枫、碧桃、山楂、水杉、落叶松、北美乔松；		
植物的绿色		深绿色：阔叶常绿及落叶树的颜色，如构骨、女贞、大叶黄杨、水蜡、钻天杨、加杨、柿树； 暗绿色：多数常绿针叶树和花草类叶色，如油松、桧柏、雪松、侧柏、麦冬、华山松、书带草、葱兰； 灰绿色：桂香柳、银柳、秋胡秃子、野牛草、羊胡子草		
植物的紫色	紫藤、三色堇、鸢尾、桔梗、紫丁香、木兰、木槿、泡桐、醉鱼草、紫荆、楼斗菜、德国鸢尾、石竹、荷兰菊、二月兰、紫茉莉、半支莲、美女樱	紫叶小檗、紫叶李、紫叶桃、紫叶榛、紫叶黄栌	葡萄	
植物的白色	白玉兰、白丁香、白牡丹、白鹃梅、珍珠花、蜀葵、金银木、白兰、白花夹竹桃、白木槿、白杜鹃、杜梨、梨、珍珠梅、山梅花、白兰花			白桦、白皮松、银白杨、核桃、白杆竹、粉单竹、柠檬桉

3.2.2.4 景观中人工要素色彩

景观中的人工构景要素如建筑物、构筑物、道路广场、雕塑、亭廊、灯具、坐凳等多为人工色彩，在景观中虽然起到点缀作用，但却非常重要。

建筑是景观的焦点，与造型相比，色彩更容易被关注，甚至成为建筑风格的一部分。如南京的中山陵建筑，采用青色琉璃瓦，显得庄严、安详；印度泰姬陵则全部采用了白色大理石外观，有种圣洁沉静的美感；芬兰赫尔辛基的红砖教堂，通体红砖，显得温暖、神圣（图3-83）。

作为建筑小品，往往在一个环境里会很跳跃，很容易辨别出来，所以在选择颜色的时候要慎重，使其有锦上添花的作用。

道路与场地是景观中的重要部分。中国古典园林中就非常重视道路铺设，如花街铺地，用黑白或是彩色的石头铺设成象征寓意的图案。道路的色彩除了所用传统材料本身的色彩外，也有很多具有人工色彩的新材料，如彩砖和彩色橡胶材质的使用，都拓展了道路铺地的表达能力（图3-84）。

图3-83 建筑的色彩

图3-84 场地的色彩

3.2.3 质感与肌理

质感是人们通过触觉和视觉所感知的物体素材的结构而产生的材质感。不同的材料具有不同的质感和肌理，进而影响到人的感知。如石材的感觉是沉重、强壮的；金属的感觉是坚硬、光滑；布料的感觉是柔软、轻盈等。

3.2.3.1 景观质感

景观的质感即景观的材料，材料决定了景观要素的色彩和质感，深刻影响着空间品质。我们一般把材料分为植物材料、照明材料、饰面材料、其他材料。饰面材料包含石材、水泥、沥青、沙石、陶瓷砖、木竹材等，其他材料如塑胶类、金属类、玻璃类、漆类等（图3–85）。

材料的发展是随着时代和科技而变化的。除了继续发掘传统材料的特点之外，为了满足求新、求变的心理，人们还不断研究新材料，如耐力板、新型玻璃、FRP、GRC、薄膜、彩色特种材料、制式材料等。随着对景观生态化的要求，环保型的材料也得到了很大发展，包括透水砖、可重复的模板、废弃物的再利用等，另外相对环保的乡土材料、本地化材料的利用也符合时代的要求。

依据材料的不同，我们将质感分为自然型和人工型两大类。自然界的水、草木、岩石、土壤都属于自然型；经过人工加工的如金属、陶瓷、玻璃、橡胶、布匹等都属于人工型。人们对于质感的感知方式可以是视觉优先的，也可以是触觉优先的，特别是在人无法通过视觉来判定材料质感的时候，触觉则起到了辅助的作用。质感可根据素材与人的距离分为第一秩序质感和第二秩序质感，近距离产生的质感是第一秩序质感，远距离产生的质感是第二秩序质感。如斑驳的石墙，近距离看有很粗糙的表面，远距离看则形成了连续图案的质感（图3–86）。

图3–85 各种材质质感的搭配

图3–86 第一秩序质感与第二秩序质感（图片来源：作者自摄）

植物也有很丰富的质感。它主要受叶片大小、枝条长短、树干外形、植物的形态，及视距等因素影响。近距离观察时，单个叶片的大小、形状、外表以及枝条排列都能影响到视觉质感，远距离观察时，枝干的密度、树形等则是主要决定因素。植物质感根据其自身特性，可分为：①粗质型，粗质型植物通常有大叶片，浓密粗壮的枝干和疏松的形态，如法国梧桐、广玉兰等；②中质型，中质型植物指有中等大小叶片、枝干及适中叶片密度的植物，透光性差而轮廓明显，多数植物属于此类型；③细质型，细质型植物长有许多小叶片和小枝，整齐而密集，如榉树、鸡爪槭、馒头柳、珍珠花、早熟禾草坪等。粗质型植物用在大空间中作为视觉焦点，中质型植物通过和细质型植物搭配能产生自然统一的效果，细质型植物因比较细腻适合用在小空间或者用作背景植物（图3-87）。

3.2.3.2 景观肌理

大到区域规划，小到庭院设计都包含肌理的因素。就大尺度景观而言，因为土地利用的不同肌理呈现较大差异，平原和山区、城市和乡村、湿地和沙漠都有着不同的肌理。在城市规划中，历史悠久、开发较早的城市区域具有较细密的肌理，而新兴城市区域则具有较粗的肌理。

图3-87 各种植物质感的搭配

如图插画家用点线面和色块的形式展示了巴黎、波士顿、奥斯汀、洛杉矶四座城市的肌理（图3-88）。

肌理与间距关系密切，肌理指的是要素间距的视觉和触觉效果，是景观整体格局的一部分。肌理随着距离的变化而变化，要素间的间距越小，肌理越细；要素间的间距越宽，肌理越粗。在进行微观景观设计的时候，屋顶、墙面、道路所展现出的肌理变化，是视觉设计的重要部分。如青砖材质的运用，因为砖自身新旧程度、填缝方法、砌筑方法会有不同的肌理效果出现（图3-89）。

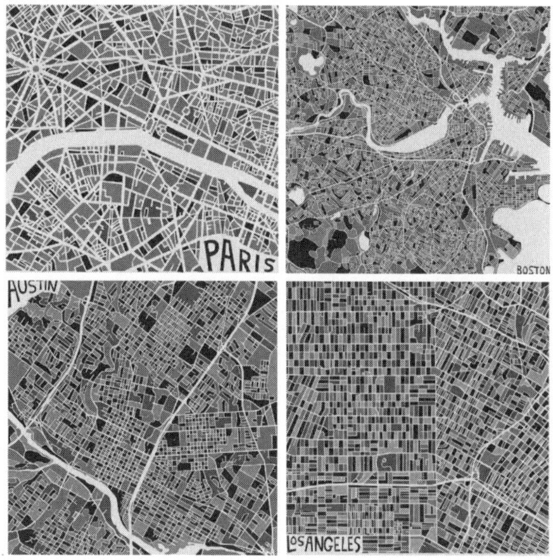

图3-88 色块形式的城市肌理平面

图3-89 各种肌理的搭配（图片来源：作者自摄）

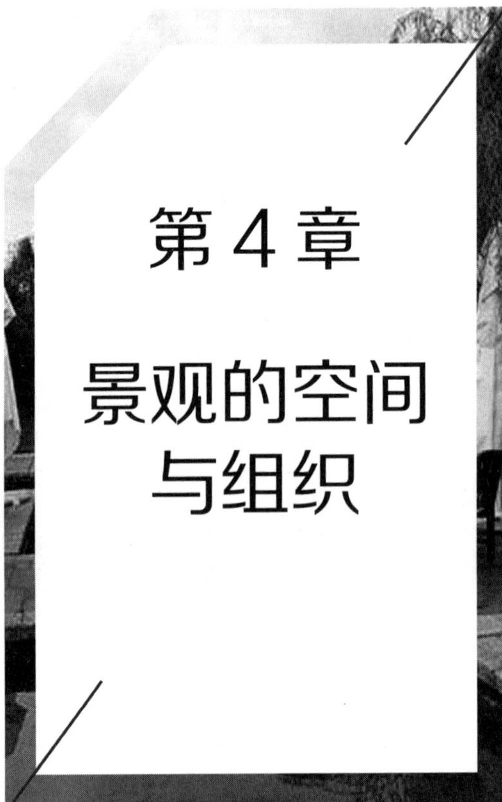

第 4 章

景观的空间与组织

景观设计从某种程度上可以理解为土地的利用，空间是场地细分的结果和设计的媒介，空间的组织就是通过空间的围合与界定，来为人们提供不同的使用功能并供人们享受的景观。空间形式的生成具有规律可循，同时也会有多种的方式，本章就是试图解开空间组织和规划的准则，并为以后的空间规划设计提供思路。

4.1　景观空间的解读

4.1.1　空间概念

空间由视觉所感知，是人眼和对象之间“空”的部分，这部分集合起来形成了人存在的视觉空间。由于人在感知对象的时候，总要被对象的形状、大小、距离、方位所限制，所以说，空间是根据视觉确定的一种相互关系，是由一个物体同感受它的人之间产生的。景观中的空间相对于建筑来说是外部空间，它作为景观形式的一个概念和术语，意指人的视线范围内由植物、地形、建筑、山石、水体、铺装道路等构图单位所组成的景观区域，它包括平面的布局，又包括立面的构图，是一个综合平立面处理的三维概念。景观空间构成的依据是人观赏事物的视野范围，在于垂直视角（20°～60°）、水平视角（50°～150°）以及水平视距等心理因素所产生的视觉效果。因此，景观空间构成需具备三个因素：①植物、建筑、地形等空间境界物的高度；②视点到空间境界物的水平距离；③空间内若干视点的大致均匀度。

景观是以人的需求为诉求的，如何通过规划设计，创造出能满足功能需要的景观空间是首要要求。如在设计健身活动场所、儿童游乐场、公共活动场所时，要考虑到为使用者提供交往的空间，便于穿行其间的人们互相沟通。另外在配置水面、绿地、道路、照明等设施要素时，要考虑到设施的服务人群和服务半径。

景观空间又是一个可以被感知的场所。景观中的空间形态会涉及场所与活动，没有空间的场所，人就不能活动；无人活动的场所，也就无所谓形态。所以，在景观的空间构成上，景观的历史连续感和人文气息会增强空间的感染力，只有可行、可望、可游的空间才具有实际意义和美学价值。

4.1.2　空间类型

景观中的空间根据空间界定要素和构成方式可分为五种类型，即地形为主的构成的空间、植物为主构成的空间、建筑和构筑物为主构成的空间、水体为主构成的空间和多重要素共同构成的空间。

4.1.2.1 地形为主构成的空间

地形的三个可变因素——谷底范围、斜坡坡度和地平轮廓线影响着空间感，我们可以利用三个要素来限制和改造空间。如利用坡度变化和地平轮廓线变化加强空间层次；利用平缓的地面营造轻松的休息空间；利用台阶的变化制造紧张感等。在中国传统园林中，堆山叠石、就地挖池是非常常用的方法，通过地形的戏剧性变化，使小空间营造出大乾坤。在大型的景观规划中，虽然要做到土地利用的因地制宜，但是仍然需要在局部进行地形改造，丰富空间的变化。一些利用地形的起伏形成的景观形式，已经成了经典景观样式不可或缺的要素，像意大利的台地园设计。又如上海天马山深坑酒店的设计，原址是一个早年的采石场，使地面下陷百米，规划在这个“地坑”里面设计五星级酒店，充分利用了下沉的地形（图4–1）。

4.1.2.2 植物为主构成的空间

植物在景观中除了观赏之外，还可以充当建筑的地、顶、墙那样的构件，构成、限制、组织室外空间（图4–2）。在地面上，矮灌木和地被植物可用来暗示空间的边界；树干如同支柱，以垂直面的方式限制着空间，其疏密和种植形式决定了空间性质；植物叶丛的疏密和高度影响着空间的闭合程度；植物的枝叶则限制了空间的高度。植物的变化结合地形的起伏所构成的林缘线决定了立面空间的背景。植物本身还可以形成障景、夹景或者漏景等形式。

4.1.2.3 建筑和构筑物为主构成的空间

以建筑物和构筑物为主体的景观空间可形成封闭、开敞、垂直、覆盖等不同的空间形式，且以建筑物或构筑物作为构图的主体，植物处于从属地位。这种空间构成方式要求多运用渗透、对比的手法扩大空间，用过渡、引申等手法联络空间，用点缀、补白手法丰富空间。西班牙塞维利亚的都市阳伞是一个体型巨大的广场构筑物，人们既可以在上边通行和俯瞰城市，同时本身又构成了景观的主体（图4–3）。

图4–1 上海深坑酒店原址和设计效果图

图4-2 植物为主的空间景观

图4-3 西班牙塞维利亚都市阳伞

4.1.2.4 水体为主构成的空间

水体是景观重要的物质元素，水能带来灵气，能为空间增添生动活泼的气氛。用水面划分空间比墙体、绿篱的生硬要更加自然。由于水面只是平面上的限定，能够保证视觉上的连续性，使得人们的行为和视线不知不觉在一种亲切的气氛中得到了控制。水面能够产生倒影，可以把周边的景物传达进来，无形中加强了各种景观要素的联系。以水作为中心，滨水的空间都能够得到很好的利用，可创造出一种亲水、生态、轻松的空间氛围（图4-4）。

图4-4 以水为主体构成的空间

4.1.2.5 多重要素共同构成的空间

植物和地形结合，可强调或消除由地形变化所形成的空间；植物与建筑互相配合，能丰富空间感，形成多变的轮廓；水与植物、建筑、地形相结合，能够延展空间的层次，溶解各要素间的生硬感。在景观空间设计中，要综合运用多种要素，使景观成为可以满足使用者需要的、有个性的、丰富的公共活动空间。

4.1.3 空间属性

空间的概念是贯穿景观设计始终的，无论是人的行为特征还是景观的审美都需要以空间的形式体现出来。所以，虽然空间看似是图纸上点线面的形式游戏，但实际上作为景观规划的核心因素，景观空间是有深层内涵的。

4.1.3.1 景观空间的两重性

空间概念有绝对和相对的两重性。空间的大小、形状被围护物和自身的功能形式所决定，同时该空间也反过来决定围护物的形式。围护物使空间成为有形，离开了围护物空间就无法被感知；空间反过来给予了围护物以实际意义，没有了空间围护物就失去了存在价值。这种辩证关系在老子的《道德经》上就有论述："埏埴以为器，当其无，有器之用。凿户牖以为室，当其无，有室之用。故有之以为利，无之以为用。""9 · 11"纪念广场在纽约世贸中心的原址修建了两个方形的水池，水池的边沿刻着事件中死难者的名字，其水池空间和水池边沿的悼念刻石相互产生意义，缺一不可（图4-5）。

图4-5 美国纽约911纪念广场

4.1.3.2 景观空间的时间性

人在空间中不是静止的，景观元素也不是静止的，所以离开时间因素只谈空间是没有意义的。时间就是所谓的"第四维"，在通常的三维空间中加入时间的因素，有助于构成人在空间中完整的感官体验。

4.1.3.3 景观空间的流动性

景观空间是一门空间与场地规划的艺术，是在特定范围内用一定手段向使用者传达环境信息，并引导人们进行时空体验，所以空间必然是流动的。不同的空间流线，可造成不同的空间效果。几何直线构成的流线，有种秩序、理性之感；弧形和有机形构成的流线有活泼、自然之感。景观节点的设置意在争取观者的逗留时间，使人群的流动有张有弛，富于节奏性（图4-6、图4-7）。

图4–6 弧形构成的空间图

图4–7 几何形构成的空间

4.2 景观空间界定

有效的空间必然有明确的限定，而且限定物的尺度、形状、特征决定空间特质。所有的空间都由三个空间限定要素组成：底面、顶面以及垂直面。三要素单独或者共同组合成实质性的范围空间。

底面是基地平面，场地的规划安排、功能布局都是在底面进行。底面同时又是自然表面，要注意硬质地面和软质地面的使用，合理利用土地，保护场地的自然肌理，不能无故干扰自然地表。底面的材质可以是：①泥土、沙石、水体；②草皮、植物、木材；③混凝土、沥青、陶砖。在材料的选择上应考虑以下因素：功能、耐久性、吸热性、防滑性、经济性、易于排水、方便维护等。底面形成的空间是虚空间，它以暗示的方式界定空间，在一定的区域内，底面的饰面材料、图案、色彩的不同，暗示了不同的空间用途。

顶面的限定物是很自由的，天空、树冠、顶棚都可以，顶面的形式、高度、硬度、透明度、反射率、吸音程度、质地、颜色都会对所限定的空间产生明显影响。顶面轻盈的如织物、网格、带孔板材，坚固的如金属、混凝土；色彩上，可以是各色光线；强度上，光线可暗淡、柔和、明亮、耀眼。还可利用顶面形状或是反射率投射出斑驳的、闪烁的、朦胧的特殊效果。

垂直面是空间限定中最直接且易于控制的，在环境空间的塑造中具有重要作用。垂直面可造成空间的围合，围合的空间具有很好的私密性，可集中人们的注意力，还能控制人的视线，形成渐进的序列。场地的围合因素有地形、栏杆、墙、建筑物、植物等，它们可单独或者其中几个共同起作用。其中，墙体是最有力的空间围合物，它具有围合、分割、屏障、背景、遮阳等功能。

空间感是由平面、顶面、垂直面共同组合而成，其主要的界定方式有以下几种：

1．围合

围合是靠垂直面来界定的，给人感觉比较封闭。围合限定了人在水平方向的移动，限制了人的自由，但同时也会带来私密、安定和安全感。围合由于在高度上没有限制，所以有时还会有神奇感。眼睛高度的位置是一个参考线，此高度以上围合才会有封闭感，而此高度以下封闭感就会消失。

2．覆盖

覆盖只有顶界面，而人可以在其下方自由穿梭。这种自由自在的特征，常能引发人们的审美需要，如“逍遥亭”、“自在亭”，就是这种结构的构筑物。覆盖所具有的水平方向上的自由性满足了人的行为习惯，所以常常运用在景观节点的设计上。

3．凸出

由凸起部分限定的空间就是凸出空间。凸出空间是一种假象空间，它改变了水平的高度，使人们必须做出向上的动作，所以往往用于突出动作的重要性。如舞台、点将台、祭坛等都是这种形态。

4．凹入

凹入空间是凸出空间的反向，同样具有想象的成分。凹入空间相比凸出空间的外露、凸显，比较含蓄、隐蔽。其限定的程度随着凹入的程度而变化，凹入的越多，空间感越强。

5．架起

和凸出一样，同样是突出底面，但下部空间被解放出来，人们可以在下部自由活动。相对于覆盖空间，架起空间更加的灵活，而因为覆盖面较小，所以有时感觉不到上部空间的限制。

6．设立

与前边几种空间相比，设立空间是心理的。将一个实体设在中间，它周围的空间就是实体所限定的空间。空间的大小并不确定，随着实体的大小强弱而变化，同时，这种空间的大小也和人的心理感受相关。这种空间形式也被称为负空间，是相对于围合而成的整空间来说的。

7．空间肌理

还有一种比较特殊的限定空间的方法，它主要利用底面上的图案肌理限定空间感，这种空间同样是利用了心理暗示的方法。这种限定空间的方法常出现在公园或者游乐场中，会出现很有趣的效果。

4.3 景观空间的形式

4.3.1 空间的虚实

空间的虚就是“无”，人可存在其中；空间的“实”，就是实体的存在。空间中的实体和实体围合的空间具有明确的空间感和内外的方位感，能够保证内部空间的私密性和完整性。利用虚体来限定空间，可使空间既有分隔又有联系，如苏州园林中采用镂空墙体来限定空间，通过墙上的若干窗洞，可摄取外部空间的图像，随着视点的移动，外部风景时隔时透、忽隐忽现，这就是利用了“实中有虚”的处理方式（图4-8、图4-9）使用竹子进行的空间尝试，竹子作为立面的半透明性，隔而不断，很好诠释了空间的“虚中有实”。

图4-8　实中有虚图

图4-9　虚中有实

4.3.2　空间的开闭

空间的开闭取决于围合空间的竖向要素的高度、密实度和连续性。根据日本建筑师卢原信义的理论，墙体的高度影响了空间的开闭程度：墙高30cm时，能勉强区别领域，几乎没有封闭性；60cm的高度，空间仍有较强连续性，没有达到封闭的效果；墙高120cm时，空间的隔断性加强了，视觉上仍有连续性；墙高超过人眼时，地面的连续性消失了，形成了封闭空间。空间的开闭还取决于竖向要素的密实度和连续性，利用竖向元素的开闭既可以屏蔽远处不想看到的风景，也能够把景物引入到视线中。

4.3.2.1　开敞空间

开敞空间视野开阔，围合感很弱或者完全没有围合。在开敞空间中，人的视平线高于四周的景物，如滨水地带、开阔草坪等。当以人的视角观看时，会给人以平静的感觉；而当俯视空间时，又会有开阔、舒展之感。开敞空间作为一种重要空间类型，虽无明显视觉特征，但它可和封闭、半封闭空间结合形成疏密有致的空间节奏（图4-10）。

图4-10　开敞空间图

图4-11　封闭空间

图4-12　半封闭空间

4.3.2.2　封闭空间

封闭空间并不是绝对的封闭，而是指环境周围竖向界面的围合度较高。封闭空间因为限定性强，具有较强的区域感，所以会有安静、幽闭的空间感受。空间的封闭程度取决于屏障物与观者视线所形成的夹角，夹角越大，封闭性越强。构成封闭空间的要素多样化，既可以是用实体围合，也可以用植物等自然要素围合。封闭空间既能够单独营造安静环境，也可以和开敞空间组成空间序列，或是用来屏蔽不良的景观（图4-11）。

4.3.2.3　半封闭空间

半封闭空间是局部的围合，因相比封闭空间围合程度较弱，不会影响整体空间的视线连通。因具有一定封闭性又能保证空间的流动，所以是最常见的空间形式，衍生出许多的变体。半封闭空间有着良好的边界感和空间渗透性，能极大丰富空间层次（图4-12）。

4.3.3　图与底

格式塔心理学提出了物体的“形”并不是客体本身的性质，而是由知觉活动组织成的整体。任何的“形”都是知觉建构的结果，并不是客体本身就有的。图与底的概念就是在格式塔心理学的基础上提出的。

图与底，即图形与背景。在一幅画面中，有些对象突出形成了图形，有些对象衬托图形形成背景。一般来说，图形与背景区别越大，图形就越容易被感知，反之，区分越小就越难辨认。在景观设计中，也可以用图与底的关系来处理景观要素间的关系。

在平面图的规划中，我们可以将水体、建筑或绿地等面积较大区域视为底。如广场是草地的底，而草地又是树木和雕塑的底。景观设计中各元素在平面图中轮廓线的确定，不仅要考虑功能、空间组织，还应该考虑图与底的关系。它们不是简单的反衬与被反衬，而是互相的协调，创

图4-13　以建筑为“图”的分析图示图

图4-14　以建筑为“底”，色块为“图”的分析图示

造出一种整体。在一幅好的平面图中，当取下它们中图的部分，如水体、道路，那么留下的底同样是非常完整、协调的画面。

图底关系在景观规划，特别是大尺度空间中运用广泛。美国建筑师柯林·罗将“图—底”法运用到城市设计中，具体做法是：把实体建筑物在地图上涂成黑色，将道路、广场、公园等空间保留为白色，从而形成了建筑的图底关系；或者反过来，将道路、广场、公园作为图，建筑物为底，得到反转的效果。这种分析方法对于水平方向的规划特别有效（图4-13、图4-14）。

俞孔坚教授提出的“反规划”理论，就是指优先进行不建设区域的控制，再执行目标区域的规划。他的理论同样可以用图底关系来理解，即不建设区域为底，而建设区域为图，二者综合考虑，协调发展。

4.3.4　空间的尺度

4.3.4.1　平面的尺度

景观设计的平面规划是“图纸空间”的规划，而图纸空间的设计依据是基于真实空间的。景观平面体现了一定的视觉形式审美特点，诸如比例、对称、均衡、节奏韵律、对比统一等原则，道路、广场、建筑、设施等与绿地交错分割，充分发挥了点、线、面等要素的造型作用，勾勒出明确的平面形态，表现出了具有美感的布局。

景观平面除了要依据视觉审美形式外，在最基本的功能层面要遵循尺度感，要充分了解各种场地、设施、小品等的尺寸控制及相关数据进行科学规划。

4.3.4.2　空间的尺度

空间中的尺度主要是处理好空间中各景观要素形态间的关系和外在形态与人体之间的关系。

一个好的空间设计是由空间中各种不同体量、形态的空间要素共同构成的，这些空间要素包括建筑、道路、构筑物、植物、设施等，它们之间既互相协调，又充满了对比，使空间层次丰富多彩。大尺度空间开阔、宏大，但有时会缺少细节和人情味；小尺度空间宜人、亲切，但过多的话，容易产生凌乱感。所以中间尺度形态的引入，起到了拉近在空间中人与环境距离的作用。

人是景观空间的使用者，所以空间尺度是否符合人性化标准，是否有好的空间体验尤为重要。人性化的尺度概念丰富，总体是指环境的尺寸与人的尺寸比例适宜，使人产生清晰、明确、适合身体尺寸的感受。这些感受包括舒适、安全、放心、稳定、友好等感情因素。如人的坐宽、坐高、活动范围及视线范围决定着空间坐具的尺寸、道路的尺寸、遮蔽物的尺寸及景观建筑的尺寸等。除此之外，景观空间尺度和人的观察距离也有直接关系，有些景物适合远观而有些适合近观，并且随着距离的变化景物也会产生透视大小的变化。

4.3.5 空间的抽象表达

任何一种空间都具有抽象的特质或属性，如放松、欢乐、紧张、深思、愉悦、动感等。这种空间特性或性格不是凭空产生的，而是和空间的功能与环境相联系的。因此，空间的抽象特征可由既定的景观类型或用途来表达。

比较两种差异最大的空间类型——游乐园和阵亡纪念园便可知景观类型和情感诉求之间的联系。人们去游乐园的目的是为了放松自己，是为了脱离平时循规蹈矩的生活轨迹，所以游乐园必然应该是充满惊奇、欢笑、变形、非常规的，人们追求旋转、碰撞的运动，追求自身失重的极限感觉。所以游乐园的空间设计可以是喧闹的、混杂的、错乱的、没有秩序的。相对的，阵亡纪念园或陵园则是哀悼先人的地方，一定是宁静、开阔、有肃穆感的地方，空间设计上也追求严格的秩序。如华裔设计师林璎设计的美国华盛顿越战纪念园（图4-15）空间上非常的简单，平面上简单的“V”形决定了线性的空间结构，墙壁上是黑色的花岗岩，上面刻着阵亡美国官兵的名字，但正是简单的设计却蕴含了丰富的意义。“V”字代表了大地的切口；其两翼分别指向林肯

图4-15 美国越战纪念园

纪念碑和华盛顿纪念碑来体现过去与现在的统一；“V”形场地的上方覆盖了草坪，暗示着伤口终将被抚平。正是由于这种空间气质与情感诉求之间的完美契合，所以使纪念园虽无高大的纪念碑，却依然崇高和打动人。

从以上可知，不同的功能空间具有特定的情感和精神。一般来说，复合空间可让人产生兴奋、分割、好奇、惊讶的情绪；围合的空间使人专注于地面；半围合的空间可形成对形式、细节的关注；闭合的空间使人松弛和平静；而开放空间会诱导人的活动。从人情感的层次上来分，空间的属性可分为：崇敬的空间、表达情绪的空间、舒畅放松的空间。

1. 崇敬的空间

崇敬的心态源于恐惧，英国哲学家博克认为：“惊惧是崇高的最重要效果，次要的效果是欣羡和崇敬。”当我们面对壮丽的自然风景或者文明遗址时是怀着一种谦卑的态度去面对的，空间的美就会在这种折服中产生，表达宗教虔诚的寺庙往往建在山顶就是利用了人们对于山的崇敬心理。

在面对这类的景观时，我们要尽量少的去破坏这种崇敬感，而只需要在空间上加强这种感觉就可以了。如西安大雁塔的北广场设计，以大雁塔作为轴线设计了一个占地约16.67hm^{2}的广场，由水景、文化广场、园林景观、文化长廊等构成，南北高差9m，在视觉空间上形成一种拾级膜拜的空间形式，突出了大雁塔的壮观（图4-16）。

2. 表达情绪的空间

人们通过空间来表达情感是一种本能。如文人通过造园来表达自己“隐逸山林”的理想，并通过各种造景处理，使不大的园林有了一种“咫尺山林”的深远感。这种情绪的表达往往是通过空间的形式语言、地面的铺装、墙面的围合、符号的运用等来表达的。

如2013年北京园博会中的“印象四合院”。展园由灰色砖墙围起来，中间是一块草地，草地四周围绕着灰瓦。这些瓦虽紧贴地面，却能给人一种屋顶的感觉。作为土生土长的北京人，设计师张新宇的灵感源自他儿时常爬到墙头俯瞰院落。通过将传统元素转化为简洁、抽象的形式语

图4-16 大雁塔北广场

言，体现出单体院落的空间效果及场景，展现群体院落的意境美。通过游线组织，形成平视、俯视、仰视、鸟瞰、远眺等多种视角下的体验，形成花园空间、院落空间的双重空间感受（图4-17）。

3. 舒畅放松的空间

康德曾说："审美情趣是一种不凭任何利害计较而单凭快感不快感来对一个对象或一种形象显现方式进行判断的能力。这样一种能产生快感的对象，就是美的。"舒畅放松的空间往往是不带过多的设计主题、意图的，以符合生态、人的行为习惯为主要出发点的设计。多使用封闭和半封闭的空间形式与小尺寸的空间尺度，营造出人性化的氛围。

如日本的町田国会大厦，是一个位于十字路口与公共建筑间的过渡绿地。设计师在并不大的空间中通过设计花坛、座椅、树池等将空间进行划分，充分考虑到了人的穿行、休息、交流等各种行为习惯，非常具有市民气息（图4-18）。

图4-17 "四合院印象"（图片来源：作者自摄）

图4-18 日本町田国会大厦景观

4.4　景观空间规划

4.4.1　空间的联系

4.4.1.1　空间的分隔与围合

景观空间中的分隔就是隔断，是利用景观限定物将开敞的空间进行限制，遮挡视线以加强空间的层次感。景观中的空间应该是隔而不断的，可通过景墙的窗洞、门组织“对景”，以增加景深，也可安排漏窗，使视线延续来“引景”。

围合是相对分隔来说的。围合空间的基本形式有容积空间、立体空间及两者的混合空间。容积空间的基本形式是围合，空间为静态的、内聚的、向心的，墙和地的特征比较明显。立体空间的基本形式是填充，空间的层次丰富，空间流动感强。围合与空间封闭性相关，封闭性又取决于垂直要素的高度、密实度和连续性（图4-19）。

4.4.1.2　空间的邻接与穿插

穿插式空间是由两个空间构成，各空间的部分叠加形成一个公共空间。当两个空间以这种形式贯穿时，仍保持各自完整的空间界限和相对独立性。两个空间的穿插部分可为两空间共有，也可以与其中一空间合并，成为这一空间体积的一部分，又或者穿插部分自成一体，成为原来两个空间的连接部分（图4-20）。

邻接式空间是空间关系中最常见的形式，各个空间根据自己的功能或者象征意义的需要清晰划定边界。分割以及联系邻接空间面的特点决定了相邻空间的视觉和空间的连续程度（图4-21）。

图4-19　景观的分隔与围合

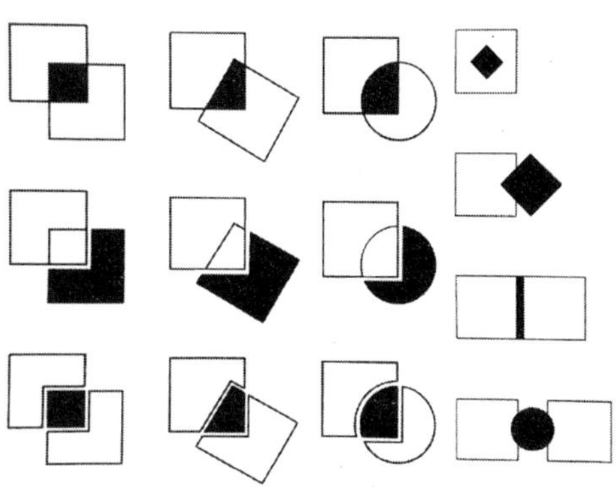

图4-20　空间的穿插图

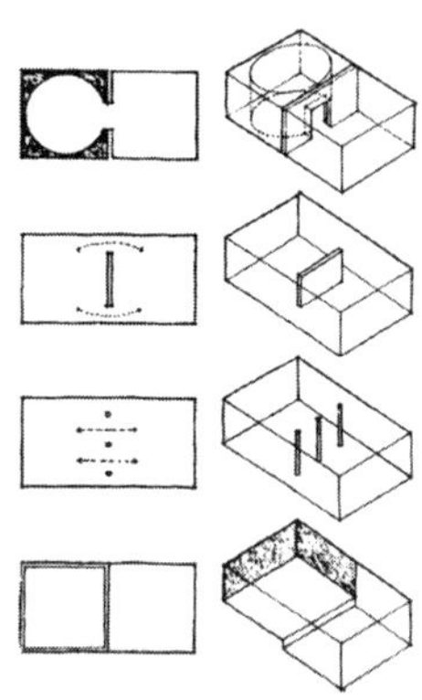

图4-21　空间的邻接

图4-22 景观的对景

图4-23 景观的框景

4.4.1.3 对景与借景

对景是指在空间轴线和视线端点的视觉景观。对景分为两种，一种是在道路和广场的中轴线上布置景点，可取得庄严雄伟的效果，在纪念性景观中很常见；一种是将景点放在视线的尽端和对视者互动，在现代景观中常常使用。

将视线中好的景色组织到空间中来，就是借景。中国园林讲究“园林巧于因借，精在体宜”，通过借景能扩大景观空间，增加空间变化。所以，在做景观规划之前如发现有景可借，就要将此因素考虑进来，增强空间的互动性（图4-22）。

4.4.1.4 夹景与框景

为突出轴线端点的景观，将视线两侧景观进行适当遮蔽，形成狭长的封闭景观以突出端点景观的方式称为夹景。夹景可突出景观的深远感。

利用门框、窗框、树枝或者其他线构体所形成的框，有选择摄取另一空间景色，好像为景色量身定做画框一般，这种方式称为框景。框景的特点在于“框”和“景”的巧妙艺术处理，框为前景，而视线的重点则放在主景观上（图4-23）。

4.4.2 空间的组织结构

美国城市规划师凯文·林奇在其代表著作《城市意象》中认为，城市形态主要表现在五个城市形体环境要素之间的相互关系上，这五要素分别是路径（path）、边界（edge）、功能分区（district）、节点（node）、标志物（landmark），它们共同构成了城市意象。空间设计就是安排和组织各个要素，使之形成能引起观察者更大视觉兴奋的总体形态。他的理论被大量运用到景观规划中来，对景观规划设计中空间设计的研究和实践具有指导意义。

4.4.2.1　路径（Path）

道路是观察者习惯、偶然或潜在的移动通道，它可以是区域通道、主干道、次干道、小路等。路径的作用使人能够在场所内或场所间便利通行，它不仅有交通功能，还是活动的空间，所以在设计中要兼顾好交通性与社会活动的需要。作为活动场所，要考虑到景观中的运动元素，以及在游览中时间与空间的关系；作为交通功能，应考虑到不同使用者的需求，如步行和车行之间的冲突。

单调的路径使人乏味，所以需要合理安排多样的游览秩序和内容。我们将把不同的空间界面和空间类型联系起来的路径称之为空间序列，空间序列将不同的空间组成一个整体，形成连续的景观，所以空间序列是动态的。空间序列关系到景观规划的整体结构和整体布局，它涉及人的行为活动、知觉心理特征、时间与自然气候条件的变化与差异。其中影响整体空间布局的最主要因素就是游览线路的组织，通过游览线路的组织将各个区域节点联系起来。常见的空间序列有：①闭合的空间序列。闭合的空间路径可分为以下几个段落：开始段、引导段、高潮段、尾声段。这种空间序列多出现在比较独立的园林、景区中，通常是包含主景区、次景区的多条序列，各序列环状沟通，综合循环的环游憩景观为主线。如苏州畅园的空间序列便是代表（图4-24）。②串联式的空间序列。串联式的空间路径指游览路线呈串联形式，与传统的宫殿、寺院十分相似，具有明确的轴线。除了寺院、宫殿、四合院外，还有许多纪念式的景观也采用这种形式来组织空间。如南京雨花台烈士纪念馆的规划（图4-25）。③并联式的空间序列。并联式的空间路径具有

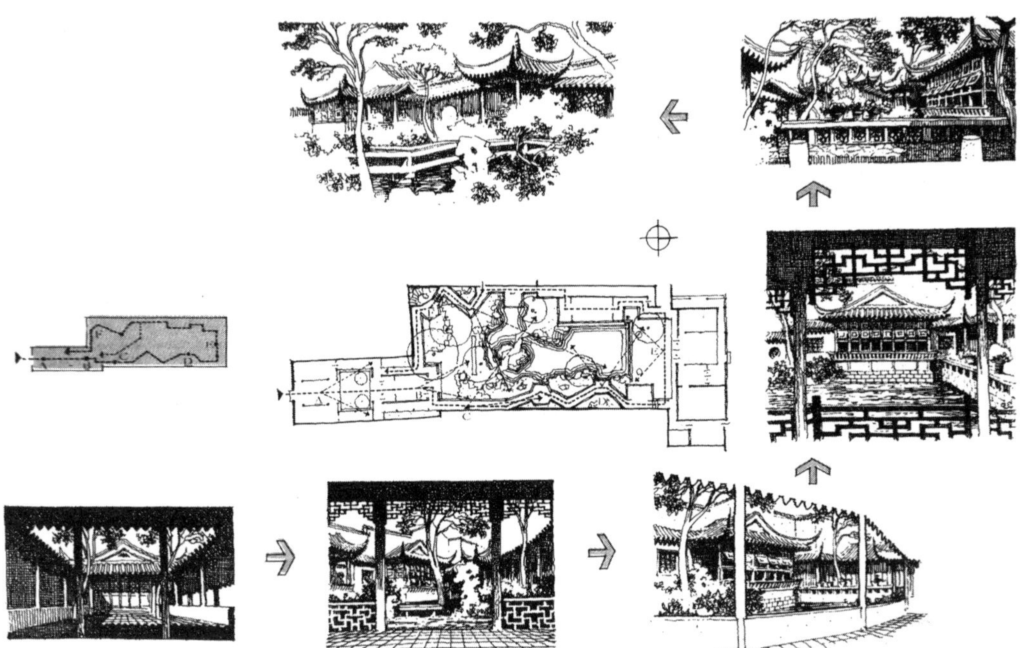

图4-24　畅园的空间序列（图片来源：彭一刚. 中国古典园林分析［M］. 北京：中国建筑工业出版社，1986）

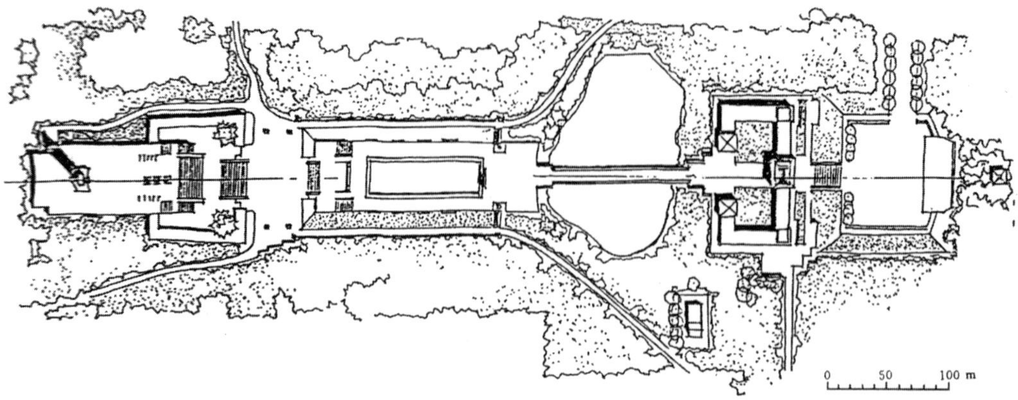

图4-25 雨花台烈士纪念馆平面序列

如下特点：以某个空间院落（场地）为中心，其他院落（场地）环绕在它的周围，游人从入口经过引导来到中心，再由这里分别到达其他区域。中间的院落（场地）在这种空间序列中往往成为中心和重点。如北海静心斋的园林设计（图4-26）。植物园或者游乐场这类的专项景观有时会采用这种空间序列。

路径的形式兼具有功能和美学的含义，轴线和曲线形的路径具有不同的特征和使用感受，路径的形式直接影响着空间的形式。轴线路径可形成秩序感、权利感，而曲线路径充满了自然性。

生态廊道是一种特殊的路径形式，它是建筑与环境之间的空间连接，是由水和植物构成的线形连续空间。生态廊道能够保护动植物的生长，也可以方便动植物的自由迁徙。如果廊道的尺度足够大，它还可以作为休闲的路径和资源（图4-27）。

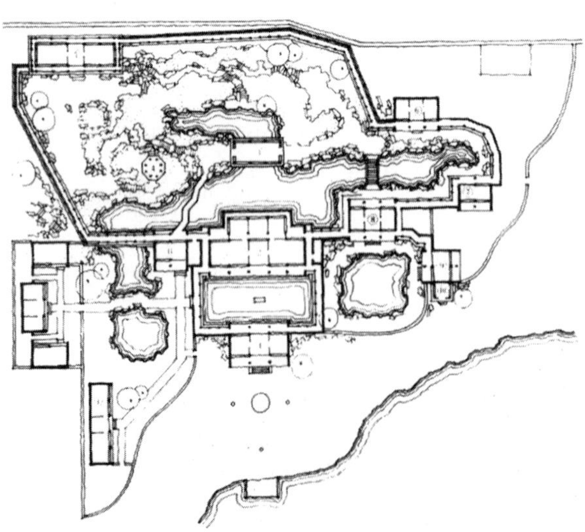

图4-26 北京北海静心斋空间序列

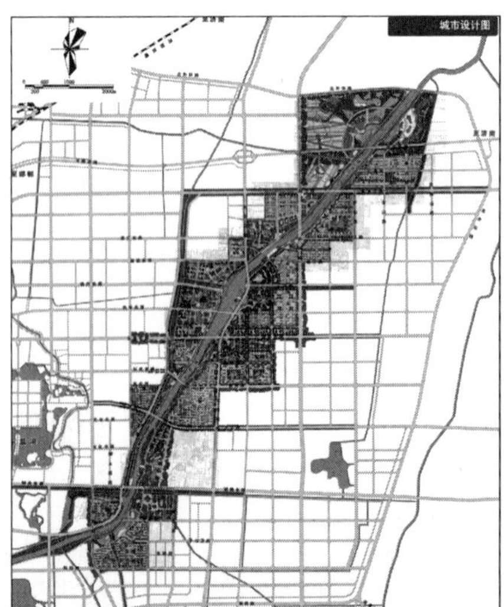

图4-27 生态廊道

图4-28 空间边界放置座椅

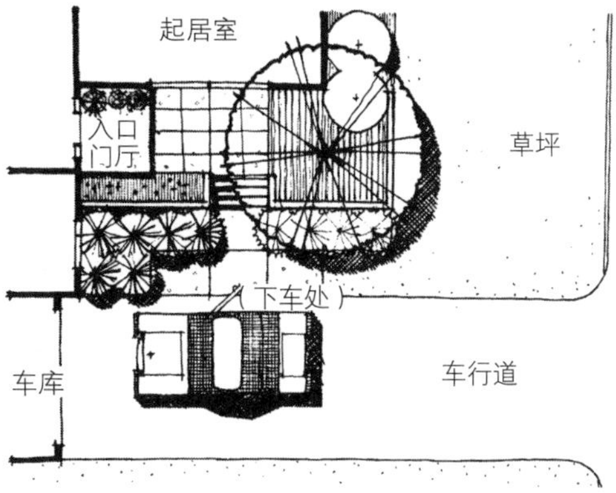

图4-29 公共和私密的过渡

4.4.2.2 边界（Edge）

边界是两种类型空间之间的界线，它可以理解为两空间或区域内的线形面、墙面、过渡性的线形地区、岸线、边界线或分界线、地平线。

由于边界能够支持或分隔人的使用功能，所以是极重要的概念和物质要素，它具有实体和空间兼有的特性。边界能够影响场所的使用，人们宁愿在场所的边界选择休息或等待也不愿意在中心位置，这就是著名的"瞭望—庇护"理论，所以应在边界多考虑休息功能，如放置座椅（图4-28）。在处理公共、私密、半私密的分界时，私密性是要重点考虑的条件，即如何以具体形式标示公共和私密空间的分界。在设计中，解决的办法是在二者之间赋予多个过渡空间（图4-29）。

边界的形式有很多种，常见的有：①粗糙与光滑并置。粗糙的边界能围合出一些"灰空间"，本身就会衍生出一定空间，光滑的边界则很简洁，具有连续性。二者常常并置使用。②连接。粗糙与光滑的空间互相渗透、编织在一起。③障碍。两空间中通过设置连贯或不连贯的障碍能够产生心理上的障碍。④渐变。渐变指形式、材料、质感和植物的逐渐过渡。⑤韵律、序列和重复。通过形式、色彩和肌理的重复，可形成韵律和序列，使边界在整体中获得多样的形式（图4-30）。

图4-30 空间边界的形式

4.4.2.3 功能分区（district）

功能分区是景观中中等以上的分区，是二维平面，观察者从心理上有进入其中的感觉，因为具有某些能够被识别的特征。一般来说，稍大尺度的景观规划中，人们都是使用分区来组织景观意象的，具体是道路还是分区作为第一位，则因项目的不同而变化。

在景观规划中，功能分区就是将各功能部分的特征和其他部分的关系进行深入、细致、合理有效的分析，最终决定它们各自在基地内的位置、大致范围和相互关系。在进行功能分区时，要考虑到社会、经济、生态的因素还有空间布局的协调性，也就是不同功能分区间既有区别又有所统一。功能分区的依据有动与静的原则、公共性与私密性原则、开放性与封闭性原则等（图4-31）。

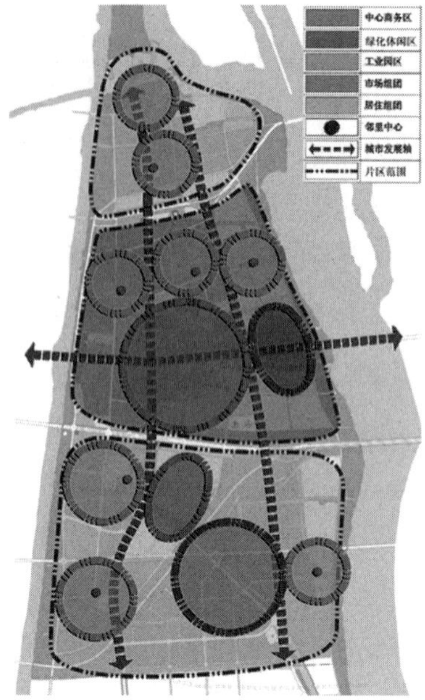

图4-31　功能分区图

4.4.2.4 节点（Node）

节点是景观空间的组成部分，通过景观节点能够提供整合、精致的小空间和复杂的过渡空间。节点是介于两个大空间或是建筑与景观间的小空间，它与边界的不同在于，边界是线性空间，而节点是小的面状空间。一般来说，景观中的节点包括：路径之间的小过渡空间，路径交叉的空间，两个场所连接处景观，入口或出口、开始或结束的场所。

节点是过渡性空间，用来调节一个空间到另一个空间的感受，也是人们等待、休息、到达和离开的场所。常见的节点有：①大门入口。入口空间是两个空间转换的通道，入口通常是与建筑相关的小空间，功能包括等待、接见、休息、拍照等，或是卫生间、清洁室、停车处。②出入口。指节点上辅助式的出入口，可以是真实存在，也可以是象征，是一种空间类型向另一种空间类型转折的标志。出入口的构筑物可以是建筑、雕塑、地形或者小尺度的植物。③到达、等待和休息空间。游览起始的空间是重要节点，它们或是小的停车棚，或是大的轻轨车站，都要考虑社会和实用功能（图4-32）。

4.4.2.5 标志物（Landmark）

标志物是在景观中能够吸引人或占据视觉的主导地位，或使特征鲜明的形式与它的背景相区别。标志物可以是形式与周边背景的对比，可以是标志性的空间成为目标点，可以是能够定位或定向的景观形式。标志物在人对景观的感受中具有重要作用，它能够标示出特定场所，以帮助人们辨别方向。

标志物的尺度可大可小，小如地面铺装，大如纪念碑，要根据标志物与文脉背景和功能的关

图4-32　空间中具有出入口功能的节点

系。对比是突出标志物的基本方法，通过与周边环境的对比，将特征突出。强烈的垂直形式是标志物常用表达方式，特别是垂直形式和水平形式的对比，可形成视觉优势。

4.4.3　空间的分形与景观形式语言的应用

在对于空间理论的实践中，有一种理论是被认为对设计实践有直接帮助意义的，这就是分形学。简单来说，分形学理论最直观的理解就是“树状结构”，即每棵树每部分的树枝都与完整的树相似。

在大的生态尺度上，斑块、廊道和基质构成了区域性的生态系统，而斑块、廊道和基质构成的同质的生态要素和生态单元可理解为生态的分形；在小尺度上，场地的自然特性、道路、节点等同样是一种分形，场地整体与每一分形单体的自相似性与场地空间提倡的“场所精神”是一脉相承的。

4.4.3.1　空间分形的概念

1904年，瑞典数学家格·冯·科赫（Helge von Koch）发现了科赫曲线，他认为在有限的空间中，随着曲线褶皱的增加，所谓的曲线都是无限接近曲线的科赫曲线，它们的特征在于：①曲线上的任何线条都是不平滑的；②曲线上任意两点距离无限大；③无限的边界包围有限的面积。如（图4-33）所示，海岸线长度取决于我们所用的测量工具，工具越细，岸线越长。又如谢尔宾斯基方毯，将一

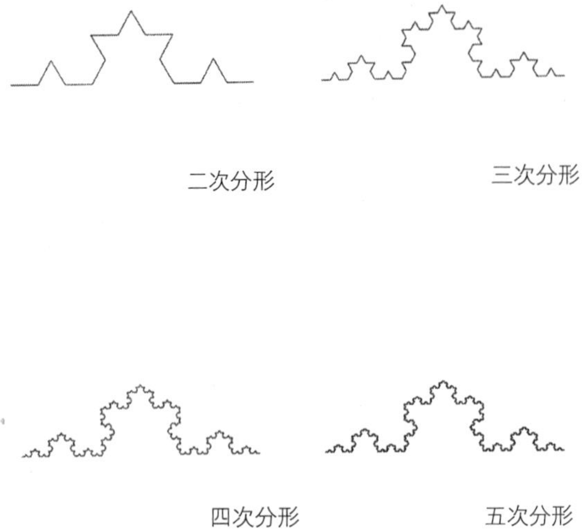

图4-33 科赫曲线（图片来源：蔡梁峰，吴晓华. 分形景观空间设计［M］. 南京：江苏凤凰科学技术出版社，2015）

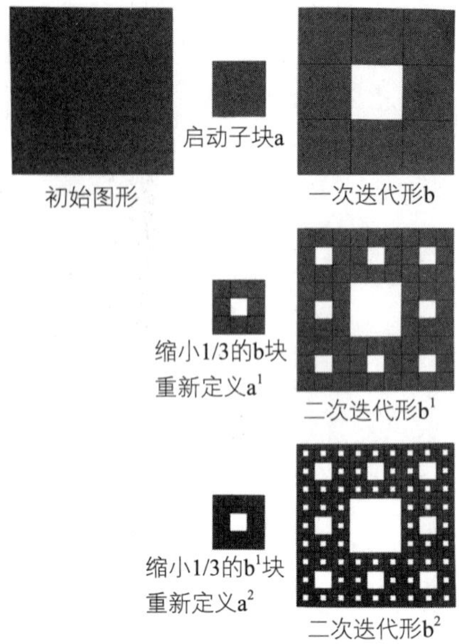

图4-34 谢尔宾斯基方毯（图片来源：蔡梁峰，吴晓华. 分形景观空间设计［M］. 南京：江苏凤凰科学技术出版社，2015）

个实心正方形划分为九个小正方形，去掉中间，然后对这一操作进行重复，就得到了（图4-34）。

1975年，曼德勃罗在前辈文献基础上，创造了“分形”（fractal）这个词，用以描述我们在自然界中观察到的不规则形状的几何学，分形反映了无限的细节、长度和不光滑的特性，并得出了它们的共同特质——自相似性。分形学在应用领域使用广泛，涉及工程、生物学、社会经济、文化艺术等。

分形学在景观方面的应用主要在以下几方面：

（1）在景观生态学视角，景观分形越细，生态边缘效应价值越高，生物多样性也越丰富；

（2）“自相似性”要求场地的设计要从属于上一层次的环境，即自然肌理的延续；

（3）分形学最主要的贡献在于为景观的场地空间设计提供了一种有效的思路，从极简的程序导向丰富的图形，来解决复杂的问题。

4.4.3.2 分形景观与空间类型

1. 矩形主题

90° 的矩形主题是最简单的类型，也是景观空间中最常见的组织形式。用垂直的网格线铺在概念草图的下边，容易组织出功能性示意图（图4-35）。那些用矩形组织出的平行墙体和拐角能够引导出丰富的空间变化。（图4-36、图4-37）

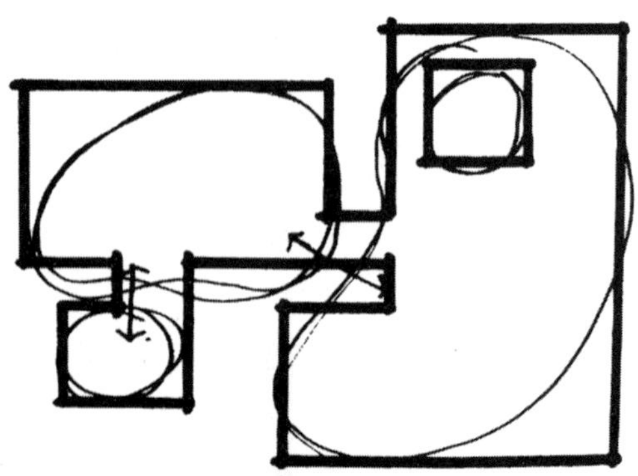

图4-35 矩形主题功能性示意图（图片来源：（美）格兰特·W·里德. 园林景观设计从概念到形式［M］. 郑淮兵译. 北京：中国建筑工业出版社，2010）

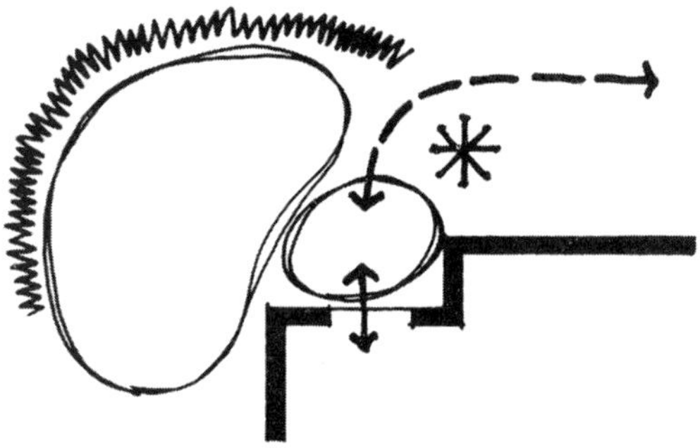

图4-36 墙体和拐角引导空间1（图片来源：（美）格兰特·W·里德. 园林景观设计从概念到形式［M］. 郑淮兵译. 北京：中国建筑工业出版社，2010）

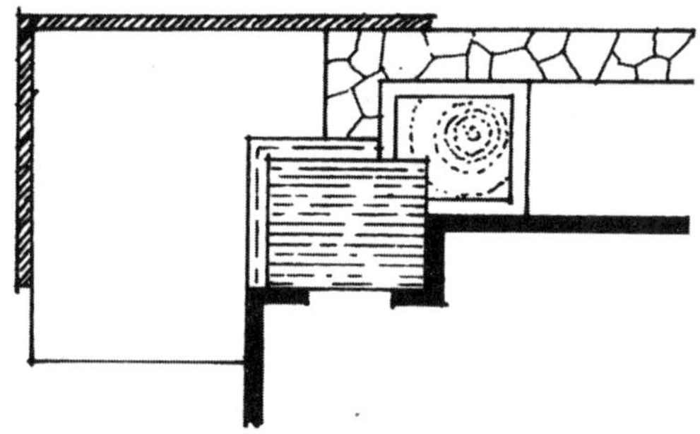

图4-37 墙体和拐角引导空间2（图片来源：（美）格兰特·W·里德. 园林景观设计从概念到形式［M］. 郑淮兵译. 北京：中国建筑工业出版社，2010）

图4-38 多边形主题引导空间（图片来源：（美）格兰特·W·里德. 园林景观设计从概念到形式［M］. 郑淮兵译. 北京：中国建筑工业出版社，2010）

2. 多边形主题

多边形的主题很富有动态，常见的有六边形和八边形。多边形可以相互连接、相互镶嵌，也可以将拼合的多边形擦掉边线，勾画外轮廓线，并适当地采取提升或者降低水平面的方法可使空间体验更加丰富（图4-38）。在图4-39中，某乡村俱乐部的水娱乐区就采用了六边形组织空间。

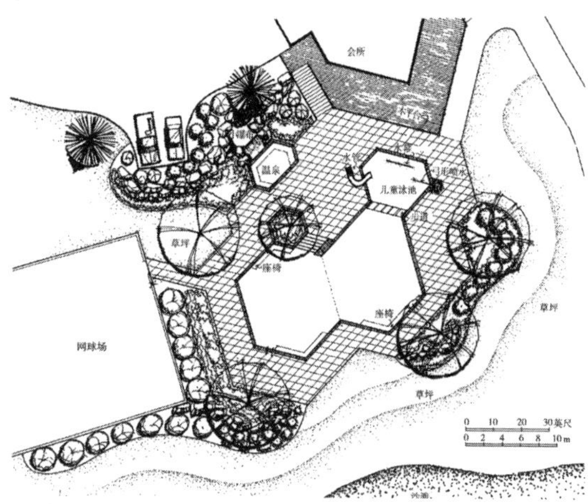

图4-39 某乡村俱乐部的六边形空间（图片来源：（美）格兰特·W·里德. 园林景观设计从概念到形式［M］. 郑淮兵译. 北京：中国建筑工业出版社，2010）

3. 圆形主题

圆具有静止和运动双重属性，简洁、统一和整体，多个圆的组合可组成有趣的空间（图4-40）。

还有一种圆形的变形是利用圆心发出的射线或者弧线，并连接其中的线条作为外轮廓，可勾勒出同心圆的空间形式（图4-41）。

4. 曲线主题

曲线是空间中最富有变化和生动的形式，曲线可以是有规律的，如螺旋线和椭圆生成的曲线，也可以是无规律的曲线，如图4−42是同一场地中通过曲线的分形产生的不同空间效果。

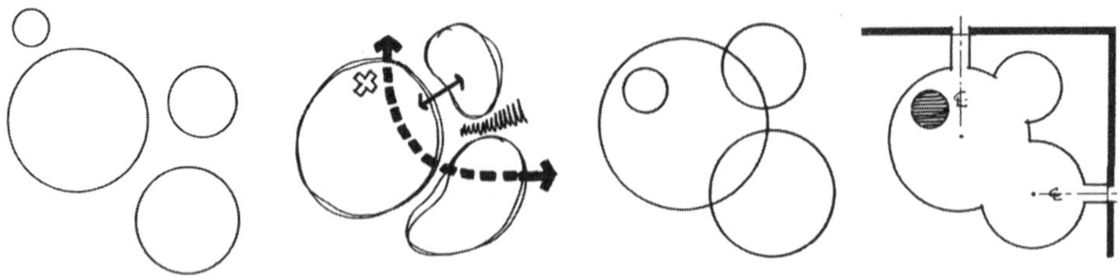

图4−40 圆形主题引导空间（图片来源：（美）格兰特·W·里德. 园林景观设计从概念到形式［M］. 郑淮兵译. 北京：中国建筑工业出版社，2010）

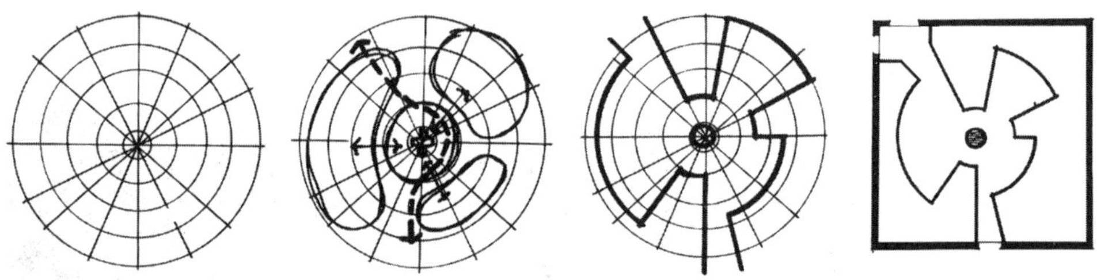

图4−41 同心圆的空间形式（图片来源：（美）格兰特·W·里德. 园林景观设计从概念到形式［M］. 郑淮兵译. 北京：中国建筑工业出版社，2010）

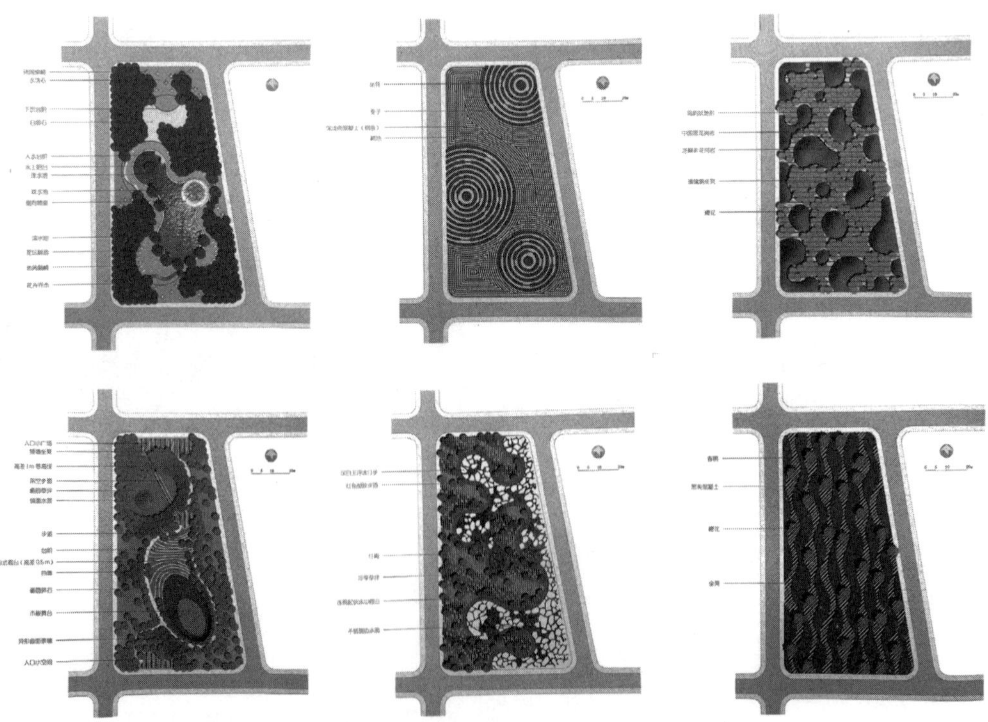

图4−42 曲线主题的分形（图片来源：蔡梁峰，吴晓华. 分形景观空间设计［M］. 南京：江苏凤凰科学技术出版社，2015）

4.4.3.3 分形景观的应用案例

下面以某城市公园的设计为例，运用景观分形的方法，展示一个景观方案的形式空间生成过程。

基地位于城市中心区，四面被道路包围，要求在此区域设计一个生态的公园，能够满足周边居民休闲、游憩的需要（图4-43）。首先，根据泡泡分形的需要，结合公园内外空间的要求，分割出内部的功能空间和外部的隔离空间，并连接分形轮廓绘制出公园的路径和各个出入口（图4-44）；其次，结合空间的分形确定水体和湿地的轮廓以及园中的支路（图4-45）；最后，完善公园的乔灌木和水体植物的种植，出入口空间和各种功能空间的布置与形态，并最终形成一个完整的空间方案（图4-46）。

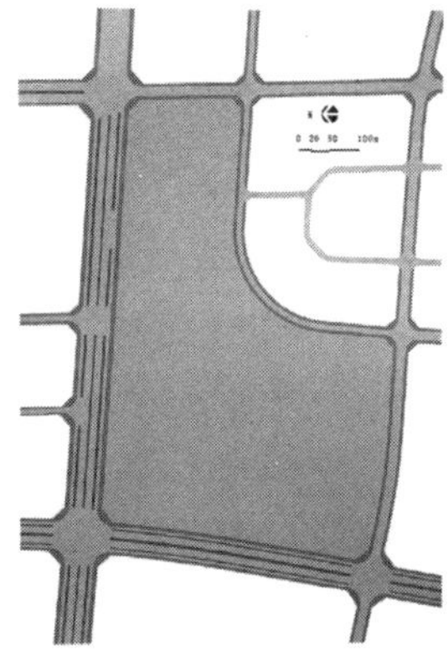

图4-43 公园基地（图片来源：蔡梁峰，吴晓华. 分形景观空间设计［M］. 南京：江苏凤凰科学技术出版社，2015）

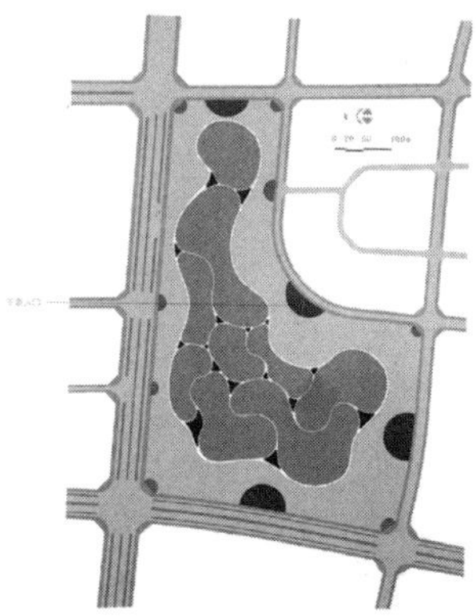

图4-44 内部与外部空间分形（图片来源：蔡梁峰，吴晓华. 分形景观空间设计［M］. 南京：江苏凤凰科学技术出版社，2015）

图4-45 水体与道路分形（图片来源：蔡梁峰，吴晓华. 分形景观空间设计［M］. 南京：江苏凤凰科学技术出版社，2015）

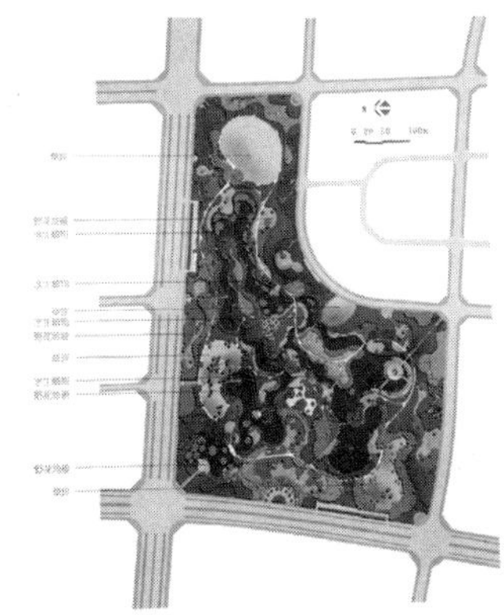

图4-46 最终方案（图片来源：蔡梁峰，吴晓华. 分形景观空间设计［M］. 南京：江苏凤凰科学技术出版社，2015）

第5章

景观中的人类行为

景观是人类欲望和环境理想在大地上的投影，而景观设计师任务也就是尽一切可能满足人们的需要。在近万年的城市发展历程中，人类在征服自然和顺从自然之间摇摆不定，今天终于走进了一个人与自然和谐的人性化时代。景观设计作为一门艺术，在解决实际问题的同时，应该尽可能将艺术的思想和视觉表现力融合到景观设计之中，使活动在其中的人获得艺术享受。对理想生活的追求是景观学产生与发展的根本动因，人的需求与行为应是景观规划设计的核心问题，而景观的艺术品位则是一个见仁见智、因人而异的话题，对于面向大众群体的现代景观，个人的景观喜好要让位于大多数人的景观追求，所以，考虑大众的思想、兼顾人类共有的行为、群体优先，这是现代景观规划设计的基本原则。

5.1 概述

通过对人类行为的了解认识景观设计如何为人类服务，通过研究人的行为模式为人性化景观设计理论打下基础，通过认识以人为标准评判景观设计的优劣，使景观设计提升到新的高度，使其不仅是为经济、形式服务，更为人的生理、心理、情感满足提供保证。因为人类的户外行为规律及其需求是景观规划设计的根本依据，一个景观规划设计的成败、水平的高低以及吸引人的程度，争论也好，分析也罢，归根结底，就看它在多大程度上满足了人类户外环境活动的需要，是否符合人类的户外行为的综合性复杂需求。景观设计的行为与心理之“景观设计行为学派”在20世纪50年代以后，其环境行为心理学的研究进入了第二阶段——系统分析研究阶段（比如：密切距离0~0.45m，个人距离0.45~1.20m，社交距离1.20~3.60m，公共距离7~8m），且60年代以来这种作为心理学前沿的学科开始直接对设计学起到指导作用，如挪威建筑学家舒尔茨（Norberg-Schulz,C.）的《存在·空间·建筑》即对空间的理解和分析比过去前进了一大步。亦可参鉴希腊著名学者多西亚的斯（C.A.Doxiadis）对人类对其聚居地的基本需要，他曾做过扼要的三点概括：安全、选择与多样性、需要满足的因素。西蒙兹（J.O. Simonds）亦说过：“亚里士多德在讲授说服的艺术和技巧时认为，一个演说家要吸引人必须首先了解和理解那个人。他详细论述了不同年龄、不同阶层的男人和女人的特点，并提出应考虑和针对的不光是每一个人，还应针对每一个人的特征。规划师也必须懂得这一点。从古至今，规划师都试图改善人类的生存条件。这不仅反映而且生动塑造了人类的思想和文明。”

5.1.1 从最基本的行为开始

人类的活动与景观的对应关系即在于要满足群体的需求，其中最难的是如何满足其中的精神

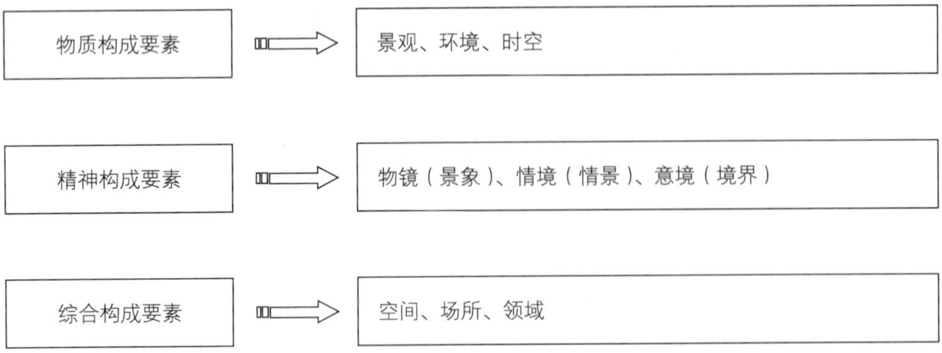

图5-1 景观设计的基本要素分析（图片来源：作者自绘）

文化需求。如何使景观规划设计具有高深的文化品位，不能仅仅停留在文字的描述解说上，不能光靠三寸不烂之舌，引经据典，背上几句诗词歌赋，而是要想方设法如何把那些精神文化的虚无缥缈转化到软、硬质景观的物质形态中去，对此，即可称之为“精神文化的景观物化”（图5-1）。我们研究景观中的人类行为，就不能不考虑人类行为最基本的规律，一般而言，人类在景观环境中可划分为三种最基本的行为活动：

（1）必要性活动——必要性活动就是人类因为生存需要而必须的活动，基本上不受环境品质的影响；

（2）选择性活动——诸如饭后散步、周末外出游玩等游憩类活动，选择性活动与环境的质量就有很密切的关系；

（3）社交性活动——聚会等行为活动，与环境品质有关，介于上述两者之间。例如公园里设一个露天舞台，三五个人组成团体，举行个聚会、Party等都属于社交性活动，社交性活动和环境品质的好坏亦有相当大的关系。

换言之，人在景观中的行为即包括：本能需要（吃、休、行、排泄、运动）；获取信息（视、听、味、嗅、触）；表现自我（演讲、表演、唱歌）；参与交往（聚会、游戏、仪式、庆典）活动等（图5-2）。同时，人们需要从景观环境中获得优美、愉快、放松身心、激励及灵感的源泉，而且，行为活动具有的自我支持作用，即实质环境可以为我们的行为提供支持，而行为支持另一个来源即是行为本身。活动参与并非只是单纯地、消极地利用城市空间环境，而是积极的，并包含着一种自我支持的现象。用扬·盖尔的话讲，“有活动发生是由于有活动发生”。在公共场所我们可以看到如果有一批人在一起，或者发生了什么事，更多的人和事就会加入其中，活动的范围和持续时间都会增加。景观中的活动是一种潜在的自我强化的过程。当有人开始做某一件事时，别的人就会表示出一种明显的参与倾向，要么亲自加入，要么体会一下别人正在进行的工作。这样，每个人，每项活动都能影响、激发别的人和事。一旦这一过程开始，整体的活动几乎总是比最初进行的单项活动的总和更广泛、更丰富。

图5-2 引人注目、诱人前往的景观环境特征

5.1.2 规划设计面向交往的景观场所

在以上三类活动中，我们更为关心的是社交性活动。从规划设计的角度，研究社交性活动涉及到交往强度的问题。关于“交往”，往往可以分为高强度和低强度两类。亲密的朋友、亲人及说得上话的那种交流，属于高强度的交往；另外一类，诸如路人之间目光的交流、人看人之类的交流，就是低强度的交往。将这二种方式落实到空间场地中，比较狭小的空间适合高强度的交往，相对开敞的空间适合低强度的交往。具体地讲，就是要琢磨一个户外空间中可以容纳多少人，首先有一个数量的问题。面积大小等同的空间，一种能容纳10个人，而另一种则能容纳1000人，从这种数量的差别便可看出交往的强度差别。除与空间场地的规模相关，交往强度还与空间场地的质地、质量有关。同时，城市中的公共空间设计也有三个层次的问题：一是景观形象，二是生态绿化，三是群众使用。对于现代城市景观规划设计，特别是城市高密度中心区，群众使用是最为基本的层次。“以人为本”的设计理念就是充分尊重人性、肯定人的行为以及精神需求，因为人是园林景观的直接受众，人的基本价值应该被保护和遵从。在精神方面，园林景观设计透过其物质形式展示设计师、委托方以及使用者的价值观念、意识形态以及美学思想等。在使用功能上，作为人类活动的重要场所，园林景观设计要满足人们交流、运动、休闲的要求。

5.1.3 景观行为的空间格局

现代景观规划设计直接相关的景观行为构成的基本元素：需求、容量、组群、性质、规模、感受及空间布局模式——格局。此处所讲的空间格局并非规划设计的空间布局，而是人的行为的空间格局。即将社交性活动放在哪里?选择性活动放在哪里? 需求是用户的需求。容量也是行为的容量，其中最主要的有一个人数的问题，而容量亦涉及活动的性质，一百人坐在那儿念佛与一百人站在那儿舞蹈相比，它们所需的空间大小也是不一样的。组群里面还有一个文化的概念，实际上具体到某个规划设计，我们所讲的人已不是笼统抽象概念上的人，而是有着不同年龄、不同文化背景、不同性格的个人群或组群。

行为活动时的距离考虑（空间、场所、领域）应该针对不同类型的组群，规划设计出不同类型的景观空间场所（图5-3），这涉及“空间、场所、领域”三个概念。空间即Space，它是由三维空间数据限定出来的；场所即Place，也是由三维空间数据限定的，但是限定得不如空间那么严密精确，它有时没有顶面，有时没有底面；领域即Domain，最早出现在生物学中，指自然界中不同物种占据不同的空间位置，一个被动物所占有和保卫的空间，这个空间内含有占有者所需要的各种资源（如食物、巢地和配偶等），它的空间界定则更为松散，如一只老虎一般活动出没的范围约为40km，这一范围内一般不会出现第二只老虎，那么这40km就是这只老虎的活动领域，另如风景名胜区的规划区加上其外围保护区亦可算作一个领域。领域性往往特指占有领域的可以是一个个体、一对配偶、一个家庭或一个动物群。其主要特征是：一个固定的空间或区域，其大小可随时间和生态条件而有所调整；受领域占有者积极保卫和防御的区域；领域的利用是排他性的，即它是被一个或多个个体所独占的。由之，“空间space”、“场所place”、“领域domain”三者都是由三维空间数据限定出来的，但界定的严密精确度越来越松散。 Space——空间通过生理感受限定，20~25m见方的空间，可辨认脸部表情和声音，交流自由；Place——通过心理感受限定的，超过110m后，只能辨认大略的人行和大致的动作，有广阔感，这是形成景观场所感的尺度；Domain——基于精神方面的量度，领域感，390m左右，看不清东西，浑远，宏伟感。

人们并不仅仅以生理的尺度去衡量空间范围，对空间的满意程度及使用方式还取决于人们的心理尺度，这就是心理空间。人类的领域行为大概分为四种尺度的空间层次：“公共领域、家、交往空间、个人身体。”每个人都有自己的个人空间，这是直接在每个人的周围的空间，通常是具有看不见的边界，在边界以内不允许“闯入者”进来。它可以随着人移动，它还具有灵活的收

图5-3　景观空间引导行为选择

缩性。个人空间的存在可以有很多的证明，例如你在一群交谈的人中、在图书馆中、在公共汽车上或在公园中、在人行道上等，人与人之间的密切程度就反映在个人空间的交叉和排斥上。爱德华·霍尔即将“个人空间”视作“个人气泡”，即每个人都有一段属于自己的距离，在自己身体外的隐性泡泡，如果有人走进，反应会是走开或者局促不安。除非这个人是亲人，可以和你拥有从45cm到0cm的亲密距离。人与人之间有一种自我的心理空间，这种空间的大小是随着民族、习俗、个性和性别等而不同。曾经有位心理学家做过一个实验：让两个接受实验的人在大厅中央谈话，其中一人有意识地逼近对方，当谈话结束时，一个人早已被对方逼到了墙边，而这个人是无意识地向后退，这正是因为他的个人空间受到挑战而挤压，才会下意识地后退，以便留出适合的个人空间。这种心理空间被心理学家形象地称为“个人气泡”。

人也具有“领域性”，来自于人的动物本能，但与动物不同。因为“领域性”对人已不再具有生存竞争的意义，而更多的是心理上的影响。与“个人空间”所不同的是，“领域性”并不表现为随着人的活动可移动的特点，它倾向于表现为一块个人可以提出某种要求承认的“不动

图5-4 奥姆斯特德设计的纽约中央公园

图5-5 贝聿铭设计的苏州博物馆新馆

产”，“闯入者”将遇到不快。而且，空间、场所和领域三者给人的感觉是不同的，景观空间构成（图5-4）与建筑空间（图5-5）构成亦存在着异同之处，因为空间是通过生理感受限定的，场所则是通过心理感受限定的，而领域则是基于精神方面的量度。因而设计的时候就要根据不同的特点进行考虑，如建筑设计的边界界面多以空间为基准，景观规划设计的边界限定则要以场所和领域为基准。

景观行为构成与建筑行为构成的异同，更在于景观行为构成侧重于考察、分析、理解人们日常活动的现象、行为、空间分布规律及其成因，侧重于人们行为的构成。首先是人类行为分析，其次是人类行为的组织策划，最后才是赋予人类行为以一定空间范围的布局。在这一方面，“空间构成”作为一种建筑师化的训练是极为必要的，然而，纵观景观规划设计各个层面的实际工程，这毕竟不是景观建筑师的核心，除非是把景观设计限定在人工化较强、规模较小的空间尺度上。因为，广义的景观，由于尺度扩大化和材料的自然化，其空间性往往趋于淡化而难以明确限定。只要体会一下真实的自然山水空间，对于景观空间的这种特性就不难理解。这也就是为什么除了“空间”，我们还要大谈“场所”，甚至“场所”也不够了，又不得不引进了“领域”。事实上，与景观行为对应的，恰恰不是“空间”，而是“场所”、“领域”。正是因为从“空间”到“场所”再到“领域”，有一个从明确实体的有形限定到非实体无形化的转换，所以景观规划设计的核心不在“空间构成”，而是“行为策划”（图5-6）。同时，行为场所有其三个显著特点：①存在着固定的或经常发生的行为模式；②行为模式通常是有目的的，或者受社交习惯所支配；③行为场所的交际特点与行为模式有着不可分割的联系。

a明尼苏达联邦法院广场

b普里迪克 北星公园

c瓦格纳滨河绿地

图5–6　行为场所景观案例

5.2　景观中人类行为引发动因的心理学解释

人类有许多适应环境的本能行为。它们是在长期的人类活动中，由于环境与人类的交互作用而形成的，这种本能被称为人的行为习性，如抄近路习性、识途性、左侧通行习性、左转弯习性、从众习性、聚集效应、人的距离保持等。

5.2.1 从众性与聚集效应

从众性是动物的追随本能，就像人们常说的“领头羊”一样，当遇到异常情况时，一些动物向某一方向跑，其他动物会紧跟而上。人类也有这种“随大流”的习性（图5-7）。在公园入口处，人们会本能地跟随人流前行；本是经过游戏场地的儿童会强烈要求再玩一会儿；看到用餐的人群，路过的人流会产生食欲，甚至感到饥饿等。这种习性对景观设计有很大的参考性。从众指个人受到外界人群行为的影响，而在自己的知觉、判断、认识上表现出符合于公众舆论或多数人的行为方式。通常情况下，多数人的意见往往是对的。从众服从多数，一般是不错的。但缺乏分析，不作独立思

图5-7 从众性行为下的场所聚集

考，不顾是非曲直地一概服从多数，随大流走，则是不可取的，是消极的"盲目从众心理"。

"从众"也是一种比较普遍的社会心理和行为现象。通俗地解释就是"人云亦云"、"随大流"；大家都这么认为，我也就这么认为；大家都这么做，我也就跟着这么做。简单来说人是有社会性的，社会性就是群性，所以人会从众。当然，也有人喜欢独处，那毕竟是少数，与个性、工作、爱好、环境有关。一般说来，群体成员的行为，通常具有跟从群体的倾向。当他发现自己的行为和意见与群体不一致，或与群体中大多数人有分歧时，会感受到一种压力，这促使他趋向与群体一致的现象，叫作"从众行为"。从众现象在我们生活中，比比皆是。大街上有两个人在吵架，这本不是什么大事，结果人越来越多，最后连交通也堵塞了。后面的人停了脚步，也抬头向人群里观望……当空间人口密度分布不均时即出现人群聚集。所以常常有大的商场采用人体模特和售货员等来加大商场的人口密度，即使停业关门的时候商场还是会因为这些模特而显得热闹。许多学科研究了人群密度和步行速度的关系，发现当人群密度超过1.2人/m^{2}时，步行速度会出现明显下降趋势。当空间人群密度分布不均时，亦出现人群滞留现象，如果滞留时间过长，就会逐渐结集人群，这种现象称为聚集效应。在设计景观通道时，一定要预测人群密度、设计合理的通道空间，尽量防止滞留现象发生。

5.2.2 选择性与多样性

不同年龄和性别的人群往往有着不同的行为需求和偏好，创造一处从美学和功能上富于变化的空间，满足不同人群的需要，满足人们渴望接触自然的最大化，满足人们对多样化空间的渴求，而且人类行为的选择性与多样性与人在空间中的定位问题有关（图5-8、图5-9）。即使是偶

图5-8 人类选择性的景观行为

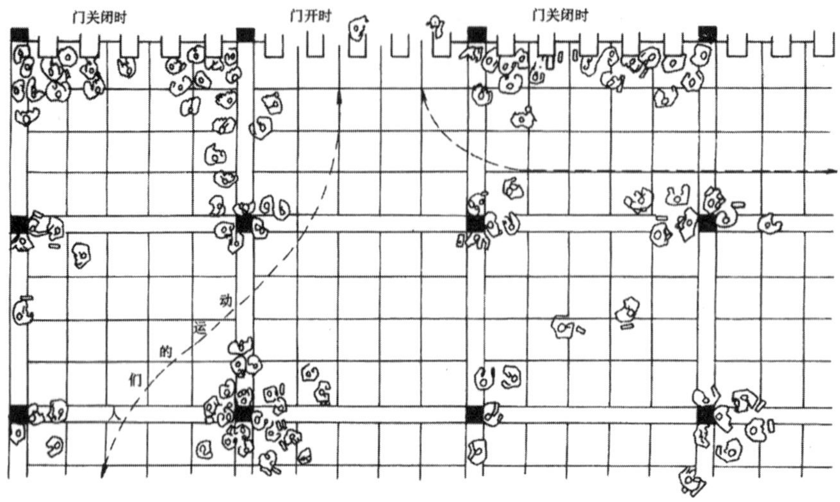

图5-9 在火车站人们等车时选择的位置（依托的安全感）

然地观察在公共场合等待的人们，也会发现人们确实在可能占据的整个空间中均匀地散布着，他们不一定在最适合上车的或干其他事的地方等候，这就是“依托的安全感”在起作用。斯梯里思观察了伦敦地铁各个车站候车的人以及剧场、门厅的人们，发现人们总愿意站在柱子附近并远离人们行走路线的地方。在日本，卡米诺在铁路车站进行了类似的研究。从这些研究中可以看出人们总是设法站在视野开阔而本身又不引人注意的地方，并且不至于受到行人的干扰（图5-9）。

人与人之间的相互作用、人的行为方式中，空间环境形态对其行为选择起着很大的影响作用，正如阿尔特曼指出的：“可以认为空间的使用既由人决定，同时又决定人的行为。”景观空间的形式和功能上与环境相互协调，就能够容纳公众多种活动，提供宜人的自然环境、开敞空间和各种功能设施，为人们提供他们所期望的体验，从物质和精神两方面引导人们的日常生活。

5.2.3 瞭望—庇护理论/边界效应

在两个或两个不同性质的生态系统（或其他系统）交互作用处，由于某些生态因子（可能是物质、能量、信息、时机或地域）或系统属性的差异和协合作用而引起系统某些组分及行为（如种群密度、生产力和多样性等）的较大变化，称为边界效应。边界或边缘效应，亦指人们往往喜欢在一个空间与另一空间的过渡区逗留，在那里同时可以看到两个空间。在对荷兰住宅区中人们喜爱的逗留区域进行的一项研究中，心理学家德克·德·琼治提出了边缘效应理论，他指出：森林、海滩、树丛、林中空地等的边缘都是人们喜爱的逗留区域，尤其是开敞空间的边缘更是倍受人们喜欢。在公共绿地同样可以观察到这种现象。这些地方为人的多种基本活动提供支持。边缘区域之所以受到青睐，是因为处于空间的边缘，为观察空间提供了最佳的条件。并且处于边缘或背靠建筑物的立面有助于个人或团体与他人保持距离，是一种出于安全的心理要求（图5-10）。

图5-10　边界景观引致的瞭望—庇护效应

5.2.4　最小耗费

为了达到预定的目的地，人们总是趋向于选择最短路径，这是因为人类具有抄近路的行为习性，即所谓的“捷径效应”——指人在穿过某一空间时总是尽量采取最简洁的路线，即使有别的因素的影响也是如此。经济学家认为人天生是追求低投入、高产出的最经济的东西。即使没有学过两点间直线最短的数学公理，我们也常会为了追求“经济”而随意地在草地上走出一条路来，或是在围墙上敲出一个门。正所谓：世上本没有路，走的人多了也就成了路。在设计的时候我们固然在追求一些艺术的美感，但是违反人们的生活习惯的美丽往往不会长久。所以当今天再次评价这些所谓懒惰且没有教养的人创造的一个又一个杰作时，我们是否应该重新审核这之中的对错（图5-11）。

5.2.5　左侧通行与左拐弯

左侧通行。在没有汽车干扰及交通法规束缚的中心广场、道路、步行道，当人群密度达到0.3人/m^2以上时就会发现行人会自然而然地左侧通行，这可能与人类右侧优势而保护左侧有关，这种习性对于展览厅的展览陈列顺序有重要指导意义。虽然我国交通法中规定人应该靠右侧行驶，但是这对于户外场所规划设计还是具有很大的参考价值。

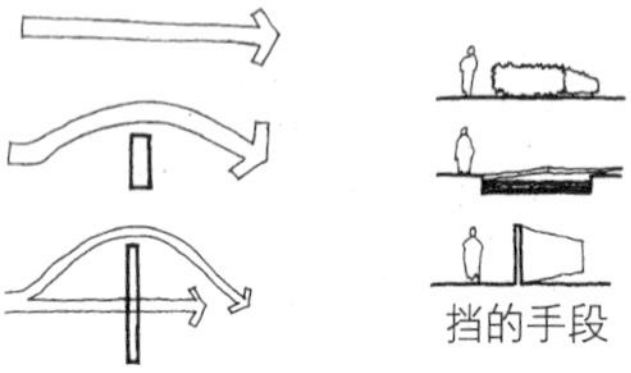

a有力、肯定的拦挡手段

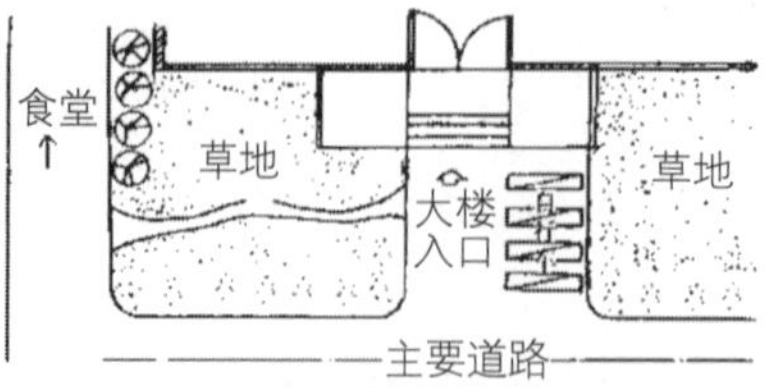

b抄近路的行为空间

c按人流趋势设计道路走向

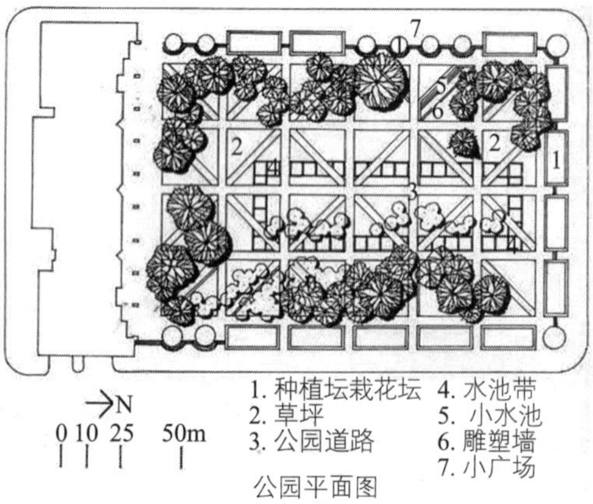

d彼得 · 沃克设计的伯纳特公园几何路径

图5-11 利用捷径效应的设计应用

左转弯。同样在转弯习惯众中人们也多表现出左转弯。所以我们常见的楼梯设计中一般采用左转弯。但是我认为考虑到我们靠右行走的习惯，楼梯如此设计并不太好。因为上楼梯的人一般较累所以习惯于左侧行走，而下楼的人也往往以较快的速度左侧下行，所以碰撞常常发生。在公园散步、游览的人群的行走轨迹可以显示人类有趋向于左转弯的行为这一习性。并有学者研究发现向左转弯的所要时间比同样条件下的右向转弯的时间短。很多运动场（如跑道、棒球、滑冰等）都是左向回转（逆时针方向）的，有学者认为左侧通行可使人体主要器官心脏靠向建筑物，有力的右手向外，在生理上、心理上比较稳妥的解释。这种习性对于建筑和室内通道、避难通道设计具有指导作用。

5.2.6 私密性与公共性

“私密性”可理解为个人对空间接近程度的选择性控制，“私密性”属于人类最基本的心理需求，能否满足私密性直接影响到人们对家园的依赖感与归属感。“私密性”强调个人（或家庭）所处环境具有隔绝外界干扰的作用，可以按照自己的意愿支配自己的环境，即有控制、选择与他人交换信息的自由。人对私密空间的选择可以表现为一个人独处,按照自己的意愿支配景观环境，或者几个人亲密相处而不受其他人干扰。满足私密性的设计不一定就是一个完全闭合的景观空间，人对公共空间、公共交往同样有较大的需求，自由开阔的公共空间和公共交往的开放性场所，为大多数人服务，同时，它又是人类与自然进行交流的重要场所。但是，景观空间必然与其他空间有着明确的界限划分，因此必须关注“公共性中的私密性”——私密空间，就是“如何在开放性的城市环境中提供一些私密空间”的问题。能够提供私密空间的，就算得上有水平的方案，不能提供私密空间的，就属于初学者的水平。所以不能强调了这一头，而忘了那一头。越是开放性的空间里越要有私密性的空间，私密性空间中也有个人距离的问题，即个人气泡（图5-12）。

同时，“私密性”与“公共性”与四种距离紧密相关（图5-13）：亲密距离、个人距离、社会距离、公众距离。个人距离指个人与他人间弹性距离，一种是接近态（45~75cm），是亲密者允许对方进入的不发生为难、躲避的距离，但非亲密者（例如其他异性）进入此距离时会有较强烈反应；另一种为正常状态（75~100cm），是两人相对而立，指尖刚能相触的距离，此时身体的气味、体温不能感觉，谈话声音为中等响度。社会距离指参加社会活动时所表现的距离，接近态为130~210cm，通常为一起工作时的距离，上级向下级或秘书说话便

a私密性空间可使人不受其他人干扰

b小型观演广场体现园林景观的公共性

c向外放射的街道公共空间系统

d古典与现代建筑共同营造外张型城市空间

图5-12 公共性与私密性设计

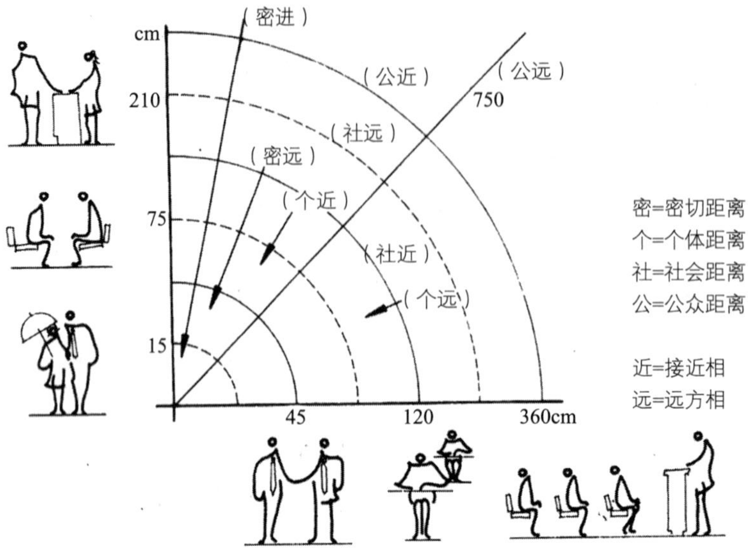

图5–13　公共与私密的人际距离空间分类

保持此距离，这一距离能起到传递感情力的作用；正常态为210~360cm，此时可看到对方全身，在外人在场下继续工作也不会感到不安或干扰，为业务接触的通行距离。正式会谈、礼仪等多按此距离进行。公众距离指演说、演出等公众场合的距离，接近态约360~750cm，此时须提高声音说话，能看清对方的活动；正常态7.5m以上，这个距离已分不清表情、声音的细致部分，为了吸引公众注意，要用夸张的手势、表情和大声疾呼，此时交流思想主要靠身体姿势而不是语言。

5.2.7　舒适性与安全性

在钢筋水泥的城市中，人们对于休闲的要求更为迫切，对园林景观相关设施的使用频率也在增加，园林景观的舒适性可提高居民的休闲质量。此外，舒适性还表现在无障碍设施的应用上，让残障人士也体会到置身于园林景观中的乐趣。安全性是园林景观设计所要满足的最基本的要求。首先，在尺度设计和材质选用上，应按照规范要求合理设计，如踏步的宽度和防滑性能、景观水池的深度和池岸护栏的高度等；其次，在心理需求方面，人需要占有和控制一定的空间区域，以满足心理上的安全界限。空间过大或过小，都容易导致人们安全感的下降或丧失，产生紧张和焦虑的情绪。关于“安全性”的一个经典案例如墨尔本皇家植物园的依安·波特基金会儿童园，正确选择植物是确保该公园成功的一个重要因素，在其植物列表和植物种源的确定上花去了大量的时间和努力，且植物的选择所有的有毒植物均被排除在种植之列，同时有浆果和带危险性刺的植物也得以避免种植（图5–14）。

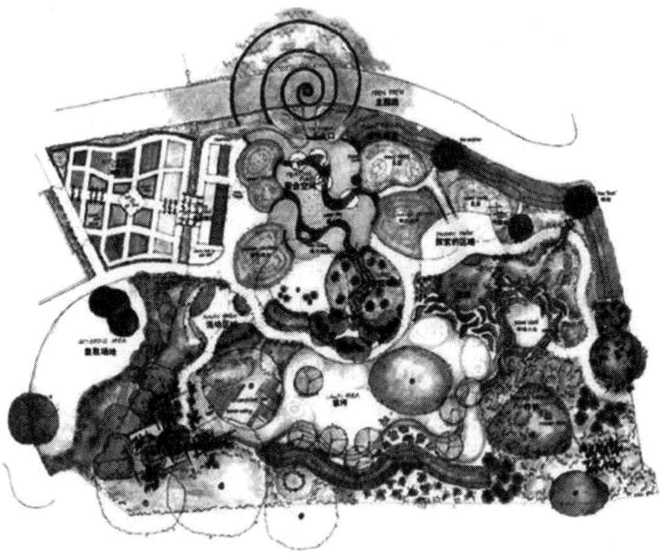

图5-14 依安·波特基金会儿童园

5.3 人的五官与景观感受

景观有关的人的感受问题，即感官、沟通与尺度，感官构成了我们设计的尺度，人类感官有五类：视觉、听觉、嗅觉、触觉与味觉。人类的视觉、听觉很重要，其摄取的消息占人类通过感官摄取的信息总量的90％左右，但是人类的行为也很重要，对于人类的行为活动有这样一个结论：人处于直立状况下，他的器官感觉，基本上是以向前及水平方向为主的。应用到我们的景观设计中，就需要对地面的处理格外仔细。景观设计与建筑还不太一样，建筑空间三面围合，除了地面还可以有其他视觉吸引物。而对于景观空间，上面往往是空的，四周是树木，因而对铺地的感受量就比较大。这就是为什么景观设计中很重要的一点就是要做好铺地。另外如围墙，往往也是基底部处理得比较细致。当然围墙的上部边界也要求处理得比较细致，这就是视觉心理学原理：人往往对边界比较关心。所以围墙顶部人也要花心思上去。还有一个结论：人类直立状况下，可同时瞥见左右各90°范围内的事物，而人类向上或向下看时，所见范围要比左右看的范围狭小。当人类被引导步行时，为了要看清行走的路线和视轴的原因，其向上看的视野会减少，因此希望被察觉的事物发生在观看的前方偏下，并且几乎在同一个水平面上。这些原理也反映在所有景观环境观赏空间的设计上。

关于嗅觉，有这样一个基本尺寸，即人类的嗅觉通常在2~3m的距离内发生作用。而人的耳朵在7m以内是相当灵敏的，超出这一范围人们就较难进行正确对话，人在35m的距离内仍可听取演讲或建立一种问答式的谈话关系。这就有二个尺寸：7m和35m。7m是开Party聊天的合适距离，35m则是演讲的层次。一般大阶梯教室的长度不会超过35m。

5.4 与景观空间同等重要的因素

除了感官、沟通、尺度以外，还有一个时间的因素。同样一个东西，你看了一分钟和盯着看了一小时的感受是不一样的，所以感受的时间是很重要的。在体量、尺寸很有限的情况下，有意识地增加停留的时间，最后形成的感受量也可与前者基本平衡，这就是中国园林能做到小中见大的秘诀所在。大，不仅在于空间的大，更在于停留的时间长，可以在园中不停地转来转去。感受的时间如此重要，运用得好就可成为景观设计的高手。人类游赏这种景观行为表面上是他自己作主的，实际上景观规划设计师可以通过规划设计的多种手段控制他们的行为，并且使之不知不觉、潜移默化地去感受人为设计的景观。比如我们在某个地方多设计一些东西，人们自然而然就会在此停留下来，这就是我们往往在最主要的地方设置喷泉、动水的原因。

5.5 景观中人的行为需求

景观是具有多种功能的，其最基本功能即是当它与人类行为相联系时，它便作为活动的场所而存在，表现它的对行为支持的功能，人类行为方式的普遍性与个体化的差异在景观设计中必须兼顾。本节主要利用环境行为学的相关理论探讨环境与人的行为之间的关系，以“景观服务大纲”为模本，深入讨论人在景观中的行为模式及场所对行为的支持。抽象的行为模式与心理特征，即可采用图5-15直观的形式表达出来。若将人的行为进行简单分类，大概可以分为以下三类：强目的性行为；伴随主目的的行为习性；伴随强目的行为的下意识行为。例如人的左转习惯，如果防火楼梯和通道设计成右转弯，疏散行动速度会减慢。

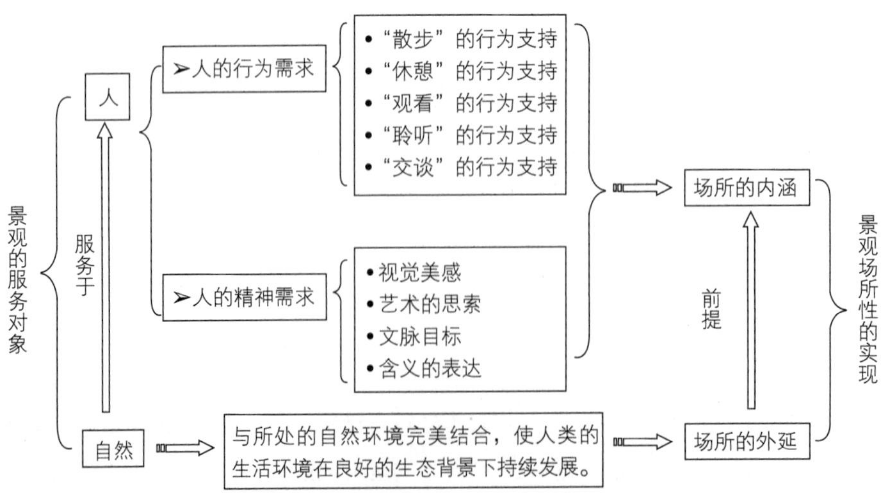

图5-15 景观服务大纲（图片来源：作者自绘）

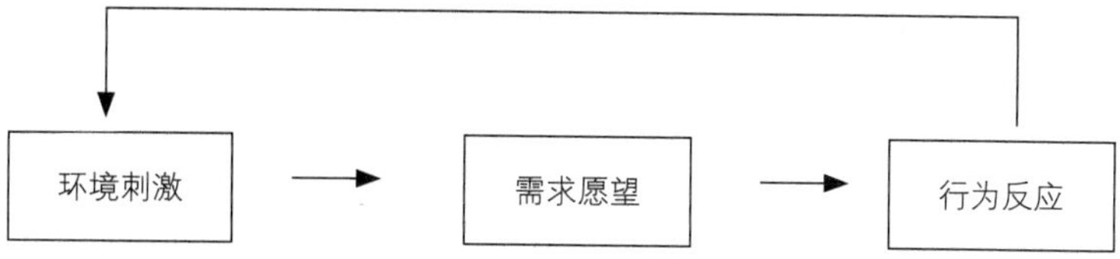

图5-16 环境行为的基本模式（图片来源：作者自绘）

环境和行为的内在关联即在于：行为可看作是对环境刺激的反应；动机形成于需要；心理情感反应会导致相应的行为（图5-16）。人与环境的交互作用主要表现为环境刺激和相应的人体效应。人体外部感觉器官受到外部环境因素刺激后会出现相应的反应。环境的刺激会引起人的生理和心理效应，而这种人体效应会意外在行为中表现出来，我们称这种行为表现为环境行为。人类的环境行为是由于客观环境的刺激作用，或是出于自身的生理和心理需求所产生的，这种作用促使人类适应、改造成创造新的环境。而且，行为是人们的社会结构意识等支配的能动性的活动，行为必然发生在一定的环境脉络之中,并且在许多方面与外在的环境,包括自然的、人工的、文化的、心理的、物理的环境有着很好的对应关系而形成一定的行为模式。人类行为对景观设计也提出了相关要求：应设计出符合人们行为习惯的环境；在设计中尽量避免设置不力的挡栏；不利的环境会引起退避行为；应设计出相对僻静的小空间。

这就牵涉到“行为集合”和“行为控制”的原理，“行为集合”即为了达到一个主目的而产生的一系列行为称作行为集合，例如在设计步行街时，隔一定距离要设置休息空间，设计流线时要考虑无目的性穿越街道，以及通过空间的变化来消除长时间购物带来的疲劳等。关于“行为控制”原理，譬如我们设计了空间，同时也设计了一种相应的行为模式，这种模式在日复一日的强化下，很可能演化成一种习惯，这就是环境对行为的控制作用，例如在花坛设计时，为了避免人在花坛上躺卧，可以将尺度设计的窄一些。因此，满足人们行为需求的景观设计须考虑提供必要的设施，例如食品店、饮水器、坐凳、园路、垃圾桶、厕所、游憩和运动设施、廊道、亭台榭等，其设计特点主要包括醒目的、悦耳的、好闻的、神秘的、耐人寻味的、变化多端的、与众不同的、勾起回忆的。

5.5.1 景观中的人类行为支持

人的行为是在实质环境中发生的，特定地段的空间形式、要素布局和形象特征会吸引和诱导特有的功能、用途和活动。而人们的心理又可能寻求适合于自己要求的不同的环境，行为也趋向于寻找最能满足它要求的空间环境，只有将活动行为安排在最符合其功能的合适场所，才能创造出良好的城市环境，环境因此也具有了场所意义。人在景观中的行为活动是景观设计应该关注的一个重要问题，景观设计和人的行为的统一性是景观设计要解决的主要问题，国外学者把能够良好地满足人的需求的景观设计称为关于行为支持的景观设计。

5.5.1.1 “散步”的行为支持

人们对景观中的散步需求不同于人们日常的步行。景观中散步活动往往和欣赏美景等其他活动结合在一起。在这里散步只是一种休闲活动，使空间既十分紧凑，给人以丰富的体验，又有足够的回旋余地是必要的，去什么地方并不重要。具有变幻的空间和小径，对于步行中的人们常常能产生一种心理作用，步行距离似乎变短了，步行变得轻松而愉快。当景观中存在较大的开阔空间时，围绕大空间设置散步道是极有价值的。当人围绕大空间散步时，“边缘效应”同样在发挥作用。（图5-17）多数情况人们不愿意横穿开阔的空地或走进空间的中心，那里人们的感觉一般都不太自在，像是在巨大的、空旷的地区“漂泊”。

人们沿着观赏路线和园路行进时（动态），或接触园内的某一环境空间时（静态），客观上是存在空间程序的。若想获得某种功能或景园艺术效果，必须使人的视觉、心理和行进速度、停留的空间，按节奏、按功能、艺术的规律性去排列程序，即称为空间序列。以人的动、静和相对停留空间为条件，可有效地展开视野和布置各种主题景物、形成网点线路构成全园的结构骨架。同时，关于“散步行为”的景观设计要点可包括以下几点：

（1）在散步道的周围应有适当的空间穿插，大小空间之间形成的连续与对比大大提高了空间的质量，满足人们对空间多样化的需求，又可以给人们提供场所作为休息之用。

（2）景观中的步行线路是很重要的。因为当散步路程一览无遗时，步行就会索然无味。

（3）景观中的主要道路应该是方便平缓，适于人的行走，而其他的小径则可以考虑设置适当

图5-17　步道在景观整体布局中的行为串联作用

的粗糙质感的路面及高差的变化。

（4）路网与景区面积在密度上和形式上应保持分布均衡、防止奇疏奇密；线路网点的宽度和面积、出入口数目应符合园内的容量，以及疏散方便、安全的要求（图5-18）。

（5）景观入口的设置，对外应考虑位置明显，顺合人流流线，对内要结合导游路线；每条线路总长和游览时间应适应游人的体力和心理要求（图5-19）。

（6）在入口区段设置障景、对景和隔景，通过封闭、半封闭、开敞相间、明暗交替的空间转折，再通过透景引导，豁然开朗，到达开敞空间。

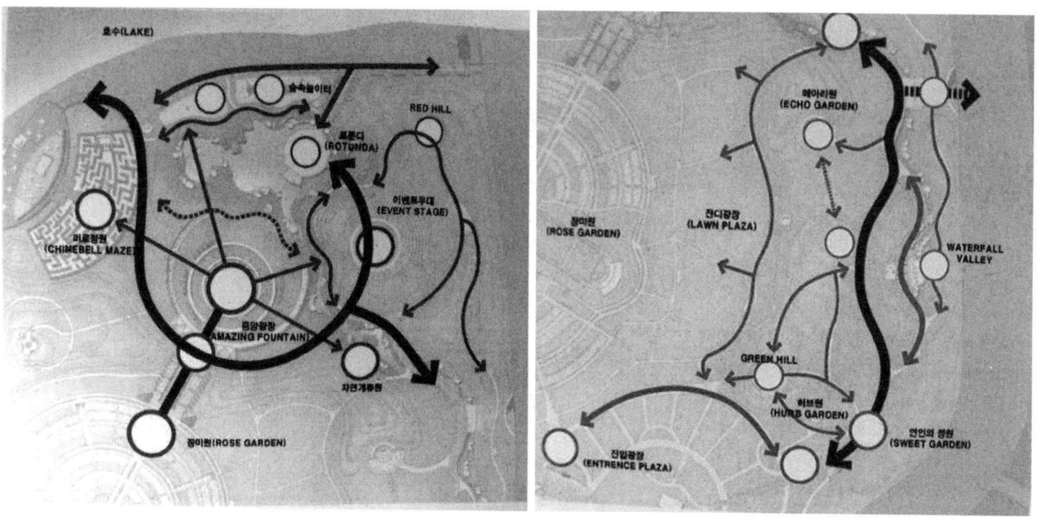

图5-18　步道网络的结构组织

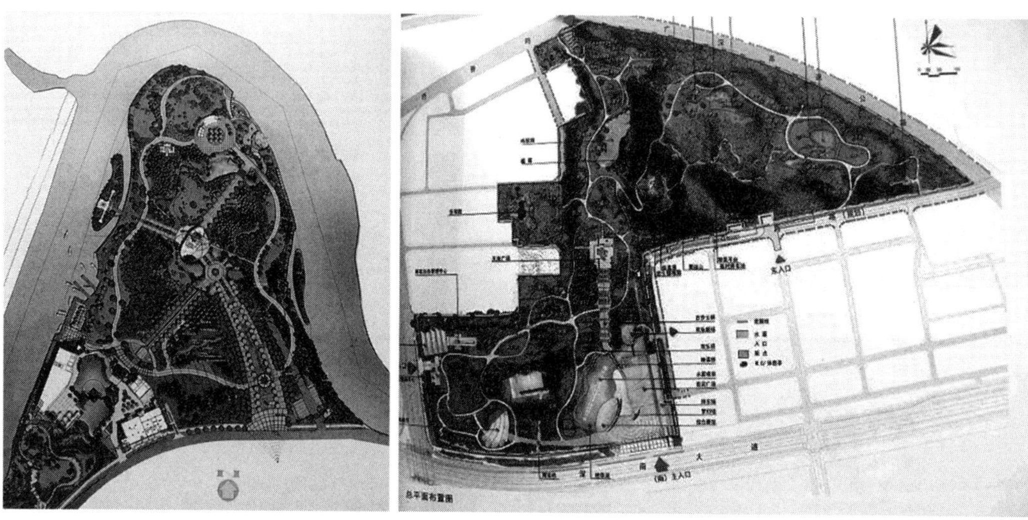

图5-19　步道网络的入口安排

5.5.1.2 “休憩”的行为支持

当有人停下来等着干某件事或见某个人，或者欣赏周围的景致和各种活动时，就存在着找一处好地方站一会儿或坐一会儿的问题。这时人们在选择停留地点时，往往会选择在凹处、转角、人口或者靠近树木、小品之类可依靠物体的地方，它们在小尺度上限定了休息场所，满足了人们对领域感的需求。这些地方为较长时间的逗留提供了明显的支持。人们经常在大树附近站立、玩耍及放置东西。良好的座椅布局与设计是公共空间中富有吸引力的许多活动的前提，景观中必须为人们安坐小憩做出适当的安排。(图5-20、图5-21) 只有创造良好的条件让人们安坐下来，才可能有较长时间的逗留。

朝向与视野对于座位的选择也起着重要的作用。先前讨论的边界效应在人们选择座位时也可以观察到。沿场地四周和空间边缘的座椅比在空间当中的座椅更受欢迎。与驻足停留一样，人们倾向于从物质环境的细微之处寻求支持物。在对座位的需求大增的情况下，台阶、基础、梯级、矮墙等是很好的选择。它们之间的组合可以产生有趣的场所，在满足人们使用功能的同时，使人们能更加多样化地使用城市空间（图5-22）。

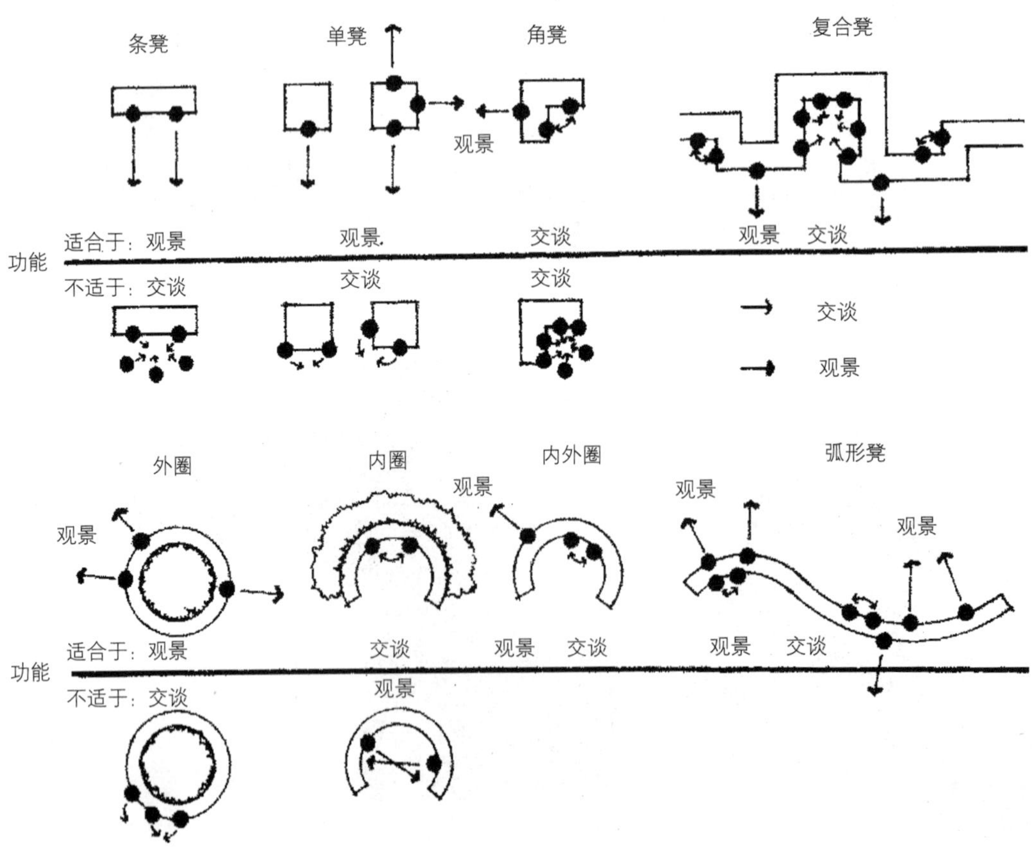

图5-20 不同坐凳形式对行为与使用的影响

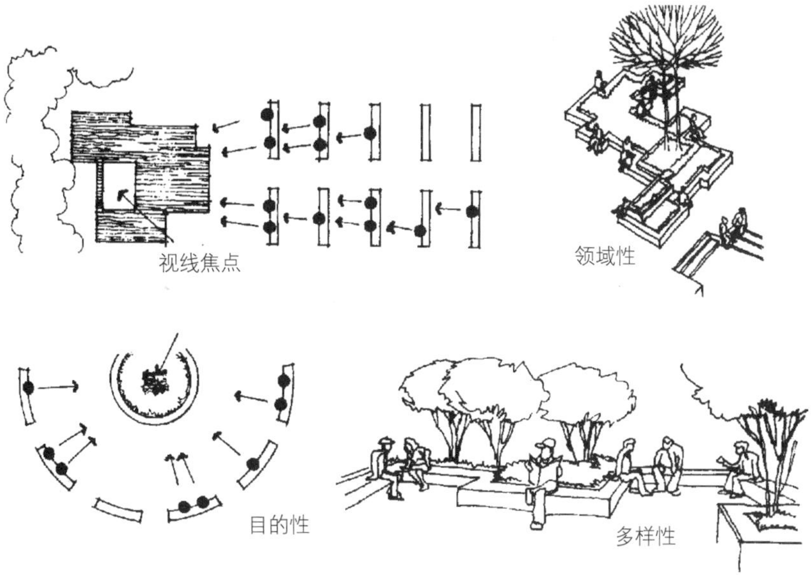

图5–21　坐憩条凳是设置以“使用方便、便于控制”的环境行为需求为准

图5–22　城市空间中的“坐”与“座”

5.5.1.3 “观看”的行为支持

凯文·林奇认为：“人们有对广阔空间的向往需求。”从相对论的角度解释，由于现在多数城市，特别是中心城区，其拥挤程度已经接近极限，人们的视野越来越狭窄和局促。观看的可能性是一个良好的视野和视线不受干扰的问题。居高临下常常有很好的视野，因此在公共绿地中设置适当的高地是有价值的，抬高的公共空间的视线是非常重要的（图5–23）。如果人们站在高处却看不到空间，他们就不会使用它，譬如上海长风公园有一处高地由于视线被阻挡看不到下面广阔的水面空间，人们总是失望而归。戈登·卡伦认为城市景观中的高度相当于特权，深度则意味着亲密。设计师应该根据人们不同的心理需要，运用适当的地形处理来满足人们的这两种情绪。地形变化具有很重要的视觉以及行为支持功能。具有适度但可感受到的地形变化的景观比那些完全平坦的景观更具美学吸引力。休息空间和交通空间能够借助地形变化加以分隔，一个很大的场地还能通过地形变化分成几个人性尺度的“空间场所”。变化地形的草地倍受孩子们的欢迎，因为它能让孩子们在上面打滚、滑行、躲藏（行为）等。

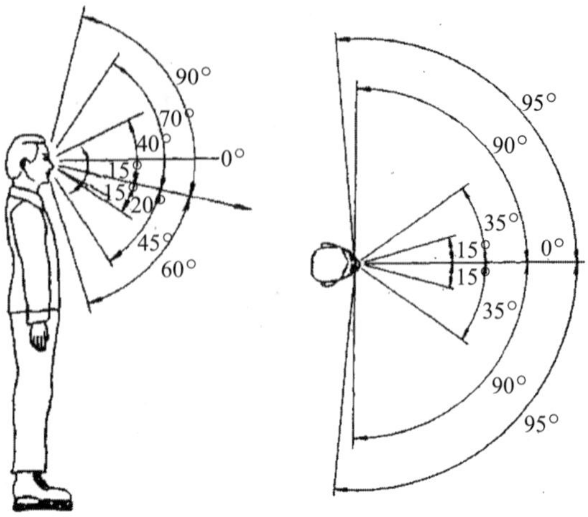

图5–23 视域视线分析图

在“看”的景观控制以至景观美感形成中，通过空间结构的变化，运用各种组织手法把各种景观的美学要素展现在人的面前，通过一系列视觉刺激、听觉刺激及其他感官刺激，使人产生美的感受。一般着力于风景界面（局部空间与大环境的交接面）的设计处理，巧妙地利用不同的风景界面组成关系，进行景观空间造景，会给人们带来景观空间的多种艺术魅力。图5–24a通过将主景适当集中，在其背后或周围利用建筑墙面、山石、树丛或者草地、水面、天空作为背景，用色彩、体量、质地、虚实等因素衬托主景，突出景观效果；图5–24b通过借景（以外部观赏为主）可有意识把人的目光引向外界去猎取景观信息；图5–24c利用改变地形、建筑高低的方法，改变游人视点的位置，出现仰视或俯视效果；图5–24d通过空间围合状况、视面虚实程度形成人们观赏视觉清晰与模糊，并通过虚实对比、虚实交替、虚实过渡创造丰富的视觉感受；图5–24e通过夹景（设障碍左右夹峙）与图5–24f框景（四周围框）的营造手法达到深远层次的美感，在大环境中摘取局部景点加以观赏。

5.5.1.4 “聆听”的行为支持

在城市中，人们听多了汽车的噪声，更加渴望听到人的脚步声、流水声、人们的话语声和孩子们的欢笑声。水流的声音在减轻人们紧张情绪上有着不可忽视的作用。当条件允许时，公共绿地应该设置不同方式的水体。人似乎有与生俱来的接近水的欲望，自然界中的溪流、跌水是非常受人青睐的，尤其是儿童（图5–25、图5–26）。

a

b

c

d

e

f

g

h

图5-24 “观看行为”的场所支持

图5-25 普福尔茨海姆的水景公园

图5-26 布雷默顿港湾喷泉公园

5.5.1.5 “交谈”的行为支持

交谈始于参与者处于较放松状态之时，尤其是当他们专注于同一事情，如并排站着、坐着，或者一起从事相同的活动。小坐和驻足地点的设计以及它们的相对位置，对于交谈的机会能产生直接的影响。设计师应尽力使座椅的布置有更多的灵活性，而不是简单地“背靠背”或“面对面”布置。与固定的座椅相比，可移动的椅子是很受欢迎的类型，它为人们在场地内部选择位置和朝向提供了数不清的可能性（图5-27）。

图5-27 “交谈行为”的场所支持

5.5.2 景观中的人类精神需求

在满足人自然的本能时，人又有动物所不具备的特质，他们渴望美和秩序，有着更高的精神方面的需求。场所是特定的地点、特定的环境与特定的人群相互积极作用并以有意义的方式联系在一起的整体，是由自然环境和人造环境结合的有意义的整体。这一整体中形成的总体的特征和气氛，便是场所的精神，它直接影响到人的行为及心理，同时反映了在特定地段中人们的生活方式。这里所说的人的精神需求同样是一个认同过程，这个整体中所蕴含的特征和气氛与人所需要的是否相一致。因此，场所不仅具有实体的形式，而且具有精神上的意义。场所具有一种内在的心理力度（不仅是物质的），吸引和支持着人们的活动（表5-1）。

设计环境与情绪反应表　　表5-1

情绪反应	与设计有关的各种内容
愉快的	空间的形、质感、色彩、音响、光线、气味都与使用目的相一致；期望的满足；完整的序列；变化且统一；和谐的关系；明显优美的
令人不愉快的	行动不自由；失望的；陈旧俗套的；不舒适的；粗劣质地的；材料使用不当的；不合逻辑的；不完全的：枯燥乏味的；杂乱的；不谐调的
令人紧张的	缺乏稳定感的；不平衡构图的；运用巨大尺度或过强对比的；环境中不熟悉的内容；垂直延伸的；没有过渡的、极不谐调的色彩；具有尖锐角的形与线条；眩光；难忍的噪音；令人不适的温度和湿度；过于平静的空间
使人放松的	环境中熟悉或喜爱的内容；与期望一致的秩序；简洁的；亲切的尺度；水平伸展的；令人舒适和柔和的声响；合适的温度；柔和连续的形、线和空间；较弱的对比；活动自由的；芳香的气味
令人惊恐的	明显的“陷阱”；没有线索去判别空间位置、方向和尺度；隐伏着危险的空间；扭曲或破碎的面；不合逻辑的；不稳定的形体；危险的；没有围护的巨大空间；尖锐的、向前尖突的物体
令人敬畏的	超出人们日常经历的巨大尺度；夸大的水平与垂直对比；控制或引导视线向上延伸的垂直空间；天顶光线；简洁、完美、对称的构图；精心设计的序列；洁白的；表示永恒的含义；使用昂贵和象征永恒的材料

人类精神世界中的哲学观念更是人类行为的精神引导，如中国古典园林风格的养成，与中国传统的天人合一的哲理以及重整体观、重直觉感知、重综合推衍的思维方式有直接关系，此处的中国古典园林即界定于第二阶段（封建社会）的中国园林。封建时代的中国传统建筑环境，大至都城，小至住宅的院落单元，人们经常接触到的大部分“一正两厢”的对称匀齐布局，在很大程度上是封建礼制的产物、儒家伦理观念的物化。园林作为这样一个严整的建筑环境对立面，却长期与之并行不悖地发展着，体现了道家对待大自然“为而不持、主而不宰”的“道法自然”哲理。表明儒、道两种思想在我国文化领域内的交融，也足见中国园林艺术在一定程度上通过曲折隐晦

a拙政园空间格局分析
（图片来源：作者自绘）

b拙政园梧竹幽居亭　　c拙政园贴水廊　　d拙政园雪香云蔚亭

图5–28　拙政园

的方式反映出人们企望摆脱封建礼教束缚、憧憬返璞归真的意愿。

而且，中国古典园林中的植物既是园中造景的素材，也往往是观赏的主题，园林中许多建筑物常以周围植物命名，以描述景的特点。拙政园的倚玉轩、雪香云蔚亭、待霜亭、梧竹幽居亭等（图5–28）。“倚玉”，据明代文征明诗“倚楹碧玉万竿长”，轩前原有竹。“雪香”意为梅花，“云蔚”指山间树木茂密。“待霜”指霜降桔始红，亭旁种橘树。梧竹幽居亭旁有梧有竹。园林植物多具有象征意义，如栽植紫薇、榉树象征高官厚禄，石榴取其多子，萱草可以忘忧等。号称“岁寒三友”的松、竹、梅，傲雪霜，深为人们喜爱，因而被当作正直、孤傲不羁的象征。出淤泥而不染的荷花比喻不趋炎附势的高洁之士。而现代城市公共景观的基本功能即作为活动的场所时表现的行为功能，同时，在调查的基础上，通过相关文献的追踪发现对视觉美感、艺术、文脉、象征意义的向往仍然是物质世界相对丰富的背景下人们所期待的。

5.5.2.1　视觉美感

当景观作为视觉美的感知对象时，其复杂度、协调和对比的关系是影响人的视觉美感的直接因素。视线与画面的组织即一个景观的视线也有其独特类型，视线组织手法有运动的无灭点的透视；有追求强烈的、贯穿的通视线；还有静止的、低视点的、水平的透视。在路线网络上组织怎样的观览视线类型与视点和画面最为契合，景观设计师应做明智的主动引导。

视点与画面的表现效果与关系在于视点、视线、视距三者间的对应关系，即无论动、静观赏，游人所在位置称视点；观景点到景物间的距离称视距，视距适当与否与观赏的艺术效果关系很大（图5-29）。粗略估计，大型景物的合适视距约为景物高度的3.5倍，小型景物的合适视距为景物的3倍，水平景物的合适视距为景物宽度的1.2倍。当景物高度大于宽度时，依垂直视距来考虑，反之，依据两者综合考虑，而且景观构图中通常将包括的景物范围分为不同的景别——即远景、全景、中景、近景。远景画面包括的景物在画面中比例很小，许多景物都看不清细节，但能提供深远的视野和丰富的背景。如江河、山川、建筑群等多为远景。全景即在人视线所及的范围中，能表现其全貌的都可以称作全景。它的特点是景物空间有完整的形象，环境也能得到充分的展示。全景的任务是，展现特定环境中的某具体景物的特色。中景则是相对于全景来说，它离观景点较远，只包容某一个或一组景物，通常以完全进入人眼60° 视野的画面为中景。

1. 视觉美感与复杂度

无论是密斯的“少即是多”，还是文丘里的“少即烦恼”，都有其合理的内核。如果以贫乏

图5-29　剑桥怀特海德生物医学研究中心屋顶拼合花园

单调代替简洁，以堆砌繁琐代替丰富，这样的环境品质只能说是蒙昧粗俗的。净化与丰富常常是互补的，在丰富的环境中往往需要凝练的综合，在明晰的环境中需要丰富的视觉形象加以补充。“少”和“多”之间存在一个变量的“度”，这就需要设计师通过对具体环境的考察，对所服务的对象有充分的了解，才能做出适当的判断（图5-30）。

2. 协调和对比

通常，我们习惯于“和”的协调，而不大接受对峙的共鸣。在某些环境中定量的对比其实可以取得更高层次的协调效果。但是如果不顾自身和环境的性质单纯强调对比，反而会由于意象的冲突而导致其他成分的自我陨灭。公共绿地各元素的协调和对比是至关重要的，例如大小空间的穿插；地形的变化；点、线、面关系的组合都直接影响着人的视觉体验。人对视觉环境的调节与强化反映了人对环境的心理平衡的诉求。所以在一定程度上，我们可以说人要求环境张力的紧张，是有序而平庸生活中人的自我激励和反抗；人要求环境张力的松弛，是无序且忙碌生活中人的自我逃避和养息（图5-31、图5-32）。

图5-30 景观形态的视觉美感与复杂度

图5-31　华盛顿特区住房与发展总部广场对比性景观

图5-32　台湾工业银行协调性景观

5.5.2.2　文脉目标

景观场所性设计对人的精神的尊重还表现在设计的人文性的加强和文脉目标的追求。景观设计只有在把握了对人类社会文化的理解，才有可能使其作用得到大众的认同，才有更旺盛的生命力。只有既有历史又不停地变化中的城市才能散发出永恒的魅力。一个民族的文化应该在吸收和继承中寻求变革与发展，只有把继承和变革相结合，才能适应现代人对景观设计的需求。理解景观设计的社会环境，尊重人类文化，提高景观设计的认同感就要了解景观设计所处的社会环境及历史，了解那里人们的价值观、审美观。每一个民族和地域的都蕴含着巨大的文化资源，它将为我们提供取之不竭的创作灵感。中国传统文化博大精深，中国的儒教、道教、禅宗等为世界历史文化做出过积极的贡献，并造就了中华民族特有的性格，我们要在体现民族文化精神特质的前提下创造属于自己的景观环境，只有这样才能推动中国现代景观设计的发展（图5-33）。

图5-33 文脉性景观设计

景观设计必须与其所在地特有的生态、文化和历史相协调，使其能在自然、文化环境中有机发展，保持与自然环境和城市文脉的延续性。中国园林既有着悠久的历史文化传统和特点，在发展过程中又产生了许多不同的地方流派和民族风格，对东亚国家和欧洲的园林曾产生过巨大的影响，这些传统特色要很好地继承和发扬。随着时代的前进，创作具有时代精神，符合现代人生活需要，又具有民族的、地方的文化特色的城市景观，是时代对景观设计师的呼唤。历史文脉要素的运用要结合当地的传统景观，从时代特征、地方特色出发，对于原有历史遗迹应当是保护、开发、利用相结合，在顺延历史文脉发展的同时，对于周边的景观进行创造性的改造，并逐渐将提炼的历史文脉要素语言符号应用于新景观中，实现历史文脉要素的过渡，促进新旧景观的和谐共处。历史文脉应用于城市景观中必定是以一种特色鲜明的符号化形式出现，因此，要保证历史符号的选择具有代表性，并为大众所认可，转换为具体的景观形式后要保证景观的实用价值，不应变为公众不接受的、毫无实用价值的形象工程。

5.5.2.3 含义的表述

景观的含义来自对风景的观察，然而这一观察必然包含了强烈的精神因素。在中国古代园林艺术中，不包含情感的风景没有存在的价值，因为意境的产生是由风景和情感两方面共同决定的，而意境，乃是园林艺术的根本，目的所在。城市公共绿地景观的设计不应该只停留在一种现实的使用价值上，它同时应该具有象征意义，成为一种含义的符号，禅宗法师兼景观设计师的枡野俊明就认为："景观是一种特殊的精神场所，是心灵的栖息地。"例如美国马萨诸塞州的哈佛大学校园内由彼得·沃克设计的泰纳喷泉（Tanner Fountain，Harvard University），它位于哈佛大学一个被建筑、构筑物、围栏所包围的步行路交叉口，是个由约159块巨石组成的一个直径约5m的圆形石阵（图5-34）。

美国得克萨斯州西湖T区农场西湖公司园区（Westlake Corporate Campus, Circle T Ranch, Westlake, TX）的景观设计即处处体现了本土的植被特色，在当地郊区发展的压力下，保留了美国西部草原的自然景观特色（图5-35）。再如西班牙景观设计师费尔南多·卡

图5-34 泰纳喷泉

伦科（Fernando Caruncho）在加泰罗尼亚地区完成的“麦圃”（Mas de les Voltes）设计中亦展现了一系列的对比关系（图5-36）：高与低、柔和与粗犷、绿色与金黄色。绿色与金黄色的麦田、粗糙的橄榄树、深绿色的地中海柏树、葡萄藤、草地铺成的小径，映射着周边景色的深色池塘等，一年四季中它们共同展示着多姿多彩的颜色，同时体现出了这样一个思想：将时间的流逝和季节的变化考虑到设计中来。该花园的建设地点是在西班牙北部的一个农场，位于一个向南微微倾斜的坡地上，农舍位于坡地的高处，视线可以看到不远处的农业景观。卡伦科认为：“这是一个农业庭院，在这里无论种什么品种的花，都与周边环境格格不入。”卡伦科的设计从加泰罗尼亚地区的农业历史中获得灵感和设计语言，在花园设计中参照这个地区传统农业的种植方式，采用了大片麦地的规则布局。同时，卡伦科也认为，麦田生长过程反映了周围农作物生长的周期，是季节变化的缩影：春天，种子破土而出，呈现出翡翠般的绿色；夏天，高高的麦田在风中摇曳；秋天，麦田成熟，呈现出金黄色；冬天，土地犁过之后形成美丽的图案，而从前密集的空间在这个季节也变得开敞。而丹·凯利（Dan Kiley）的图温农场景观设计（Twin Farms Inn）则是一对作家夫妇在佛蒙特乡下隐居写作的一个“世外桃源”。新英格兰独特的风景资源和历史文化资源、自然景观里的许多人为的几何形状，给丹凯利的设计带来了很多借鉴参考，其设计最终目的就是要让自然和人工的环境合二为一（图5-37）。

图5-35　呈现美国西部草原自然景观特色的景观设计

图5-36　卡伦科设计的“麦圃”

图5-37　图温农场景观设计

5.6　景观设计的行为学尺度

（1）20~25m见方的空间，人们感觉比较亲切，人们的交往是一种朋友、同志式的关系，大家可以比较自由的交流。这是因为一超出这个范围，人们便很难辨出对方的脸部表情和声音。这是创造景观空间感的尺度。

（2）通过欧洲大量中世纪广场尺寸的调查和视觉的测试得出：距离一旦超出110m，肉眼就认不出是谁，只能辨出大略的人形和大致的动作。这个尺寸就是我们所说的广场尺寸。即超过110m之后才能产生广阔的感觉。这是形成景观场所感的尺度。

（3）最后一个尺寸是390m左右，超过这一尺寸，就是视力1.5的眼睛也看不清东西了，如果要创造一种很深远、宏伟的感觉，就可以运用这一尺寸。这是形成景观领域感的尺度。

（4）最佳视域一般指垂直视角为130°（30°），水平视角为160°（45°），而静观景物的最佳视距为景物高度的2倍或宽度的1.2倍，最佳视点为垂直视角18°（景物高的3倍距离）、27°（2倍距离）、45°（1倍）。

（5）远视景包括仰视高远——视景仰角大于45°、60°、90°，高大感、宏伟感、崇高威严感。俯视深远——视景俯视角小于45°、30°、10°，深远感、深渊感、凌空感。小于0°时，产生欲坠危机感。中视平远——以视平线为中心的30°夹角视野。广阔宁静、坦荡开朗感。

0~0.45m是一种比较亲昵的距离。当然各国与各民族心理、文化等方面的情况不同，这一距离亦有差别，所以只能提供一个范围（在印度，人与人之间的这种距离比中国人短；而美国，则比中国人长）。

0.45~1.3m为个人距离或私交距离，其中0.45~0.6m一般出现在思想一致、感情融洽、热情交谈的情况之下。

0.6~1.3m是一种不自觉的感官感受逐渐减少的距离，这时两个人的手还可以碰到一起，但只有双方伸臂时才能做到。因而这一距离的下限就是社交活动中无所求的适当距离。

3~3.75m为社会距离，指和邻居、朋友、同事之间的一般性谈话的距离。

3.75~8m为公共距离。大于30m为隔绝距离。

以上这些尺寸在现代景观的分析、评价、规划、设计中都很有用（图5−38）。

a国家大剧院的城市历史尺度学景观

b城市商业尺度学意义的景观形态

c自然尺度中的景观建构

图5−38　几种行为学尺度

5.7 景观设计行为学的制图表现案例——芝加哥MAGGIE DALEY PARK

见图5-39、图5-40。

图5-39　芝加哥MAGGIE DALEY PARK总平面图

图5-40 芝加哥MAGGIE DALEY PARK分区平面详图与透视效果图

第 6 章

景观设计的程序与表现技法

景观设计是一个由浅入深、不断完善的过程，包含任务书阶段、前期调研与分析阶段、方案设计阶段、初步设计阶段和施工图阶段。与建筑设计和城市规划设计一样，景观设计需要有大量的图纸来表达设计思路，本章会针对设计不同阶段的需求，讲解图纸的绘制方法。

6.1 景观设计的程序

6.1.1 任务书阶段

设计是从任务书开始的，在任务书阶段，设计人员应该“读懂”任务书，充分了解委托方的具体要求以及上位规划中对于地块的各种控制指标，并通过沟通知道委托方的意愿、造价估算和时间期限等。这些内容都是设计的依据，从中可以知道哪些需要细致地进行调查分析、哪些需要一般了解。

6.1.1.1 相关项目的委托任务

景观规划设计的任务包括公共空间项目和非公共空间项目，获取项目的形式可分为招投标获得和直接委托两种。一般来说，如果工程的规模投资较大，对社会公众的影响也较大，必须进行招投标，胜出的一方才能获得委托设计的机会。招投标的本质是对性价比高的方案进行筛选，思路好、利于实施、报价低的项目会中标，但有时候因为法律程序的原因招投标制并不利于方案的选择和进一步优化，所以很多大型项目也可采用竞赛的方式来征集方案。除了招投标和竞赛以外，大部分的项目是以直接委托的形式进行的。

图6-1是2013年莫斯科ZARYADYE公园设计竞赛一等奖作品。ZARYADYE 公园是莫斯科城区一个重要的公共空间，占地13万m^2。6年前公园场地清平之后一直被搁置，2012年普京总统指示要把ZARYADYE建成一个可以向公众四季开放的、具有时代特征的公园，并举办了一个国际性的景观设计竞赛。

6.1.1.2 任务书的下发

对于招投标和竞赛项目，景观规划的任务书会随招标和竞赛文件下发；对于委托设计的大型公共空间和公共景观规划项目，会由规划主管部门规定规划条件和任务；而对于商业景观项目，则应参照上位规划相关土地要求和控制指标以及委托方的要求来进行构思。

图6–1 莫斯科ZARYADYE公园设计竞赛一等奖作品

6.1.2 前期调研与分析阶段

在了解了任务书的基础上，设计方可以开始进行前期调研与分析。调研与分析可通过场地资料收集、与市政部门联系、现场调研等多种方式进行。大体上调研可分为场地自然环境、场地人文环境以及城市规划设计条件等。其中场地自然环境包括区域气候、小气候、地形、植被、水文等；人文环境包括地域文化、历史人文、民俗风情等；城市规划条件包括场地交通情况、用地限制等。这些资料可以按照场地外部环境的数据和场地内部环境的数据两部分来整理，收集来的资料应该尽量用图面、表格或图解的方式表示，通常用基地资料图记录调查的内容，用基地分析图来表示分析的结果。

6.1.2.1 场地的外部数据

（1）气象：气温、湿度、风向、风速、大气污染、积雪、微气候、冻土厚度、静风频率等。

（2）地质：地质构造、地表状况、地基承载力、不良地基分布、滑坡、山体坍塌、泥石流、地震强度等。

（3）土壤：土壤的种类、含水状况、排水状况、侵蚀等。

（4）水文：流域特征、平均流量、洪水期与枯水期流量、水位、洪水淹没范围、水流方向和速度、水质、暴雨强度等。

（5）植被：植物种类和分布、植物之间的生态联系。

（6）动物：动物的种类与分布、动物繁衍、迁徙。

（7）历史人文：人类开发历史、文物和历史遗产、当地习惯和风俗。

（8）城镇：城镇职能类型、城镇分布、城市化发展资料。

（9）人口：城市人口规模、农村人口规模、种族、宗教、流动人口、性别构成、不同产业的从业人数、人口变动。

（10）交通：交通类型、交通需求、居民出行、交通线路、道路设施、停车设施、道路交通量、客运交通枢纽、交通政策信息。

（11）已经通过的和正在实施的相关规划：土地利用规划、城市总体规划、分区规划、详细规划、风景区规划、交通规划、绿地规划等。

6.1.2.2　场地的内部数据

规划区内域的位置、区位、交通状况、给排水现状、池塘、河流、地下水位、水质、现存树木、景观特征、景观资源、微气候、噪声、日照、土壤、建筑物等。

6.1.2.3　场地的公共限制

1. 用地控制

用地控制就是对土地使用规模和性质的控制，体现在规划中有用地红线和建筑红线的控制、城市“五线”的控制、用地性质的控制。

1）用地红线和建筑红线

用地红线是由国家有关部门进行划拨、出让时规定的土地使用范围，所有的建设都不允许超出用地红线的范围，同时用地红线也是项目的设计范围。

建筑红线是指各种建筑物基地位置的控制线，临街建筑和构筑物不得超出建筑红线的范围。用地红线又称为建筑控制线，或者“红线后退”。

2）城市“五线”的控制

城市“五线”是指城市红线、城市绿线、城市蓝线、城市紫线、城市黄线的统称。城市红线是指城市主次干道路幅的边界控制线，包括车行道、步行道、绿化带、隔离带等部分，道路红线两侧进行建设时必须进行退让；城市绿线是指城市各类绿地的边界控制线；城市蓝线是指城市水域部分的边界控制线；城市紫线是指城市历史文化街区、优秀历史建筑及文保单位的边界控制线；城市黄线是指对发展全局有影响、必须控制的城市基础设施用地的边界控制线（图6-2）。

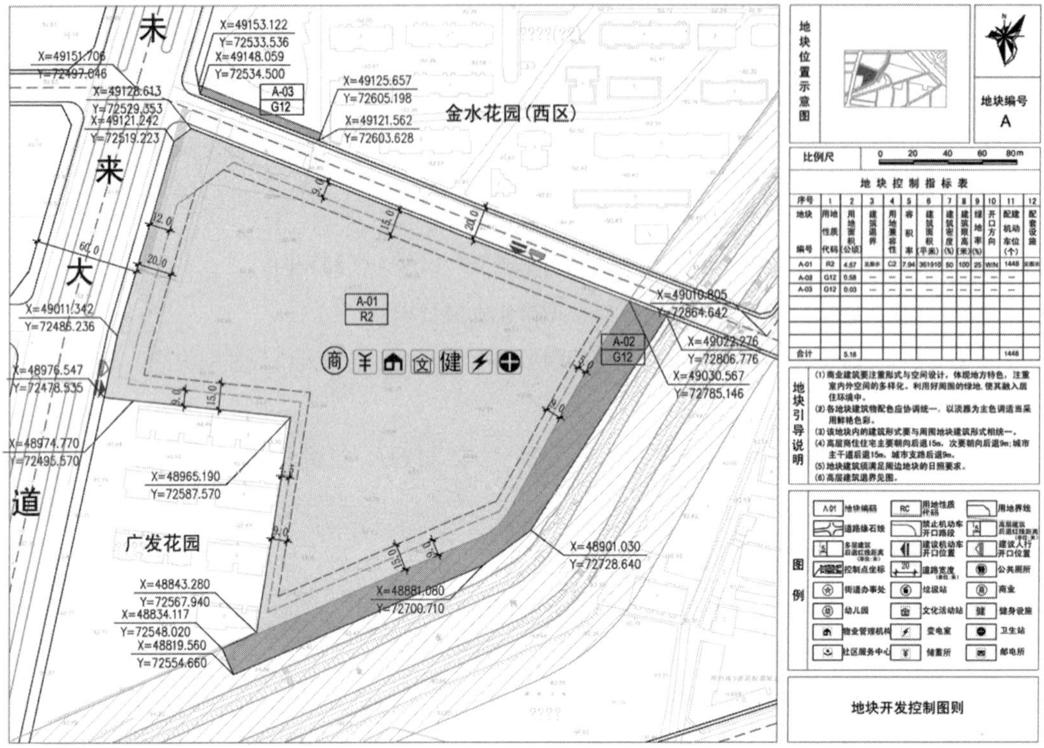

图6–2　某控规中对于土地的限制

3）用地性质

在城市规划中，会将土地按照使用性质进行分类，在《城市用地分类与规划建设用地标准》中，城市建设用地分为8大类、35中类、42小类，分别是：居住用地、公共管理与公共服务用地、商业服务业设施用地、工业用地、物流仓储用地、道路与交通设施用地、公用设施用地、绿地与广场用地。在景观设计中，总规和控规中的土地性质要求是设计的前提和基础。

2. 密度和容量控制

1）建筑密度

建筑密度又称建筑物的覆盖率，指建设用地范围内所有建筑物的基底总面积与规划建设用地面积百分比。

建筑密度=各类建筑基底面积总和/建设总用地面积×100%

建筑密度反映出土地的使用效率，密度越高，用于景观绿化的土地越少，所以要进行建筑密度的控制，在开发效益和景观舒适度中间找到平衡。

2）容积率

容积率就是建设用地范围内总建筑面积和总用地面积的比值。

容积率=各类建筑总面积/建设总用地面积×100%

容积率的数值反映了土地的利用强度及利用效率，是控制开发建设的最重要的控制指标，容积率越高，居民的舒适感越低，反之则舒适度越高。容积率是控制性详细规划中重要的数据，由城乡规划主管部门规定，在设计中要严格遵循（表6-1）。

地块控制指标表　　表6-1

序号	1	2	3	4	5	6	7	8	9	10	11	12
地块编号	用地性质代码	用地面积（公顷）	建筑退界	用地兼容性	容积率	建筑面积（平方米）	建筑密度（%）	建筑限高（米）	绿地率（%）	开口方向	配建机动车位（个）	配套设施
B-01	R2	1.29	见图示	C2	7.08	90980	50	100	25	E/S	364	见图示
B-02	G12	0.22	—	—	—	—	—	—	—	—	—	
合计		1.51									364	

3）绿化覆盖率

绿化覆盖率是指绿化植物的垂直投影面积占建设总用地面积的百分比。它是衡量一个城市绿化水平的主要指标。

绿化覆盖率=植物覆盖面积/建设总用地面积×100%

4）绿地率

绿地率是指场地内各种绿地面积的总和占场地用地面积的百分比，场地内的绿地包括城市各类绿地（含公园绿地、生产绿地、附属绿地、防护绿地、其他绿地等）。

除了绿地率外，人均公园绿地面积和人均绿地面积也是重要的绿地指标。在《城市用地分类与规划建设用地标准》中规定规划人均绿地与广场用地面积不应小于10.0m^2/人，其中人均公园绿地面积不应小于8.0m^2/人。

绿地率=各类绿地面积总和/场地用地面积×100%

6.1.2.4　场地的分析图

在基地调查和分析时，资料应该尽量用图面形式表述出来，这样资料才能直观、具体、醒

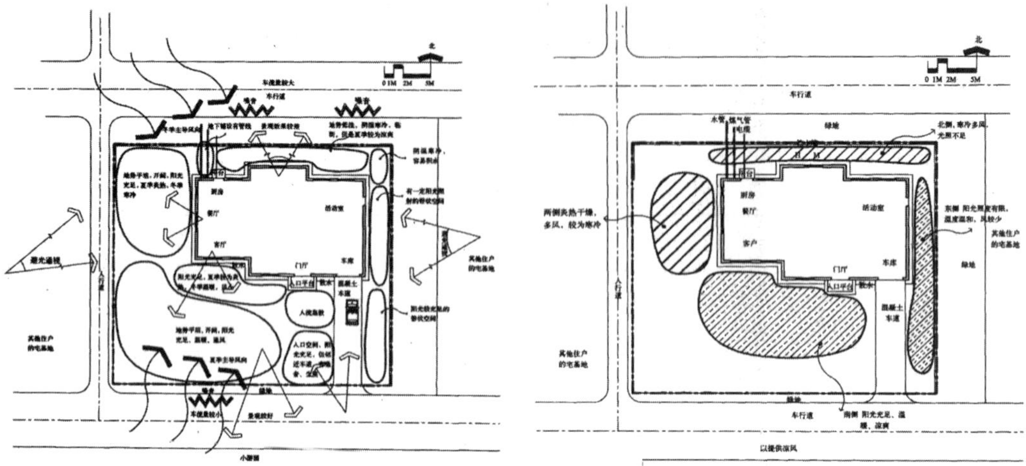

图6–3 某庭院分析图

目。首先是地形现状图，在现状地形上应标示出比例和朝向、各级道路网、现有主要建筑和人工设施、等高线、大面积的林地和水域、基地用地范围等。另外除了基地本身情况外，要分析周边环境对基地的影响。图6–3是某庭院的分析图示。

6.1.3 方案设计阶段

通过前期调研分析掌握全面的信息后，可以进入方案的设计阶段。对于基地规模较大的景观规划项目，要首先进行功能的规划和配置，然后根据功能的需要进行空间的组合，并最终确定规划区域内的功能分区，然后再做进一步的小范围的景观设计；对于基地规模较小的设计项目，可直接进行方案设计。方案设计阶段又可分为方案构思、方案的选择与确定、方案的完成三部分。这一阶段的主要工作包括进行功能分区，结合基地条件、空间构图确定各使用区的平面位置。需涉及的图纸有功能关系图、功能分析图、方案构思图、总平面图。

6.1.3.1 确定设计的基本目标、方针

在对调查分析的充分研究的基础上，要明确设计的基本目标，确定方案的要点。对于景观规划类的项目，要有一个总体的思路与战略，包括景观格局的优化、发展与环境保护的平衡、历史和文化特色的彰显、各种资源的整合等；对于景观设计类项目综合考虑景观的布局、功能、形式等问题，并充分运用各种设计中的资源优劣势和限制来进行设计。目标的定位应该符合现状、突出重点，而不是面面俱到，要找到进行设计构思的切入点。

6.1.3.2　确定功能分区

1. 确定功能和分区

景观用地的面积和使用性质决定了方案的功能定位，有时候功能是非常单一的，如一个简单的街头公园；有时候是一个综合的区域，包含交通、居住、商业、娱乐等多种功能；更多的是一种功能为主，并辅助有其他的功能。景观用地的第一步就是要搞清楚各项内容之间的关系和矛盾，以及空间的主要功能和次要功能，然后在此基础上进行功能的规划和配置。

以公园的景观规划为例。一般的公园功能有休闲、运动、生态三类，并可进一步细分为野外休闲、日常休闲、运动、文化历史教育、保护动物、涵养水源、保护植被等。不同的公园所侧重的功能是不同的，见（表6−2）。

各类公园的功能类型　　表6−2

	野外休闲	日常休闲	运动	文化历史教育	保护动物	涵养水源	保护植被
儿童公园		■	■				
街区公园		■					
动物园		▲		▲	■		
植物园		▲		▲		▲	■
综合公园		■	■	■		▲	▲
体育公园			■				
森林公园	■		▲	▲	■	■	■
历史名园		▲		■			▲

■为主要功能　▲为次要功能

基本功能确定后，要确定辅助功能。辅助功能包括入口、停车、出口、餐饮、休息等，基本功能和辅助功能共同形成完整空间。辅助功能的选择主要根据景观设计的区域规模、位置以及委托方的要求而定。比如森林公园因为距离市区较远，除了餐饮、停车功能外，还需要有住宿功能。

在基地资料分析的基础上，根据基地特性和制约条件，明确基地内各个部分可以承担的功能和规模，在此基础上进行大致的功能配置，称为功能分区。功能分区应该注意以下原则：

（1）根据各部分特征确定功能。如广场、停车场、建筑物适宜放在地形坡度平缓的地区，坡地适合做绿化，湿地可配置生态游览区、水面适合水上运动等；

（2）功能的组合应该充分考虑使用者的习惯和方便性。路线应该避免重复，休息区应在人流聚集处，出入口应设置在交通便利处等；

（3）尽量降低日常管理和维护的成本。在功能分区阶段就应该考虑经济因素，降低日常的管理和维护成本，各功能区应尽可能发挥不同地段的优势条件。

2. 功能图解

功能图解的主要方式是制作功能图，功能图将各个功能之间的配置和组合通过图纸表达出来，是表现功能关系和物流、人流的动线组织的抽象图（图6-4）。平面功能结构常见的关系有序列型、中心型、分支型、网络型等（图6-5），功能图能够快速记录构思，解决平面内容的位置、大小、属性、关系和序列等问题，是最常用的一种方法。

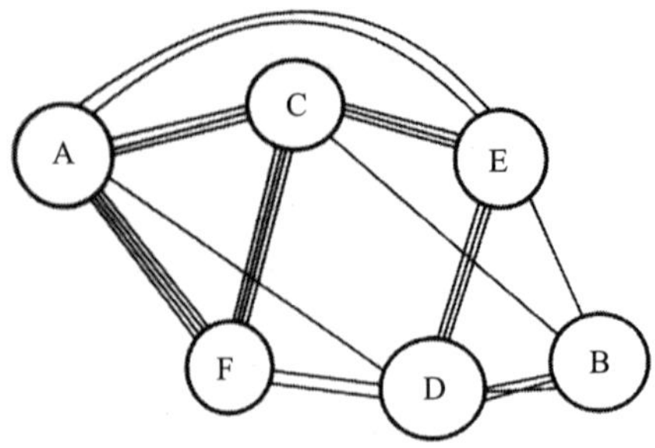

图6-4 用线条数表达功能区关系强弱

功能分区图是将分散的功能进一步整合，是功能图的深化。由于功能分区能够更清楚地表达各个部分的主要功能和相互关系，规划设计过程中经常以功能分区图取代功能图。

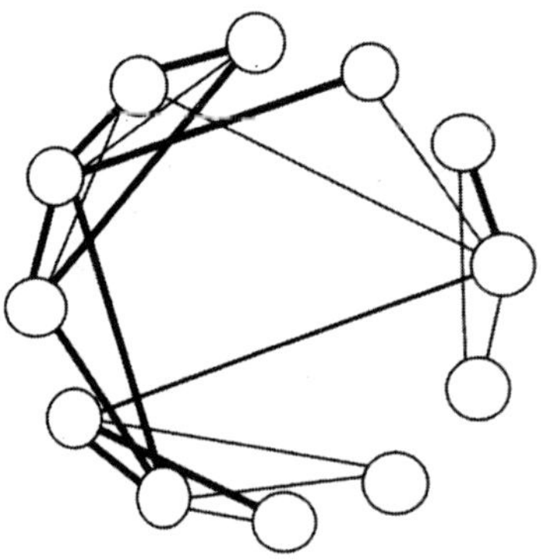
图6-5 功能较多时的图解方式

6.1.3.3 方案的构思和比较

各种功能区基本确定后，就进入了方案平面图的深化阶段。这一阶段通过进一步深化、确定平面形状、使用区的位置和大小、建筑及设施的位置、道路基本线型、停车场地面积和位置等，并充分结合基地的现状，作出用地规划总平面图。这一过程既是对空间、功能、形式等问题的进一步推敲，也是景观艺术性的具体表现，是一个创造性的过程。在方案构思阶段，可根据不同的设计出发点作出多个方案，并最终确定一个方案进行深入设计。

6.1.3.4 分析图的绘制

在方案的构思过程中，需要借助各种各样的分析图来帮助敲定思路，常见的分析图有现状分析、功能分析、景观分析、植被分析、交通分析等。常借助于各种抽象符号来表示，如路径符号、区域符号、焦点符号、分隔符号等（图6-6、图6-7）。

（1）现状分析。这是把握现状特点、理解场地内在特征的过程。分为外部环境分析和内部环境分析两部分。外部环境分析包括对风向、周边交通流线、景观特征、功能区划等的分析。内部环境分析包括地形、自然循环、视野和风景等要素的分析。

（2）功能分析。功能分析图的任务是表达各个功能区的位置及各功能区之间的相互关系。主要包括区域划分、交通组织、主要服务设施分布。分别对应：点——主要设施或节点符号，线——路径交通符号，面——具有相同功能类型的区域符号，它们共同形成功能内容之间的结构关系、主要功能项目的位置及各功能区之间和主要功能项目之间的相互关系。

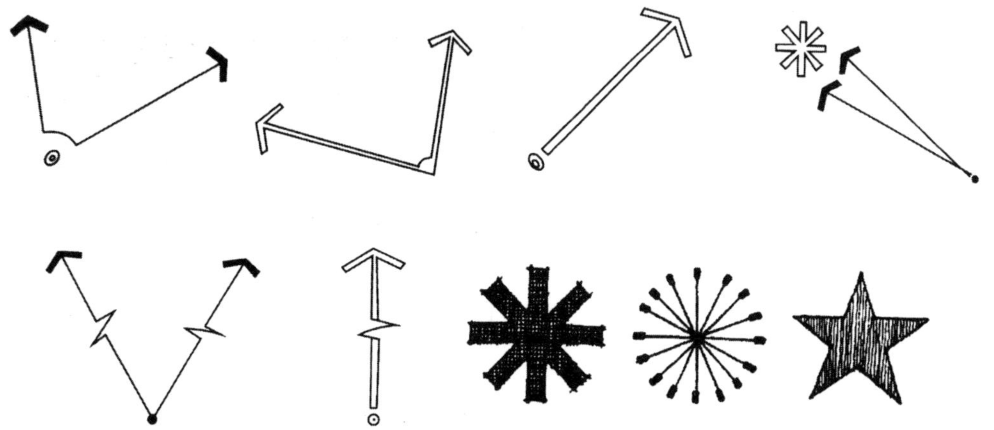

图6–6　景观焦点与视线的表达符号（图片来源：刘志成. 风景园林快速设计与表现［M］. 北京：中国林业出版社，2012）

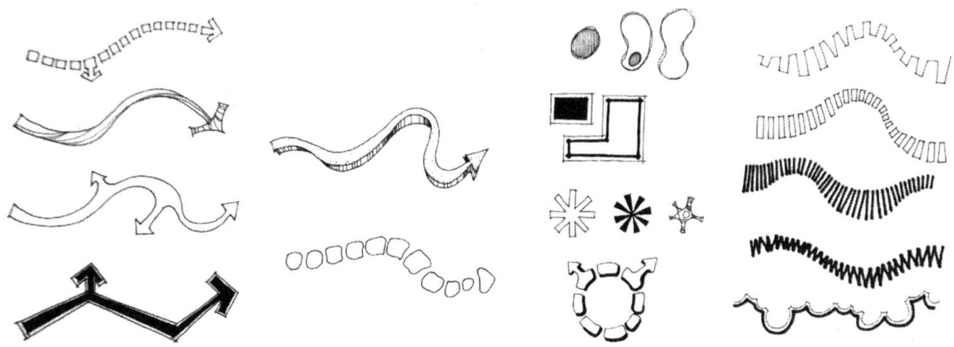

图6–7　景观分析的常用符号（图片来源：刘志成. 风景园林快速设计与表现［M］. 北京：中国林业出版社，2012）

（3）景观分析。是在功能分析的基础上深化，将现状因素、功能分区与景观进行综合考虑。景观分析的内容为：确定景观特征；划分景观区域；确定主要景点及其他景点位置、特征和相互之间视线关系。

6.1.3.5　实例

1. 案例一：社区绿地公园设计方案生成

该案例是一个社区的绿地空间设计，是北京林业大学2000年的景观考研试题。

该基地的现状为居民小区内部之间的空地，东西方向都为居民小区，且面向基地有出入口。基地北侧紧邻商业街，应考虑到噪声的隔离和出入的要求。基地南侧临着水面，是很好的滨水景观区域，要考虑充分利用。目前场地内部地势较平坦，无较大起伏，景观设施的安排比较不受限（图6–8）。

基地的目标定位是主要面向社区的休闲绿地，以交通、休闲游憩、赏景为主，同时为居民生活创造更好的社区环境。根据基地条件和设计目标，社区绿地公园的功能分区为出入口区、安静休息区、草坪活动区、儿童活动区和滨水活动区几部分。主出入口设置在北侧临街处，两个次出入口分别设在绿地内部；场地内部空间相对完整，且无噪声干扰，主要安排居民的休闲活动；场地左侧被南北主要道路分隔成一个独立空间，作为儿童的活动场地；南侧临水区域设置滨水活动（图6–9）。

在功能分析的基础上，通过景观区域的划分和景观视线的分析，最终确定了该社区公园的内容与形式。三个出入口都有硬化铺地，并通过东西和南北两条主要路径形成重要节点，北侧临街设停车场，南侧的滨水空间设计有滨水雕塑和可以亲水的木栈道，安静休息区有小体量的植物廊架和小水池供休息使用，草坪活动区预留大面积的草坪可作为居民休闲、聚会的场所；在道路方面，连接商业街和滨水平台的南北道路为主通道，在满足居民通行的同时也可部分引入外部人流满足公园的公共属性，主通道同时和居民小区出入口由次通道连接，主次通道也起到了分隔功能区的作用；在植物绿化上，注意乔木和灌木的综合栽植，在

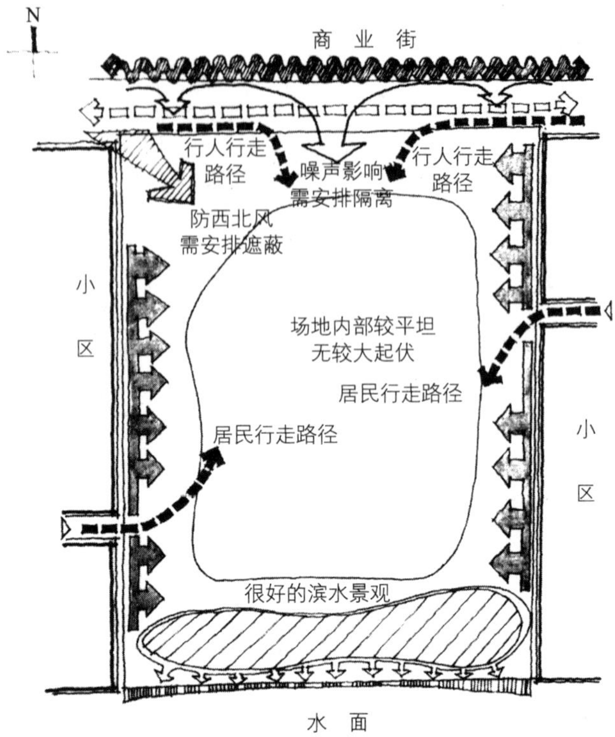

图6–8 现状分析图（图片来源：刘志成. 风景园林快速设计与表现［M］. 北京：中国林业出版社，2012）

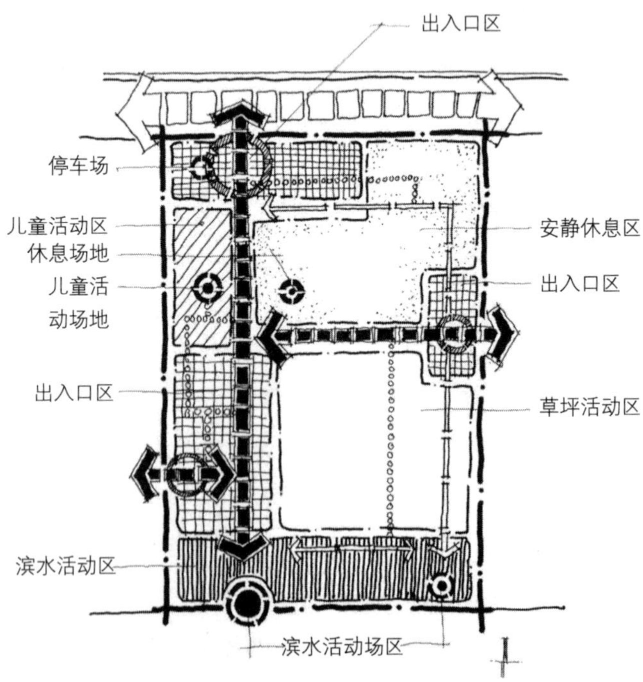

图6–9 功能分析图（图片来源：刘志成. 风景园林快速设计与表现［M］. 北京：中国林业出版社，2012）

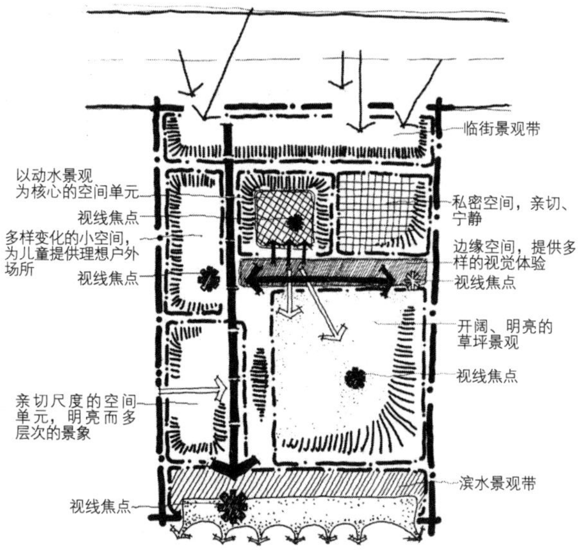

图6-10 景观分析图（图片来源：刘志成. 风景园林快速设计与表现［M］. 北京：中国林业出版社，2012）

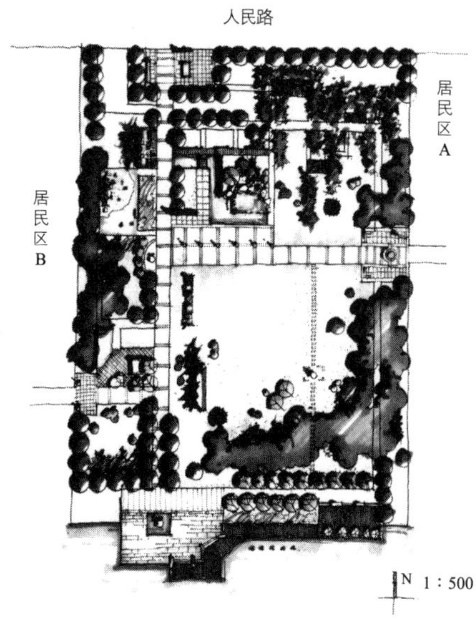

图6-11 设计平面图（图片来源：刘志成. 风景园林快速设计与表现［M］. 北京：中国林业出版社，2012）

北侧通过高大乔木起到障景隔音的作用，南部草坪区大面积的灌木起到了围合空间的作用（图6-10、图6-11）。

2. 案例二：街头公园设计的方案选择

该基地位于两条道路交叉口的东南角，两侧临街。其中一侧是商店专用停车场的小块空地，街角处现为空地草坪，拟在空地上建一个街头公园，并打算设置坐凳、饮水装置、废物箱等功能设施。要求能符合行人路线，为购物或候车者提供休憩的空间。基地内的地形、树木和行走路线等现状情况见（图6-12）。

根据现状设计的两个方案见图6-13、图6-14，表6-3为两个方案的比较。正号表示该方案设计符合要求，负号表明不正确或多少存在不足。

同一基地不同方案比较 表6-3

内容	方案一	方案二
1. 设置的内容是否与任务书要求的相一致（包括坐凳、饮水装置、种植、铺装等）	+	+
2. 候车区是否设置了供休憩的坐凳	+	–
3. 是否利用了基地外的环境景色，如街对面的广场喷泉	+	–
4. 入口位置的确定是否考虑到了行人的现状穿行路线	+	–
5. 停车场地、商店是否能便利的与该休憩地相连接	+	–
6. 供休息的坐凳是否有遮阴	+	–
7. 饮水装置、废物箱位置是否选在人流线附近方便的地方	+	–

从表6-3中可看到，方案一明显优于方案二，撇开设计形式、材料等不谈，单单从利用基地现状条件和分析结果来看，方案二就存在着众多的不足之处，如候车区不设条凳、基地外有景而不借、无视行人的行为习惯、商店和停车场地不能方便地利用该休憩区、条凳设置没考虑夏季遮阴、饮水装置和废物箱设在远离休息和行走的地方等。

6.1.4 初步设计阶段

方案设计完成后，经过和委托方的反复商议、讨论和修改后开始对方案进行详细的设计，初步设计时，要考虑多方面因素，在科学严谨的理性思考中，带着艺术的、人性化的方式对方案进行深入解读，对局部进行仔细推敲，对细节进行合理设计。

景观初步设计是确定场地平面，道路广场铺装形状、材质，山形水系、竖向，明确植物分区、类型，确定建筑内部功能、位置、体量、形象、结构类型，景观小品的体量、形式、材料、色彩等，能进行工程概算。

该部分内容主要包含总平面图、竖向图、植物种植图、道路铺装及部分详图索引平面，重点部位详图，建筑、构筑物及小品

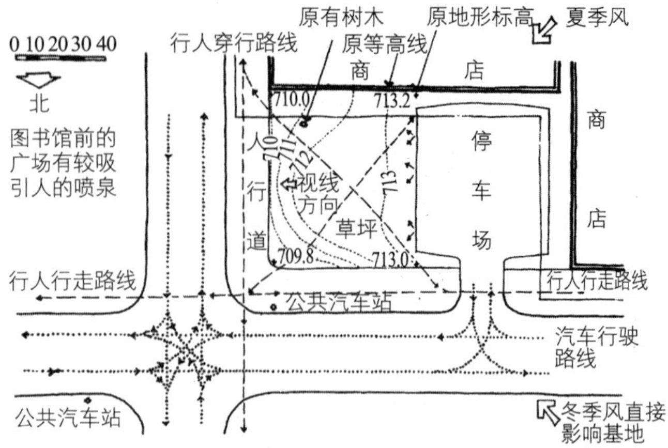

图6-12 基地现状图（图片来源：中国建筑装饰协会. 景观设计师培训考试教材[M]. 北京：中国建筑工业出版社，2006）

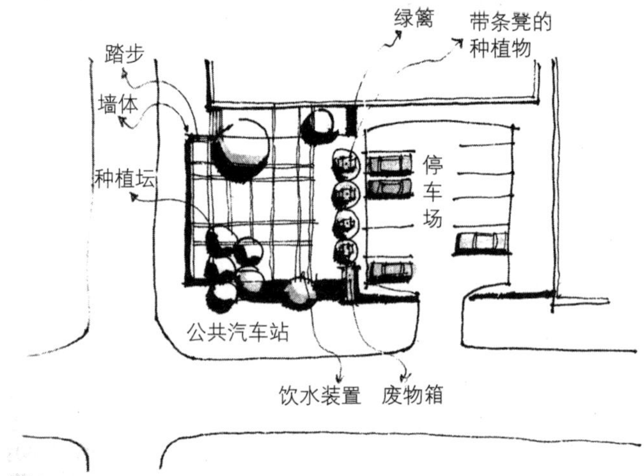

图6-13 方案一平面图（图片来源：中国建筑装饰协会. 景观设计师培训考试教材［M］. 北京：中国建筑工业出版社，2006）

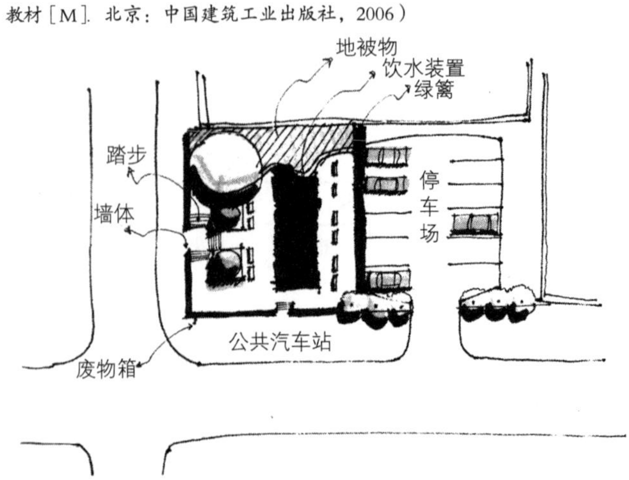

图6-14 方案二平面图（图片来源：中国建筑装饰协会. 景观设计师培训考试教材[M]. 北京：中国建筑工业出版社，2006）

的平、立、剖图，园林设备图，园林电气图。

（图6-15~图6-24）为上海大华滨江雅苑小区二期的景观设计方案，由奥雅（香港）园境师事务所设计，以下为部分初步设计阶段的图纸。

这个阶段完成后，完整的方案设计阶段就告一段落，一般会出一本方案文本交给委托方，听取委托方的信息反馈。针对委托方提出的调整意见：如修改、添删项目内容、投资规模的变化、

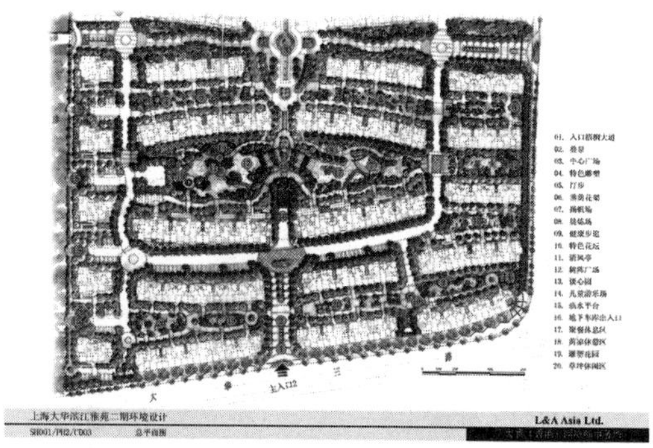

图6-15 总平面图

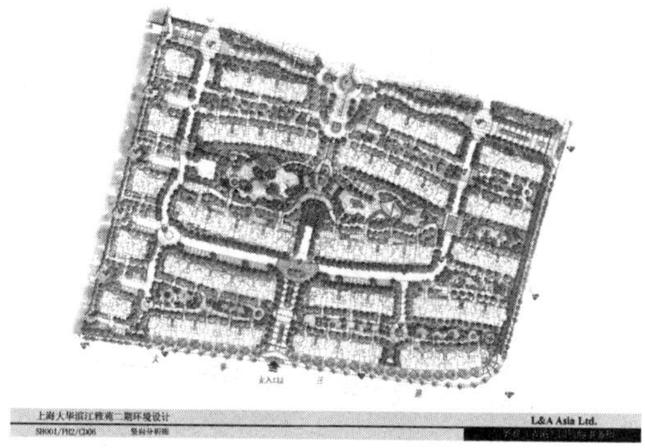

图6-16 竖向分析图

图6-17 中轴景观种植物

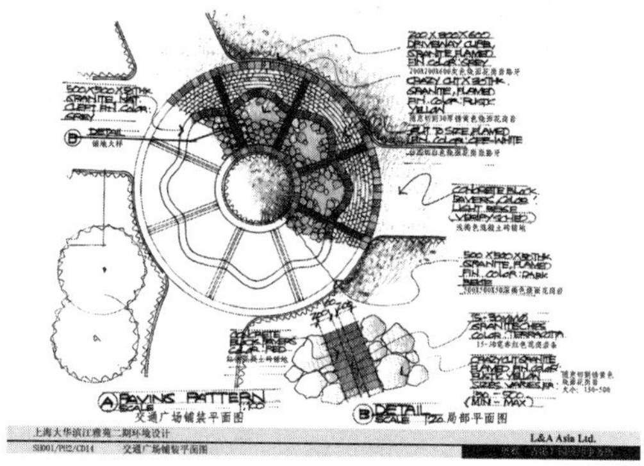

图6-18 交通广场铺装图

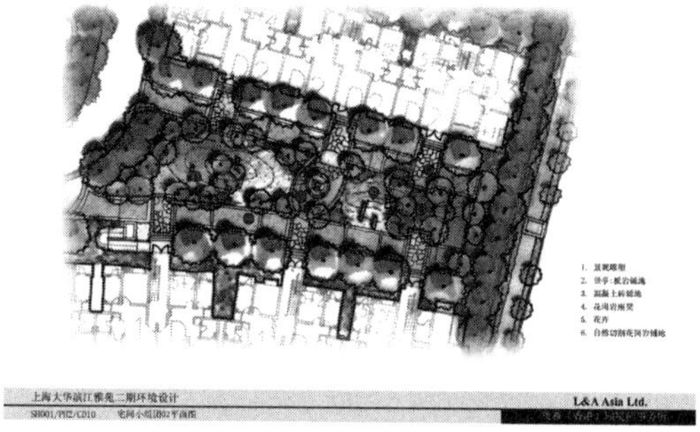

图6-19 部分平面图

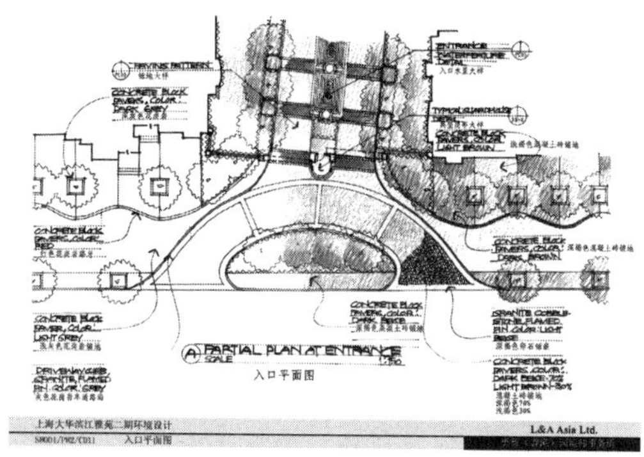

图6-20 入口详细平面

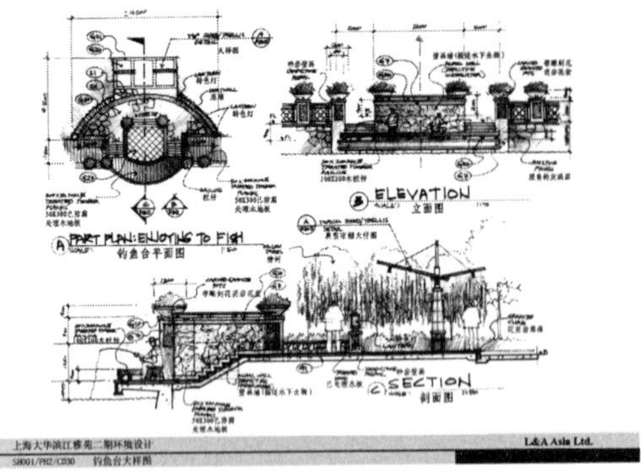

图6-21　钓鱼台的平立剖大样图

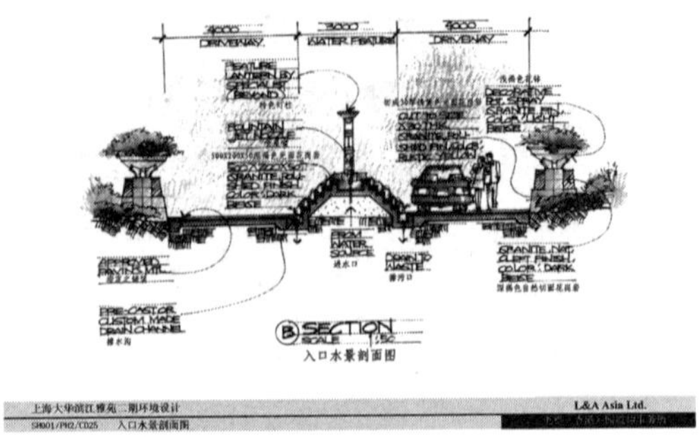

图6-22　入口水景剖面图

图6-23　景观小品意向图

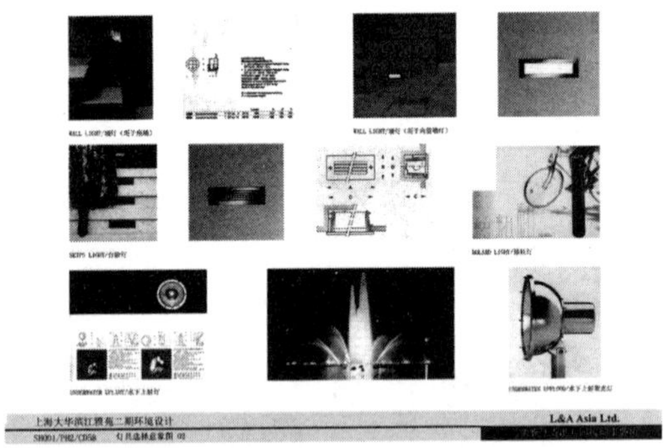

图6-24　灯具意向图

用地规模的变动等，设计人员要在短时间内对方案进行调整、修改和补充。

对于招投标、政府委托的、大型的一些景观设计项目，都会经历方案的评审环节。参加评审会的有各方面专家、建设部门的领导以及项目负责人和主要设计人员。评审会的主要环节有项目负责人对于项目背景、概况、设计定位、设计内容、技术经济指标、概算等的全面汇报，专家现场意见和提问等。在评审会结束后，会有正式的评审意见以书面形式转达设计方。

第一次评审后，针对专家的评审意见，进行深入一步的扩大初步设计（扩初设计）。应该有更深入的总规划平面图，竖向平面图，绿化平面图，建筑的平面图、立面图、剖面图等，另外还应该有水、电、气设计说明。扩初设计的评审会，专家会针对修改和扩展的部分进行评审，顺利通过后，就可以进入下一个阶段——施工图的设计。

6.1.5　施工图阶段

施工图阶段是将设计与施工联系起来的环节，是进行建筑施工的依据，对建设项目建成后的质量和效果有相应的技术与法律责任。作为景观设计的最终环节，施工图是从事相对微观、定量和实施性的设计。

施工图能准确地表达出各项设计内容的尺寸、位置、形状、材料、种类、数量、色彩以及构造和结构，常见的施工图类型包括总体规划平面图、平面索引图、竖向设计图、平面定位图、种植设计图、施工详图、给排水图等。

6.1.5.1 总体规划平面图和索引图

总体规划平面图主要表现规划用地范围内的总体综合设计，反映组成景观各部分的长、宽尺寸和平面关系，以及各种造园要素布局位置的水平投影图；是反映景观工程总体设计意图的主要图纸，同时也是绘制施工放样、施工放线、土方工程及编制施工规划的依据。

总体规划平面图的内容包括：

（1）规划用地的现状和范围；

（2）对原有地形的改造和新的规划。在总图上出现的等高线均表示设计地形，而对原地形不进行表示；

（3）依照比例表示出规划用地范围内各景观组成要素的位置和轮廓线；

（4）反映规划用地范围内景观植物的种植位置，景观植物只要求分清常绿、落叶、乔木、灌木即可，不要求列出种类；

（5）绘制图例、比例尺、指北针或风玫瑰；

（6）注标题栏、会签栏，书写说明文件。

当图纸较多时，为了方便查询图形中某一局部或构件的详图，常常用索引符号注明详图的位置、标号及所在的图纸编号。如果是小型项目，在平面图不复杂的情况下可以把索引图和总平面图合二为一；如果是大型项目，图面复杂，就需要分区放大后再进行索引。

6.1.5.2 竖向设计图和平面定位总图

竖向设计图主要反映规划用地范围内的地形设计情况、山石、水体、道路和建筑的标高及它们之间的高度差别，并为土方工程和土方调配及预算、地形改造的施工提供依据。竖向图主要包括：

（1）场地测量坐标网、坐标值；

（2）场地四邻的道路、水面、地面的关键性标高；

（3）建筑物、构筑物名称或编号、室内外地面设计标高；

（4）广场、停车场、运动场地的标高；

（5）道路、排水沟的起点、变坡点、转折点和终点的设计标高、纵坡度、纵坡距、关键性坐标、道路表明双面坡或单面坡，必要时标明道路平曲线及竖曲线要素；

（6）挡土墙、护坡或土坎顶部和底部的主要设计标高及护坡坡度；

（7）用坡面箭头表明地面坡向，当对场地平整要求严格或地形起伏较大时，可用设计等高线表示；

（8）指北针，并注明尺寸单位、比例、补充图例等。

平面定位总图是施工放线的主要依据，在图纸不复杂的情况下可将定位图和竖向图合二为一。具体内容包括：

（1）总体测量坐标网、坐标值；

（2）场地四界的测量坐标，道路红线和建筑红线或用地界线的位置；

（3）建筑物、构筑物（人防工程、地下车库、油库、贮水池等隐藏工程以虚线表示）的名称和编号、层数、定位；

（4）广场、停车场、运动场地、道路、无障碍设施、排水沟、挡土墙、护坡的定位尺寸。

6.1.5.3 景观植物种植设计图

植物种植设计图主要反映规划用地范围内所设计植物的种类、数量、规格、种植位置、配置方式、种植形式及种植要求。它为绿化种植工程的施工提供依据。植物种植图包括以下内容：

（1）总平面绿化布置图；

（2）绿地（含水面）、人行步道及硬质铺地的定位；

（3）建筑小品的位置（坐标或定位）、设计标高、详图索引；

（4）指北针；

（5）注明尺寸、单位、比例、图例、施工要求等。

6.1.5.4 施工详图

施工详图的作用主要是在景观工程中对施工进行指导，主要包括：景观建筑施工图、园路工程施工图、假山工程施工图等；道路横截面、路面结构、挡土墙、护坡、排水沟、池壁、广场、运动场地、活动场地、停车场地面详图等。

6.1.5.5 给排水图、供电图

给排水图是针对给水系统和排水系统的设计所绘制的图纸，需要排水专业人员完成；供电图主要是确定变压器数量、容量，确定电源供给点进行供电线路的配置，需要专业供电设计人员协助完成。

6.2 景观设计的表现技法

图纸是景观设计成果表达的方法之一，且是对设计方案最直观的一种表达方法。图纸表达通常可以采用两种形式，即手绘表达和多媒体软件表达。

6.2.1　景观制图的常见内容

景观制图是以投影法为基础，运用正投影原理绘制的投影图，又称为景观工程图，根据正投影的角度可以分为平面图、立面图、剖面图等，各种景观工程图相互对应，共同表现一个三维的立体空间。

图6-25是景观中各要素在水平面、立面和剖面的正投影集合所形成的综合视图。进行景观制图首先要熟悉其中各元素的绘制方法，主要包括地形、植物、铺装、水体、建筑物和构筑物等。作为一种图示语言，景观制图要求准确而严谨。

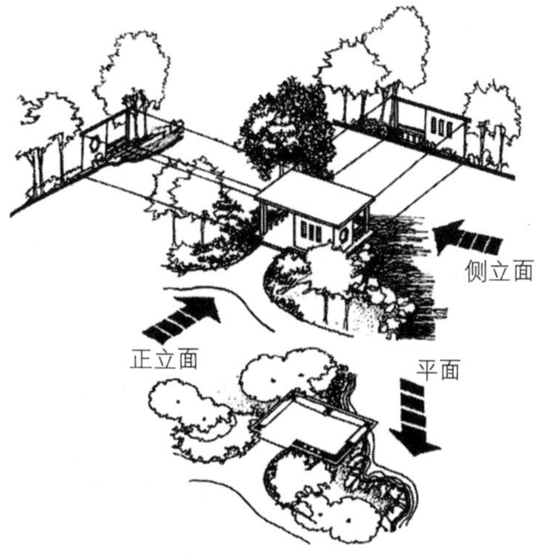

图6-25　景观的平面、立面投影示意图

6.2.1.1　主要景观元素的绘制

1. 地形

绘制地形是一切景观设计工作的基础，即将地表起伏形态在水平面上进行投影，具体来说，就是将地貌按水平投影的方法（沿铅垂线方向投影到水平面上），并按一定的比例尺缩绘到图纸上。地形的平面表示方法主要有等高线法、高程标注法、线影法等，每种方法都有各自的特点，其中等高线法和高程标注法最为常用（图6-26）。

1）等高线法

等高线是地面上高程相等的各相邻点所连成的闭合曲线。将地表高度相同的点连成一环线直接投影到一个标准平面形成水平曲线，然后按照一定的比例缩小画在图纸上，就可以得到等高线地图（图6-27）。

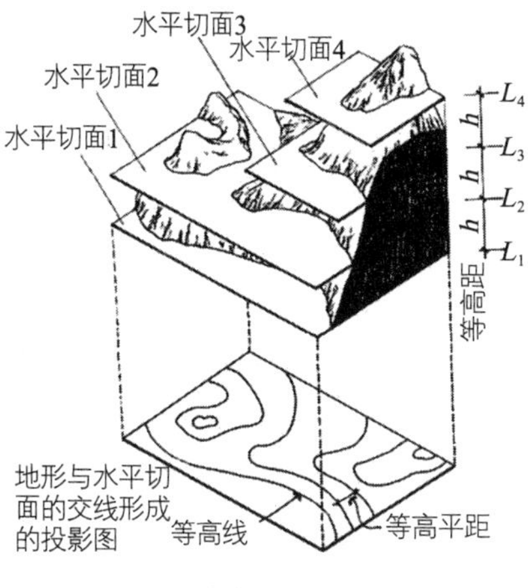

图6-26　地形等高线形成示意图

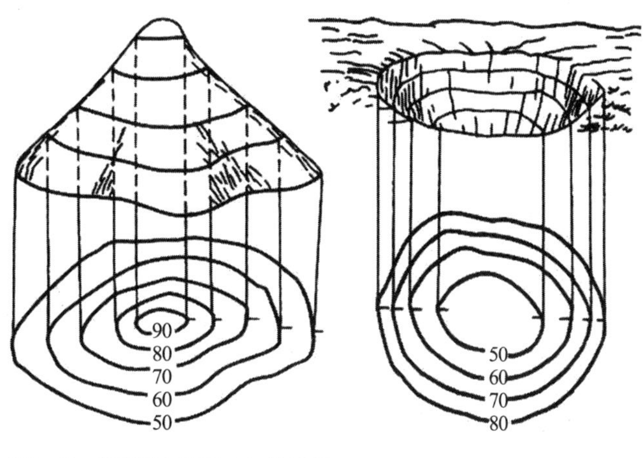

图6-27　等高线与地表形态关系图

在等高线地形图上，根据等高线不同的弯曲形态，可以判读出地表形态的一般状况（表6-4）。

不同地形的等高线图示意　　表6-4

地形	表示方法	示意图及等高线图		地形特征	说明
山地 山峰	闭合曲线，内高外低			地形起伏大，山顶中间高四周低	示坡线画在等高线外侧，坡度向外侧降
盆地 洼地	闭合曲线，外高内低			四周高中间低	示坡线画在等高线内侧，坡度向内侧降
山脊	等高线向低处凸			从山麓到山顶高耸的部分	山脊线也称为分水岭
山谷	等高线向高处凸		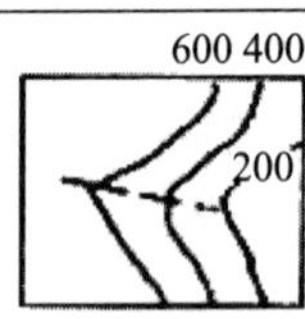	山脊之间低洼部分	山谷线也称作集水线
鞍部	由一对山脊等高线组成			相邻山顶之间，呈马鞍形	鞍部是山谷线最高处，山脊线最低处
峭壁 陡崖	多条等高线重叠在一起			近于垂直的山坡成为峭壁，崖壁上部凸出处称为悬崖或陡崖	

地形图上，相邻等高线之间的高差称为等高距，同一幅地形图上的等高距是相同的。地形图上相邻等高线之间的水平距离称为等高平距或称等高线间距。

等高线有如下特征：

（1）同一条等高线上的地面点的高程相等；

（2）等高线通常是闭合的；

（3）在同一幅地形图内，不同高度的等高线不会相交，除非地表显示悬崖或峭壁才能使某处线条太密集出现重叠现象（图6-28）。

（4）图内相邻等高线的高差相同，因此地面坡度与等高线之间的水平距离成反比。等高线密集的地方表示陡坡；等高线稀疏的地方表示缓坡；等高线间隔均匀表示上下坡度均匀一致。

2）高程标注法

高程，即某点沿垂直方向到绝对基面的距离。用十字或圆点标记地形图上某些特殊地形点，然后在标记旁注上该点的高程数据，即可得到高程地形图。这种地形表示方式相对比较灵活，但不如等高线法直观，因此它的使用一般会配合等高线一起使用（图6–29）。高程可分为绝对高程和相对高程。

绝对高程——我国是把黄海平均海平面定为绝对标高的零点，其他各地标高以此为基准。任何一地点相对于黄海的平均海平面的高差，我们就称它为绝对标高。

相对高程——某点沿垂线方向到某假定水准基面的距离。在景观工程图的总平面图说明上，一般都含有“本工程XX为工程相对标高±0.000m，绝对标高为36.55m”。

这里的±0.000是相对于工程项目内的假定高度，但它比黄海平均海平面高36.55m。当我们再施工到其他场地时，图纸上给出的某场地标高为+1.5m，那么我们说，该场地地面比±0.000高出1.5m。

2. 植物

自然界中的植物千姿百态，各具特色。在景观制图中可以通过植物的表现为景观设计作品增色。

1）树木的绘制

树木是景观设计中最常用的配景，主要分为乔木、灌木和藤木三类。景观设计中对树木的绘制主要有平面和立面两方面，且对于树木的平、立面绘制利用的也是正投影的原理（图6–30）。

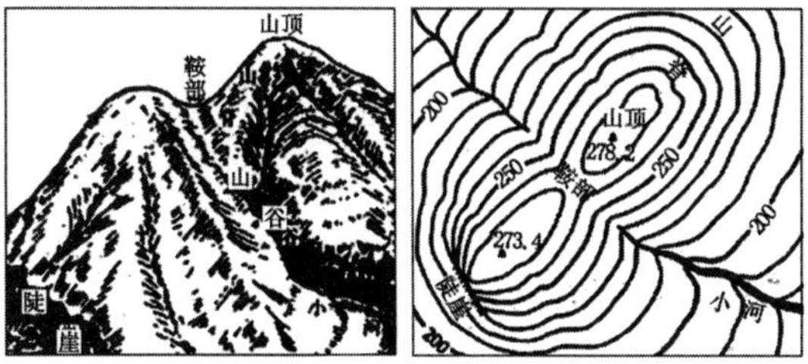

图6–28 等高线不相交除非是垂直面（左图是地面的实际形态，右图是绘成相应的等高线地形图。）（图片来源：公伟，武慧兰. 景观设计基础与原理［M］. 北京：中国水利水电出版社，2013）

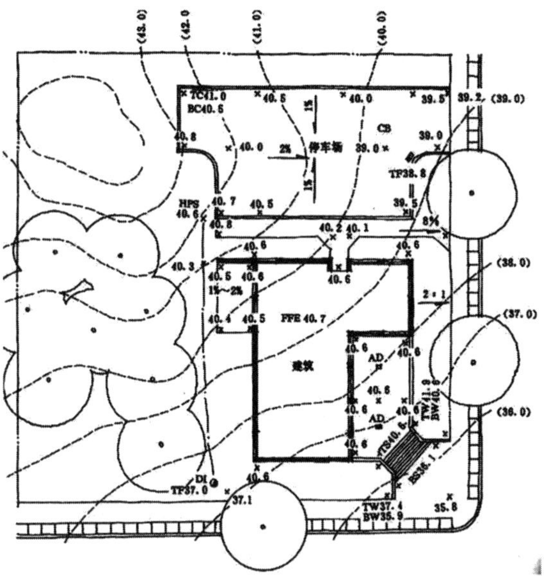

图6–29 地形高程标注示意图（图片来源：公伟，武慧兰. 景观设计基础与原理［M］. 北京：中国水利水电出版社，2013）

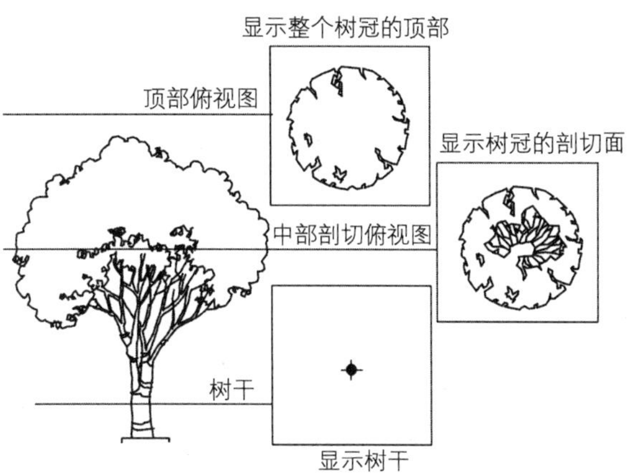

图6–30 树木的平立面表现（图片来源：公伟，武慧兰. 景观设计基础与原理［M］. 北京：中国水利水电出版社，2013）

（1）树木的平面绘制

树木的平面做法：以树干位置为圆心，以树冠的平均半径为半径做出圆形，再根据树木的形态加以表现。树木的表现首先要遵照树形的特点，如针叶树多采用从圆心向外辐射的线束，阔叶树多采用各种图案的组合等（图6-31、图6-32）。按照树形的不同特点，树木的平面形式表达主要有轮廓型、分枝型、枝叶型、质感型等。当然，也会根据不同的设计阶段有区别的绘制。

①轮廓型。只有线条轮廓，图形简练，线条流畅。这种画法较为简单，适用于树冠较密实、规整的树木，而且多用于草图设计或概念设计中，绘制方便，效果简洁大方（图6-33）。

②分枝型。在画出树木轮廓的基础上，用类似放射形的组合线条来表示树干及树枝的分叉，适用于树干分叉明显、造型优美的树形（图6-34）。

③枝叶型。平面既表示树木的分枝，又给以冠叶装饰。树冠可用轮廓线表示，也可以绘出树冠的质感。此种表现方式画面效果比较丰富、充实（图6-35）。

④质感型。根据树冠的冠叶形态，用各种不同的线条组合来表现树冠的肌理和质感。此种方式对树木的表现较为细致，可识别性强，比较容易形成画面的视觉中心（图6-36）。

对于树群的画法，可以按单株形式绘制，也可以把外轮廓连成一体，整体绘制，但要注意树冠的半径大小以及整体轮廓外形的美观（图6-37）。

图6-31　针叶树平面图画法图

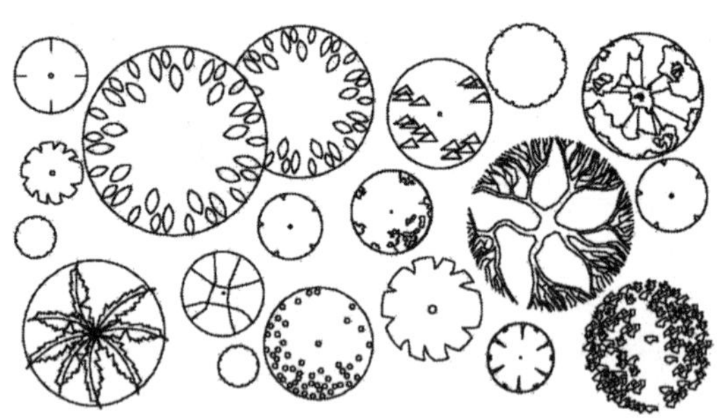

图6-32　阔叶树平面图画法

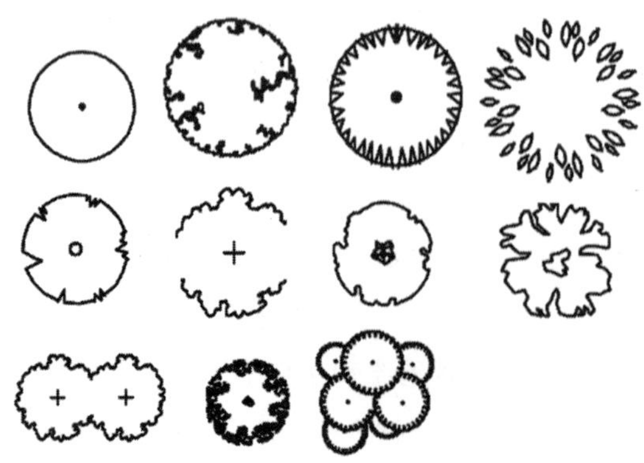

图6-33　轮廓型

图6-34　分枝型

图6-35　枝叶型

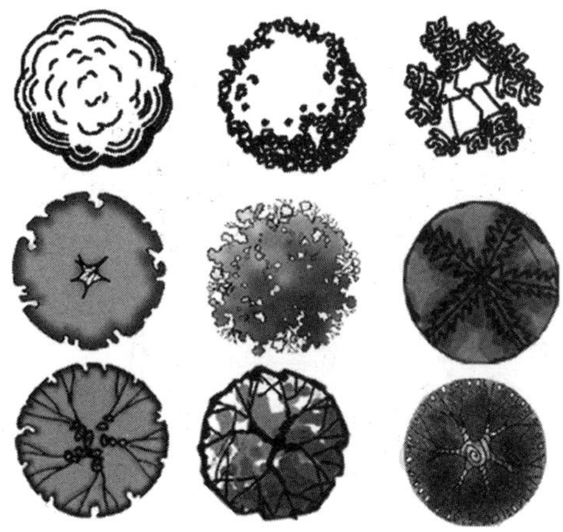

图6-36　质感型

图6-37　树群的画法

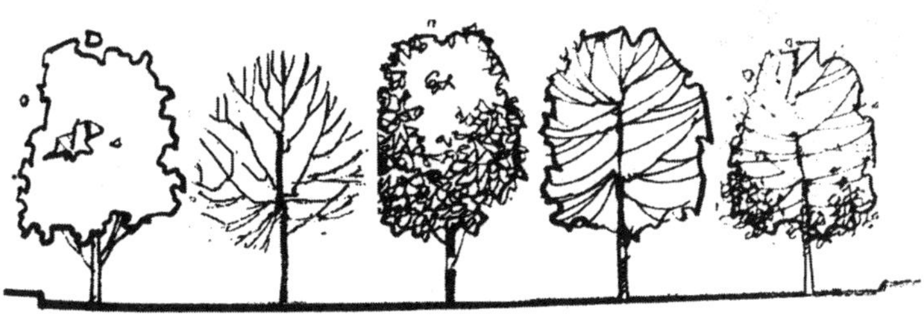

图6-38　树木立面的画法示意图
（图片来源：公伟，武慧兰．景观设计基础与原理［M］．北京：中国水利水电出版社，2013）

为了增强树木的立体效果和画面的层次对比，在树木平面的基础上，我们常会利用斜投影的原理给树木平面加上阴影，但尺寸与形态应与树形保持一致，投影方向也应与实际相符。

（2）树木的立面绘制

树木的立面能够体现树木的高度、树干的分枝类型、分枝高度以及树冠的形态等特征，配合平面一起能够更准确地表现出树木的形态。

树木立面的绘制方法与平面相似（图6-38）。对于不同树木立面的绘制要考虑其实际高度以

图6-39 远、中、近景树的组合示意图

图6-40 片植灌木的表示方法

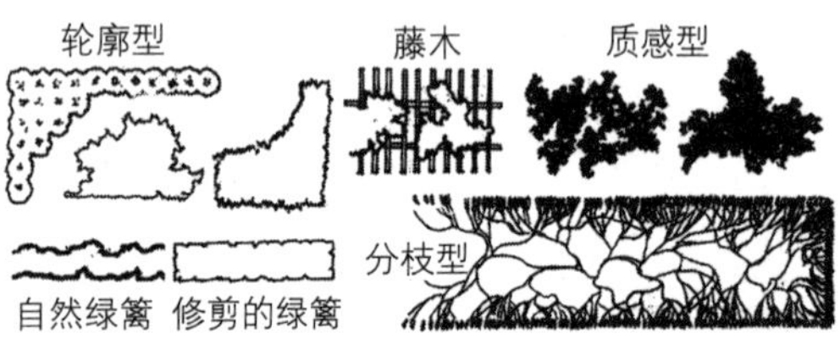

图6-41 绿篱的平面图表示方法

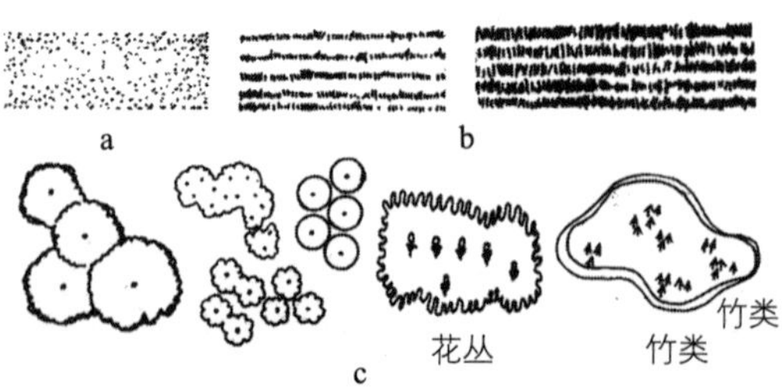

图6-42 地被植物的表示方法

及树冠和树干的比例。

景观立面图中的树木配置是空间立体配置，在绘制中应适当地表现出其空间感，一般应分别绘出远、中、近景三种树（图6-39）。

远景树位于画面的远处，起衬托作用，即树木的用色深浅以能衬托建筑物或近景树为准。如果建筑物深则背景宜浅，反之则用深背景。远景树也可以只用线条归纳出树形轮廓，树木色调可上深下浅、上实下虚，以表示近地处的雾霭所造成的深远空间感。

中景树往往与建筑物处于同一层面，也可位于建筑物前，画中景树应抓住树形轮廓，概况枝叶，表现出不同树种的特征。

近景树的绘制要细致而具体，如树干可适当表现出树皮纹理，树叶也尽量表现树种特色。近景树要表现出一定的体积感，如可用自由线条表现枝叶的明暗关系，亦可用点、圈、条带、三角形及各种几何图形，以高度抽象简化的方法来描绘。

2）灌木和地被植物的绘制

灌木和地被植物是景观绿化中的重要内容，其绘制首先要考虑整体画面效果，与乔木的绘制风格保持一致。其次，灌木和地被植物相对来说体积较小，没有明显主干，在绘制时要把握其主要外形特征，成片绘制（图6-40~图6-42）。在景观平面中灌木和地被植物的外轮廓外形要考虑乔木的配置特点，起到丰富整体画面的效果。如果乔木表现得较充分，色调较重，那么灌木和地被植物就可以轮廓线为主，色调宜浅；反之，则灌木和地被植物可以表现得较充分，色调较深，起到衬托和凸现乔木的作用。在景观立面图中，灌木和地被植物可以起到联系各种乔木、统一整体画面的效果。

3）草地的绘制

草地的表现手法主要是打点法、小短线法和线段排列法。其中，打点法最简单，且更容易控制；小短线法和线段排列法，用不同长度的线段组合排列来表现草地的肌理，色调较深，应谨慎使用（图6-43）。

对于草坪的表现更多地要服从整体画面要求，要配合乔灌木的表现整体考虑。草地由于面积比较大，没有明显个体造型特征，所以更多的是起到背景衬托作用，对于它的绘制表现可灵活处理。在绘制平面图时，根据画面需要可以将草坪满铺绘制，也可以在此基础上有处理地局部绘制，以突出画面的节奏和重点（图6-44）。

3. 铺装

景观中的场地和路面是由各种铺装材料铺砌而成的，在景观平面图的绘制中要对大面积的硬地和道路面进行铺装纹理的描绘。铺装要根据铺装材料的类型、实际尺寸和铺砌方式来绘制（图6-45）。在不同的设计阶段和比例的景观平面图中，铺装的表现形式也要有所区别。在方案阶段的景观平面图中，可以绘制大的铺装关系，而不用注意过多的细节。在施工图阶段，则要对地面铺装进行翔实的绘制，在总平面中表达不清楚的，还要通过节点详图来说明。

4. 水体

在景观设计中，水体具有很好的活跃场所和点化主题的作用，也很能体现一个设计师的空间感和场所意境的表达水平等。

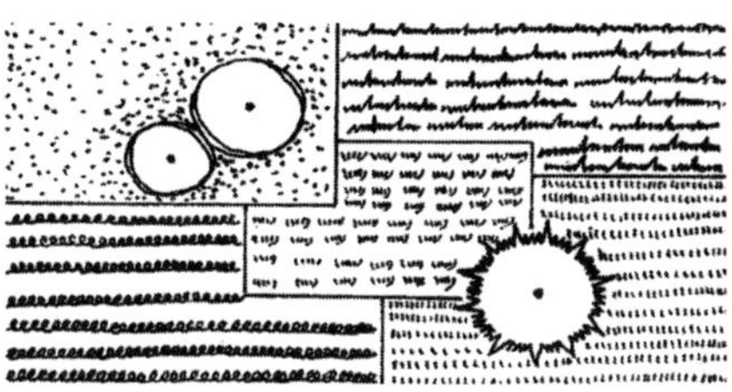

图6-43　草坪和草地的表示方法

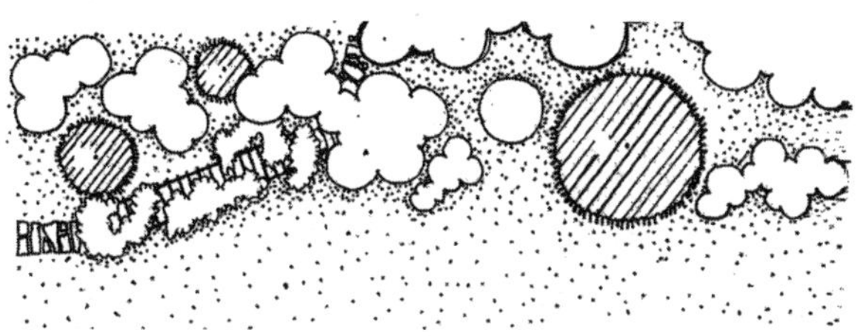

图6-44　树、灌、草组合示意图

图6-45　各种铺装形式的画法

对于水体的表达重点有两方面，即水面和外轮廓。对于水面的表现常采用线条法、等深线法、平涂法和增添景物法（图6-46）。不同的水体类型适宜采用不同的表现方法，如窄的几何形水面可以采用线条法或平涂法，自然形水面适宜采用等深线法；同时也要考虑整体的画面气氛，在同一幅画面中水体的表现形式尽量保持一致。对于外轮廓的表达主要是组成水体外轮廓的山、树、石等具体的事物。

6.2.1.2 景观平面图、立面图、剖面图绘制

1. 景观图绘制的基本知识

景观图的绘制是将某景观元素的组合按照一定比例微缩到图纸上的过程，对于景观平面图、立面图、剖面图的绘制最基本的要求是准确，并易于认知。这就要求在图纸上必须具备以下要素：图名、指北针、比例尺，有时候也需要增加风向玫瑰图（表6-5、图6-47、图6-48），同时标注必要的尺寸和标高，增加必要的文字说明。

景观制图中常见的数字比例尺　　表6-5

图纸名称	常用比例	可用比例
总平面图	1∶500，1∶1000，1∶2000	1∶2500，1∶5000
平面、立面、剖面	1∶50，1∶100，1∶200	1∶150，1∶300
详图	1∶1，1∶2，1∶5，1∶10，1∶20，1∶50	1∶25，1∶30，1∶40

2. 景观平面图

景观平面图是景观中各种要素（地形、水面、植物、建筑构筑物等）在与地面平行的投影面上所作的环境正投影图。根据不同设计阶段的内容表达要求，景观平面图绘制深度和方式也有所不同。在方案设计阶段（图6-49），平面图主要说明整个场地大致的平面结构关系，是一种框架

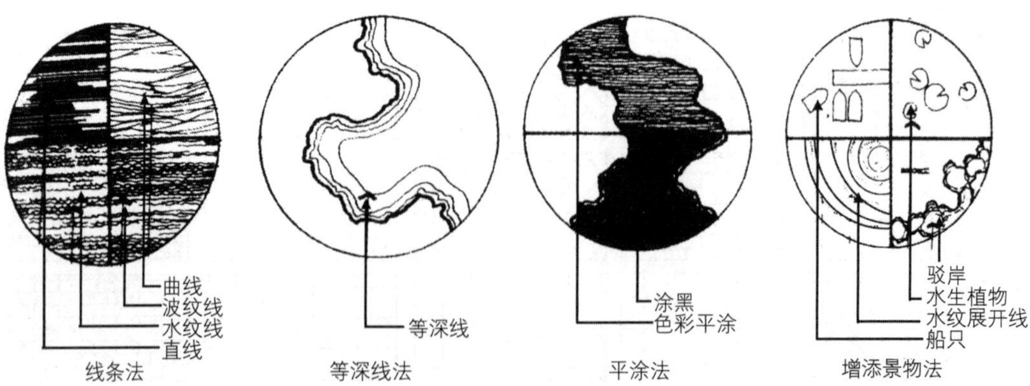

图6-46　水面的表示方法（图片来源：公伟，武慧兰. 景观设计基础与原理［M］. 北京：中国水利水电出版社，2013）

式的表达，因此，各种景观要素的表现相对简单，重点是要表现要素之间的相对关系。施工图阶段的平面图是进行景观施工的依据，所以要求绝对准确和严谨，每一处都要交代清楚，必要时还需要特别绘制节点详图。

景观平面图是设计图纸的基础，立面和剖面都要根据平面图来设计。从表达技法上来看，景观平面图中应该注意以下几个方面：

（1）把握植物和铺装图例的选择。一般来说，平面图的比例越小，植物和铺装的细节画得就要越多；

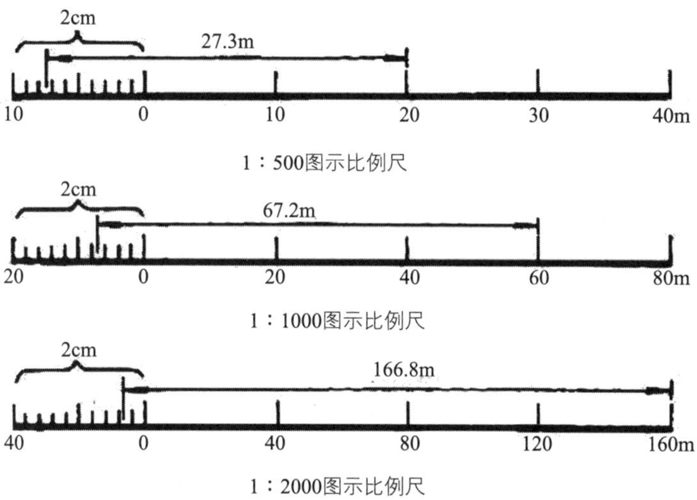

图6-47 常用图示比例尺

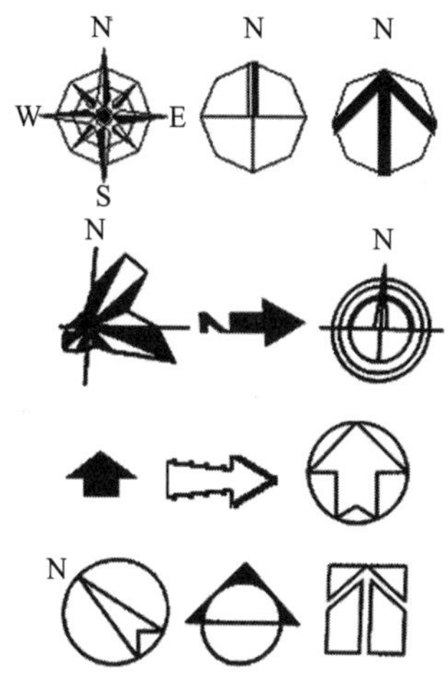

图6-48 常用指北针

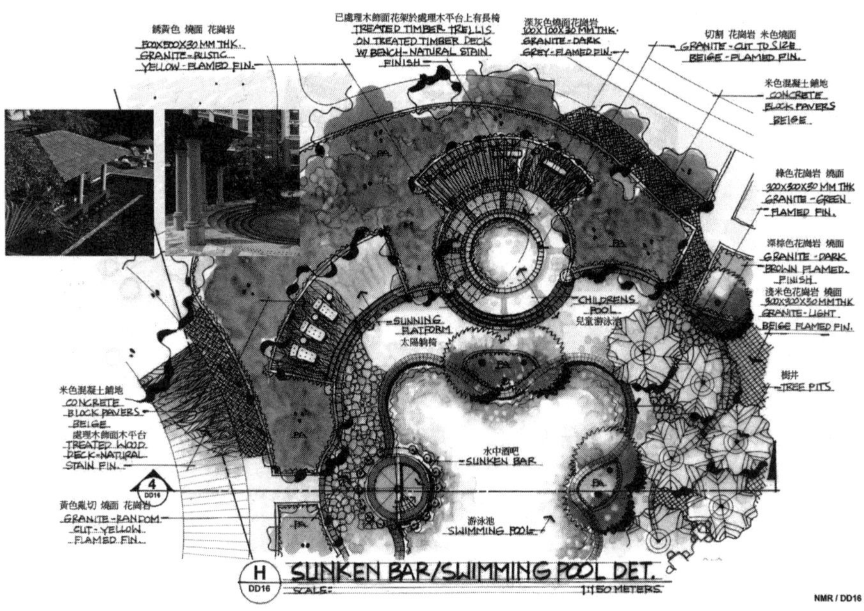

图6-49 某别墅区局部景观平面图

（2）把握平面图中构图的重点。细节要刻画到位，色调上要对比强烈；

（3）把握平面图中的园林构筑物色彩关系。注意色彩的对比和统一，呼应和均衡的关系；

（4）把握用线的疏密关系。做到疏密得当；

（5）把握平面图中的层次关系。需要按照构筑物立面上的高低层次及画面上的主次关系进行虚实处理；

（6）把握平面图中阴影的长度和透明度。可以根据画面中表达的重点的不同而不同，如要重点体现园林景观效果时，建筑的阴影长度需变短，透明度变高；要重点体现建筑的效果时，建筑的阴影需变长，透明度需变低。

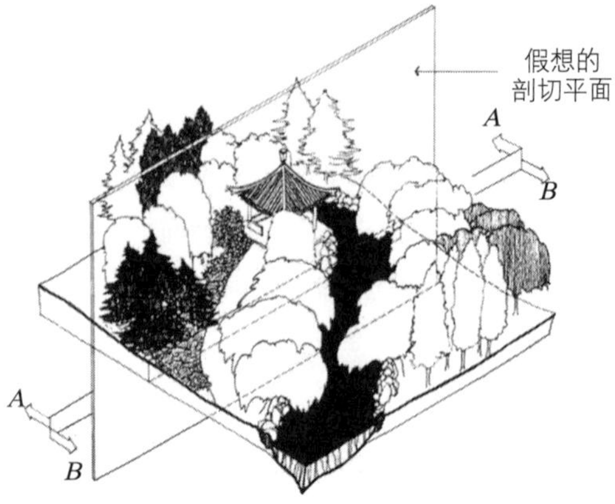

图6-50　景观剖面图的概念示意

3. 景观剖面图

在景观设计中，竖向空间的表达至关重要，甚至超过了平面。剖面图是竖向空间表达的主要方式之一。即假想一个铅垂面对景观进行剖切，移去被剖切的部分，剩余的部分正投影而得到的视图（图6-50）。从剖面图上，我们可以看出景观设计场地范围内剖切面的地形起伏、标高变化、水体宽度和深度以及围合构件的形状、建筑物或构筑物的室内高度、屋顶形式、台阶高度等（图6-51）。同时，景观剖面图的剖切位置及投影方向应在平面图中用剖切符号标示。剖面图在

图6-51　某别墅区局部景观剖面图

设计的各个阶段都有重要的意义，同样是推敲方案的重要方式之一。

剖面图的做法大致分为4步：

（1）首先必须了解被剖物体的结构，哪些是被剖到的，哪些是看到的，即必须肯定剖线及看线，通常用粗实线表示剖线，用细实线或者虚线表示看线，以示区别。

（2）选好视线的方向，以便可以全面细致地展现景观空间，得到尽可能好的表达设计成果。

（3）注重层次感的营造，如通过明暗对比来强调层次感，从而营造出远近不同的感觉。

（4）加深地形剖面线，并依方案的等级来完成各部分内容。

4. 景观立面图

立面图是竖向空间表达的另一主要方式。即从某一个侧面方向对景观进行正投影，而得到的视图（图6-52）。可以帮助我们从不同视角审视整个方案，以帮助深化对景观整体效果的认识。立面图在设计的各个阶段都可以进行采用，是推敲方案的重要方式之一。

立面图的画法大致上与剖面图相同，但立面图只画看到的部分。

景观平面图和剖、立面图在图纸位置上虽然不要求像三面投影图那样严格对应，但平面与立面的图纸内容要保证严格统一，各景观元素的位置、表达程度应保持一致。在同一套图纸中，各景观元素的表现方式应相同，表现手法和风格应一致。

景观设计的不同阶段，图纸所要表达的深度是不同的，以上介绍的内容是以方案阶段表达深度为例。施工图还需要补充各种景点的细部节点构造详图、场地中建筑物和构筑物的施工图、植物施工图（图6-53），水电施工图、竖向设计图（图6-54）等。

6.2.2 透视表现

透视表现图是以作画者的眼睛为投影中心作出的空间物体在画面上的中心投影（非水平投影）（图6-55）。可以说，透视就是将三维立体空间表现在二维平面中的过程。透视图是一种与真实视线所见的空间或物体情况非常相近的图，符合人们的视觉形象，富有较强的立体感和真实

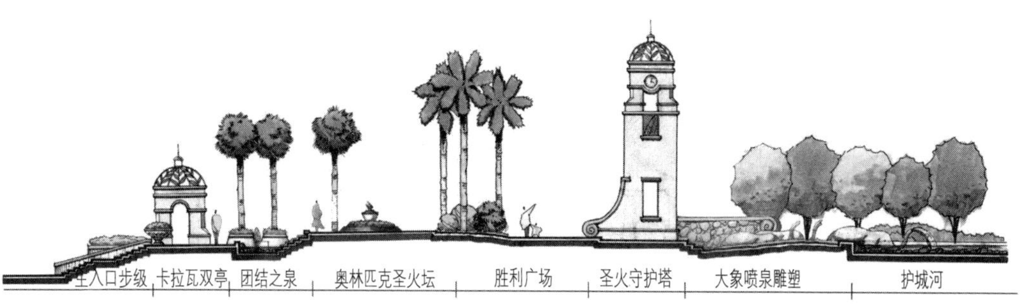

图6-52 某欧式风格住宅小区景观立面图

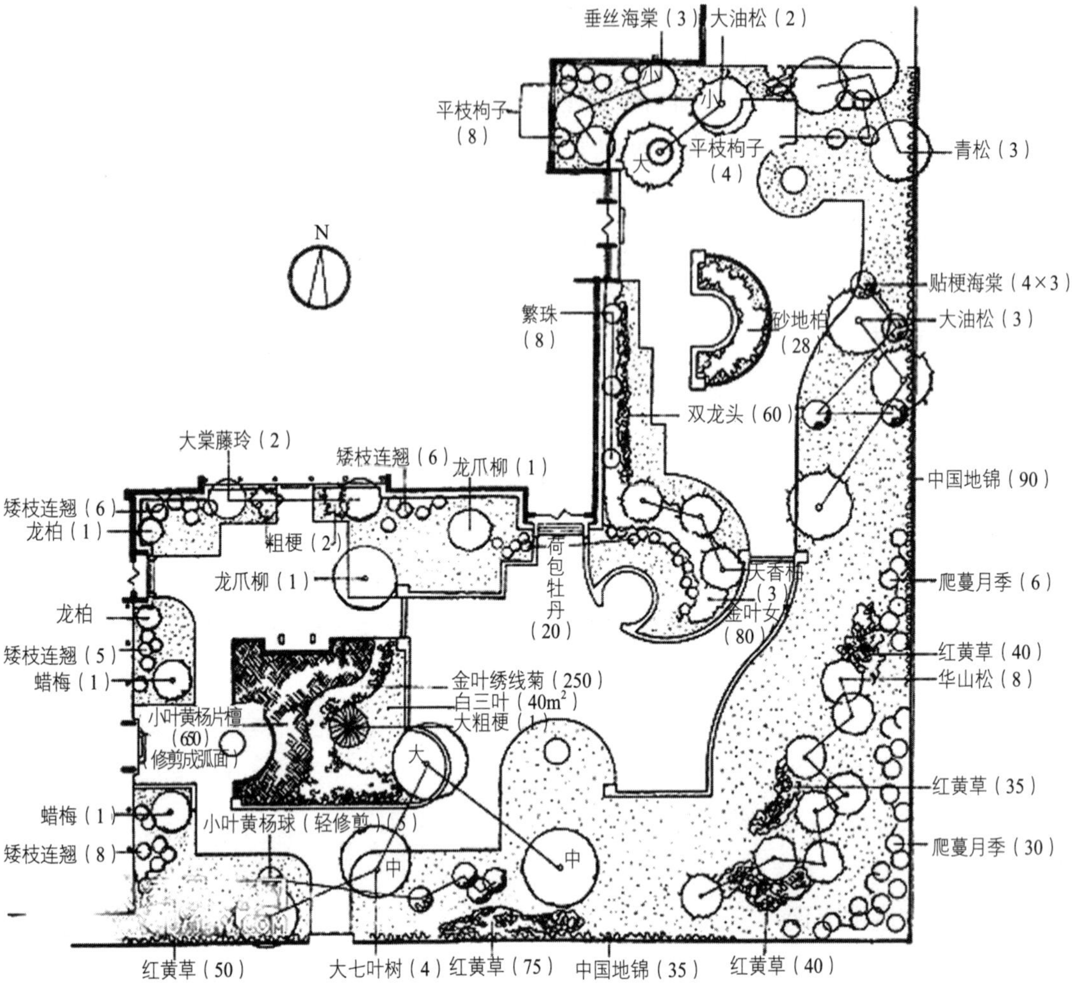

图6-53　某景观种植平面图

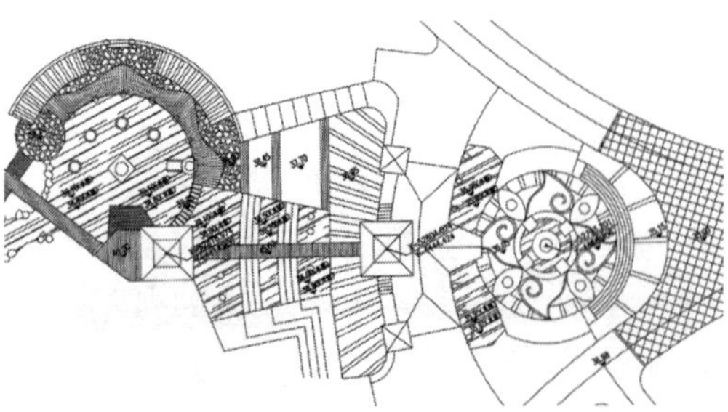

图6-54　某游园局部竖向设计图

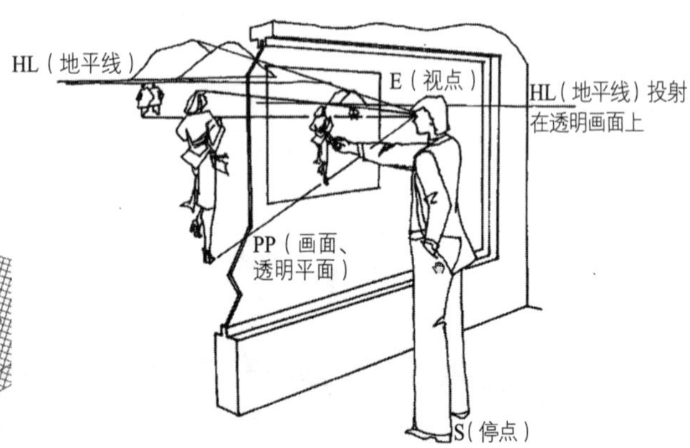

图6-55　透视现象图

图6-56 景观透视表现图

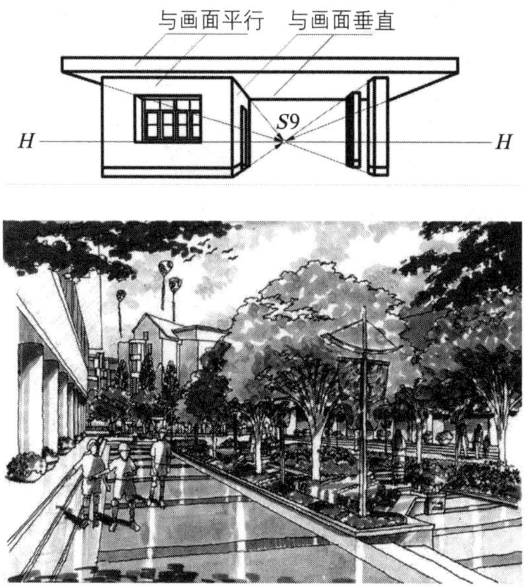

图6-57 一点透视图

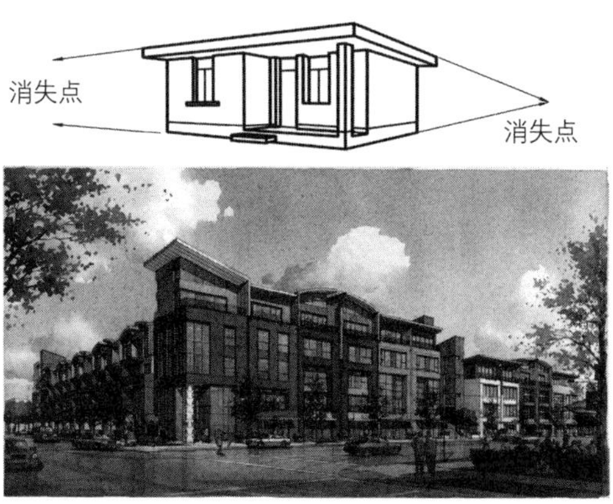

图6-58 两点透视图

感，直观性较好，在景观设计中经常利用透视图来分析空间或者表现设计效果。一张好的景观透视图可以更准确、生动地表现空间氛围，从而使人对空间有更好的理解（图6-56）。

6.2.2.1 透视图的分类

当视点、画面和物体的相对位置不同时，物体的透视形象将呈现不同的形状，从而产生了各种形式的透视图。习惯上，根据画面、视点和形体之间的空间关系，透视图可分为以下三类。

1. 一点透视

又叫平行透视，即物体上的主要立面（长度和高度方向）与画面平行，其他面向视平线上某一点（灭点）消失（图6-57）。

2. 两点透视

又叫成角透视，即物体上的主要表面与画面有一定角度，但其上的铅垂线与画面平行，所作的透视图有两个灭点（图6-58）。

3. 三点透视

物体上长、宽、高三个方向与画面均不平行也不垂直时，所作的透视图有三个灭点，称为三点透视（图6-59）。

6.2.2.2 景观平面图、立面图到透视效果图的表达原则

景观平面图、立面图到透视效果图的表达既要符合景观设计的要求，又要具备视觉上的美感。

（1）要注意体现平面图上的尺度感。不同的景观意境要求有不同的尺度感。透视图中的景观构筑物是否美观，不仅与其本身的造型比例有关，还与它们和周围环境的关系是紧密相

关的，同时受人们主观审美要求的影响。

（2）应注意体现景观的场所感。场所感由建筑、景观和人们的行为活动所共同构成，是并不需要寻觅却已能够切身体验的一种感受。因此，透视图中的景观构筑物的造型和色彩表达要符合这种场所感。

（3）应注意体现园林景观的空间感。一方面合理组合透视图中的景观构筑物，增强、丰富景观的空间感；另一方面采用明度、冷暖、疏密等艺术手法增强透视图中的空间感。

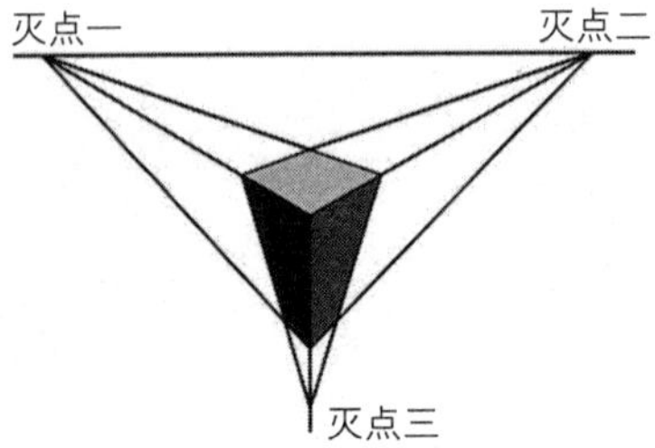

图6-59　三点透视图

6.2.3　景观的徒手表达

6.2.3.1　徒手表达的特点

徒手表达是景观设计中经常会采用的表现技法，是景观设计师必备的一项基本技能，也是进行电脑制图的基础。主要优势在于：

（1）作为提出方案构思的设计初期阶段，手绘是设计师表达情感、表达设计理想、讲述方案结果的最直接的视觉语言；

（2）能帮助设计师认识并掌握表现图中的艺术规律。手绘训练是从画面的构图，到画面的黑白灰处理，再到画面的色调处理的综合训练，不管是画面的空间关系，虚实、主次、轻重关系，还是色彩的对比和协调关系等都能在练习过程中得以认识和建立；

（3）能训练设计师手脑并用的能力，培养设计思维和启发创作灵感；

（4）是表达设计师个性风格的一种重要的表现形式和文化行为，通过手绘练习，可以培养表现个人风格和个人美学修养的意识。

徒手表达从最终的效果来看，可以分为线条画和彩色画两类。线条画主要使用的工具是铅笔和钢笔，而彩色表达主要会用到彩色铅笔、马克笔、水彩等工具。

1. 线条画

铅笔。铅笔因其运用起来敏捷、灵活而成为设计师最常用的草图绘制工具。针对画面效果的不同需求状况，选择不同软硬程度的铅笔，充分发挥铅笔的潜力，快速勾勒图形和表达明暗关系，也可以表达细腻的层次和产生神奇奥妙的画面效果（图6-60）。

钢笔。钢笔画是一种具有独特美感的绘画形式，其特点是用笔果断肯定，线条刚劲流畅，黑白对比强烈，画面效果细密紧凑，对所画事物既能做精细入微的刻画，亦能进行高度的艺术概括（图6-61）。

图6-60　铅笔画——北京胡同风光（图片来源：况晗）

图6-61　钢笔画——青岛风光

图6-62　效果图线稿

除了自身具有的艺术特点外，线条画往往还作为手绘效果图的线稿出现，线稿的质量直接决定彩色效果图的质量，一幅好的线稿，往往只需要稍加润色，便可成为优秀的表现效果图（图6-62）。

2. 彩色表达

彩色手绘图的表达一般的步骤是：先用铅笔起稿，然后用钢笔勾勒骨线，最后用彩色工具着色。主要的着色工具包括：

（1）彩色铅笔，是一种表现技法多样的绘画工具，用力的大小可以使颜色有深浅不同的变化，而数十种颜色的交错融合可以创造无限的色彩效果和细腻的层次与空间。此外，彩色铅笔绘图同素描的结合，可以采用易于掌握的着色方法表现形体（图6-63）；

（2）水彩，相对于其他颜料，水彩颜料透明度高，在渲染时多采用多层次重叠覆盖的方式，以取得比较含蓄的色彩效果（图6-64）；

（3）马克笔，分为油性马克笔和水溶性马克笔，油性马克笔鲜亮透明，犹如水彩，其溶剂为酒精类溶液，易于挥发，但色彩可重复叠加，并保持鲜亮不变；水性马克笔不如油性的鲜亮透明，色彩不宜叠加，但使用起来比较温和。此类效果图绘制简便快速，效果强烈，非常适宜进行设计方案的即时快速交流，是现代景观设计师最得力的助手之一（图6-65）。

不可否认，每一种辅助工具都各有优缺点，为了满足设计需求，设计师通常在手绘效果图表现过程中综合使用各种辅助工具，扬长避短，以取得最佳的画面效果。

图6-63 彩铅手绘效果图

图6-64 水彩效果图

图6-65 马克笔手绘效果图

6.2.3.2 景观快题的表现

快题设计是指在短时间内组织安排景观的各项内容，提出解决方案，完成设计图纸。快题设计具有广泛的适用性，首先快速设计的能力能够帮助设计师在实际工作中快速进行方案沟通，其次快速设计是检测设计人员能力和素质的有效途径。对于景观设计专业的学生，快速设计是研究生考试的主要内容之一，所以，掌握快题设计的表现是十分必要的。

一个快题设计的完成，需要两方面的知识。一是要有景观方面的专业知识，要能够从题目中快速地把握设计目标、设计内容，提出解决问题的方法和思路，并能够找到相对应的设计风格和手法；二是要有一定的表现能力，再好的设计构思，如果没有手绘的技能也无法实现。快题设计的表现有其自身的规律和方法，通过系统的训练方可把握。

1. 常用材料与工具

1）快题设计用纸

硫酸纸：具有半透明性，可重复上色，颜色柔和。可直接作为快速设计的用纸或者铺在线稿上面使用。

水彩纸：是水彩的专用纸，表面粗糙易吸水，同样适合线稿和马克笔，缺点是易皱。

复印纸：是快速设计中最常用的纸张，价格低廉，对于线条和颜色的吸收都较好，马克笔、彩铅都适用。A3、A4是最常用的尺寸。

2）快速设计用笔

快速设计用笔可以有很多种，如钢笔和水彩的结合、钢笔和彩色铅笔的结合等，但最常用的还是钢笔加马克笔的表现。

3）其他材料与用具

除了纸和笔以外，还有一些其他的辅助用具可以用来提高工作效率：比例尺、直尺、丁字尺、三角板、圆规、橡皮、涂改液、胶带、双面胶、网格纸、笔筒、画板、裁纸刀等。

2. 常见快题图纸内容

作为考试的快题设计一般会根据内容的多少，分为3小时、6小时、8小时等，以3小时的快题设计为例一般会包含以下的图纸内容：

（1）任务书。包括基地图纸、周边环境、文字要求等。

（2）现状分析、结构性分析。这部分是设计的构思阶段，可作为推敲方案的草图，也有部分试题将分析草图作为试题的一部分。

（3）正式平面图。

（4）鸟瞰图和人视效果图。

（5）考试要求的剖面图。

（6）设计说明、图名、图面注释文字、指北针和比例尺。

3. 快题设计的案例——居住区公园

1）题目要求

公园位于北京西北部的某县城中，北为南环路，南为太平路，东为塔院路，面积为3.3hm^2。用地东、南、西三侧均为居民区，北侧隔南环路为居民区和商业建筑。用地比较平坦，基址上没有植物。

公园要成为周围居民休憩、活动、交往、赏景的场所，是开放性的公园，所以不用建造围墙和售票处等设施。在南环路、太平路和塔院路上可设立多个出入口，并布置总数为20~25个轿车车位的停车场。公园中要建造一栋一层的游客中心建筑，建筑面积为300m^{2}左右，功能为小卖部、茶室、活动室、管理、厕所等，其他设施由设计者决定（图6-66）。

图纸要求：

（1）提交两张A3图纸，图中方格网为30m×30m；

（2）总平面图1：1000（表现形式不限，要反映竖向变化，所有建筑只画屋顶平面，植物只表达乔木、灌木、草地、针叶、阔叶、常绿、落叶等植物类型，有500字以内的表达设计意图的设计说明书）；

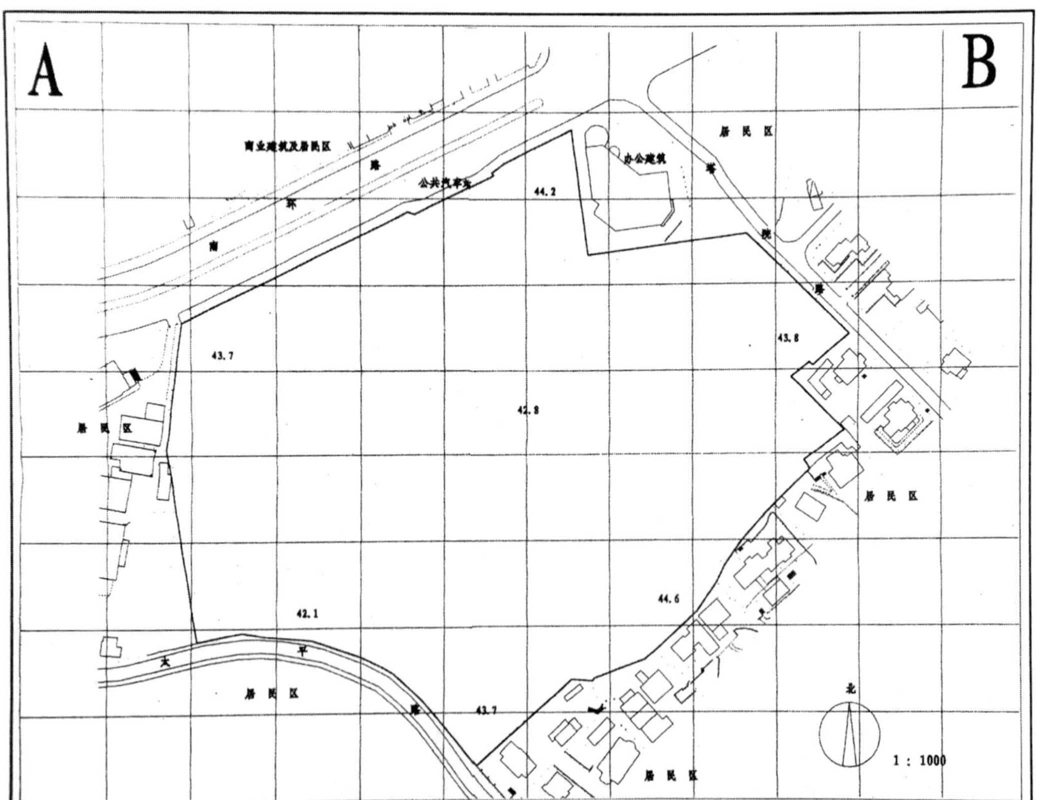

图6-66 居住区公园现状图（案例选自《风景园林快速设计与表现》刘志成主编）（图片来源：刘志成. 风景园林快速设计与表现［M］. 北京：中国林业出版社，2012）

（3）鸟瞰图（表现形式不限）。

2）审题、解题

（1）关键词：居住区公园、县城、开放性、游客服务中心、停车场；

（2）解题：本题限制条件较少、规模适度，设计者有较大的发挥余地。用地形状为不规则多边形，四周没有可以利用的景观资源，且被城市道路和建筑环绕，对用地干扰较大；现状用地虽然平坦，但总体趋势是四周高、中间低。因此综合以上两点，全园整体空间布局最好采用内向型的空间，利用地形或者植物材料，对外围噪音和视觉干扰进行一定阻隔和遮挡，特别是临车流量大的南环路一侧。

公园周围三条城市道路级别不同，南环路为城市主干道，且设有公交车站，路北侧含商业建筑，因此南环路侧是主要人流来向，公园主入口和停车场应布设在南环路侧。主入口应该有足够的集散场地和临时休息场所，避免干扰城市交通。另需在太平路和塔院路侧分别设辅助入口。公园要求开放性，因此入口应开放且具有引导性。

居住公园的主要服务对象是附近居民，因此应能满足不同类型居民多样的活动需求，提供丰富多样的活动空间和场地，如儿童游戏场、健身场地等。另外题目中明确要求设计一处游客服务中心，注意选址。

3）实例

（1）方案一（图6-67~图6-69）

评析：方案布局合理、结构清晰明确、节奏变化丰富、主次明确。尺度控制准确，空间丰富，很多小空间设计新颖有趣，如花卉园、雕塑园等。道路系统分级明确、出入口、停车场和功能分区等建立在对现状的准确分析基础上。能利用地形塑造地表变化，组织空间，植物配置丰富。

水体设计丰富，但主湖面上两岛体量较大，且位置过于居中，几乎占满了湖面。由主入口引

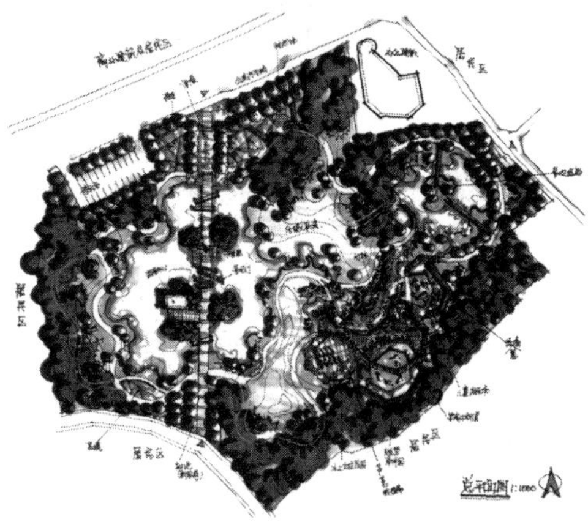

图6-67　居住区公园实例一　平面图（图片来源：刘志成. 风景园林快速设计与表现［M］. 北京：中国林业出版社，2012）

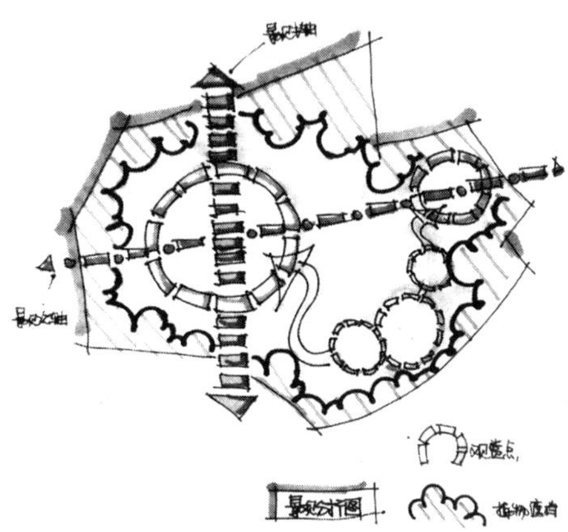

图6-68　居住区公园实例一　景观结构图（图片来源：刘志成. 风景园林快速设计与表现［M］. 北京：中国林业出版社，2012）

图6–69 居住区公园实例一 鸟瞰图（图片来源：刘志成. 风景园林快速设计与表现［M］. 北京：中国林业出版社，2012）

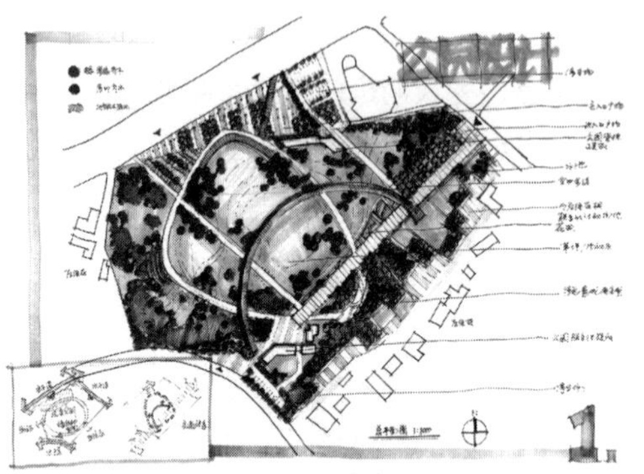

图6–70 居住区公园实例二 平面图（图片来源：刘志成. 风景园林快速设计与表现［M］. 北京：中国林业出版社，2012）

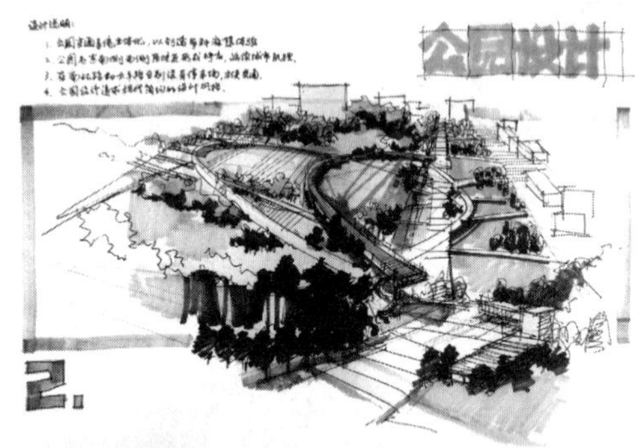

图6–71 居住区公园实例二 鸟瞰图（图片来源：刘志成. 风景园林快速设计与表现［M］. 北京：中国林业出版社，2012）

入的轴线延伸到太平路次入口，穿行体验丰富，但易引入南环路和太平路之间的穿行人流，对公园核心区干扰较大。游客服务中心位置欠佳，位于主岛上，交通不便。

平面图表现较好，清晰明确。鸟瞰图用地外围环境交代、表达清楚，但表现重点不够突出，建筑尺度失真。

（2）方案二（图6–70、图6–71）

评析：方案整体结构清晰、布局简练。开放性较强，希望通过轴线和外围一系列（与道路和居民区衔接的）小场地，引导人流的进入和方便周围居民使用。多层的交通体系，创造了不同的体验效果。稍感不足的是场地和绿地部分脱节，联系塔院路和太平路之间的轴线缺乏节奏及细节变化。

鸟瞰图整体性较好，线条熟练，通过一些大的形式单元控制住整体的结构，主体突出。用色简练，中心一抹红色，提亮整个画面，突出重点，如能再增加一些细节则效果更好。

6.2.4 计算机表达

6.2.4.1 计算机表现的步骤

根据各种表现手法的特点，手绘图更多地使用在设计初期，或者是在对客户讲解设计意图的时候；而计算机绘制则多应用于绘制最终高质量的图纸。具有精确、美观、速度快、效率高、易于修改和更新、易于保存和发送等优点。

景观效果图的表现从最初作为设计师方案推敲、方案展示的个人技能演变成了一个独立门类，甚至在市场上发展成为了专业化的行业，效果图制作者独立于设计师而成为专门职业。从表现技法和表现手段来看，计算机作为制图工具绘制表现效果图因其程序化和修改方便的特点逐渐取代手工绘图成为主流，借助于计算机专业绘图软件，我们可以很容易制作出直观、生动的三维形态并给人以强烈的空间感和身临其境感，因而受到了设计师和客户的欢迎。

AutoCAD，即计算机辅助设计（Computer Aided Design），可以绘制二维图形，也可以创建三维的立体模型。与传统的手工制图相比，使用AutoCAD绘制出来的园林图纸更加清晰、精确，已经被业界作为景观图纸的标准格式使用。当熟练掌握软件和一些制图技巧以后，还可以提高工作效率。

常用于景观效果图制作的软件有AutoCAD、3ds Max、SketchUp、V-Ray、Lumion、Photoshop等。AutoCAD用来制作平面图部分；而3ds Max和SketchUp被用来作基础的建模和附加材质工作，3ds Max还可用来对附加完材质的场景打灯光和进行渲染；V-Ray作为3ds Max的插件，通过使用自身材质能提供更加精确的物理照明和全局光；Photoshop则是在渲染图的基础上进行后期合成的软件；Lumion与其他软件有所不同，它是一个可实时渲染的可视化软件，我们在3ds Max和SketchUp中的模型可直接导入到软件中，并结合软件中自带的植物、天气、环境等可出现实时的渲染效果，避免了反复调整的过程。具体的软件对应关系见图6-72。

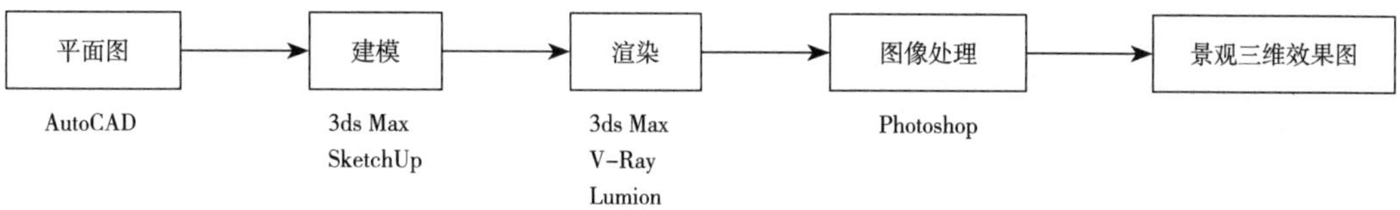

图6-72 计算机表达的步骤（图片来源：作者自绘）

6.2.4.2 计算机表现的风格营造

计算机的特点决定了计算机在景观表现上的多样性，在制作效果图之前要对方案和委托方的要求有所了解，并确定效果图的用途和表现风格，并不是一味地追求画面真实。偏于概念的景观规划可以制作得抽象，而偏于商业或者作为施工参考的效果图则应该严谨，应考虑到建筑、规划、景观相关专业性。

对于“逼真”的表现要求始终贯穿在效果图的表现中，国内的一些制作公司像水晶石已经将逼真做到了极致（图6-73）。然而，需要清楚的是，有时绝对的真实并不能让设计更出彩，反而是突出艺术性和设计主题的效果图更能抓住人们的眼球，如土人景观的一些表现图（图6-74）。另外，对于在校学生的景观设计作品，其表现形式应突出课题的设计感，而不是盲目地去表现效果，像SketchUp这种软件的效果便非常适合（图6-75）。

图6-73 水晶石公司景观的逼真表现

图6-74 突出方案推敲的SketchUp效果图

图6-75 突出设计主题的景观表现

第 7 章

场地设计的方法

场地设计关注景观设计的实践层面，是考虑了功能、空间、文化、生态等层面后景观的综合呈现。场地设计关注场地的现状条件，对场地进行科学的景观特征评估，可以说场地设计首先是基于科学评价基础上的，另一方面同样的场地，又能够对应各种各样的景观表现方式。

7.1 场地设计概述

景观学（风景园林学）是一个奠基于历史的专业，亦是一个开放性学科。丰富的设计语言、分解重构的手法（如传统园林营造智慧启迪现代景观创新设计的景观创作路径）等使当代风景园林不断推陈出新，表现形式多样，然而与此同时，也在一定程度上造成了大量景观本质内涵的缺失。同时，评判景观设计方案优劣的核心即在于是否遵循自然之“道”与可持续景观原理建构（图7-1），即一个优秀的设计形式一方面应能尽量准确地表达设计师的意图，另一方面更重要的是能最大限度地与景观设计的四个基本维度（功能、空间、文化、生态）相对应（图7-2）。这成为衡量设计方案优劣的标尺，而且，一个场地条件可以对应多种景观表现方式，但其中的四个基本维度则是相对恒定不变的，如荷兰城市景观即采用现代主义美学语言与手法，强调绿色生态、融于自然的规划概念，具有高效的多功能性，配以机器般的水景，大尺度策略规划或区域规划，是一个公共参与性和沟通性的规划过程，它关注实践而非理论，是一种轻盈安静的低调设

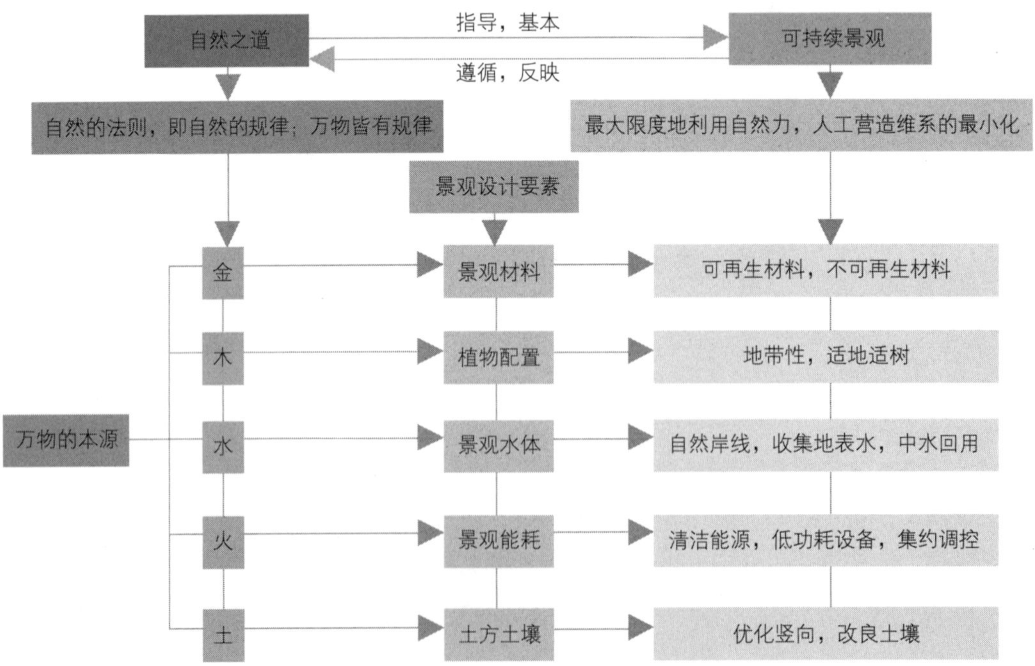

图7-1 遵循自然之“道”的可持续景观原理建构示意图（图片来源：作者自绘）

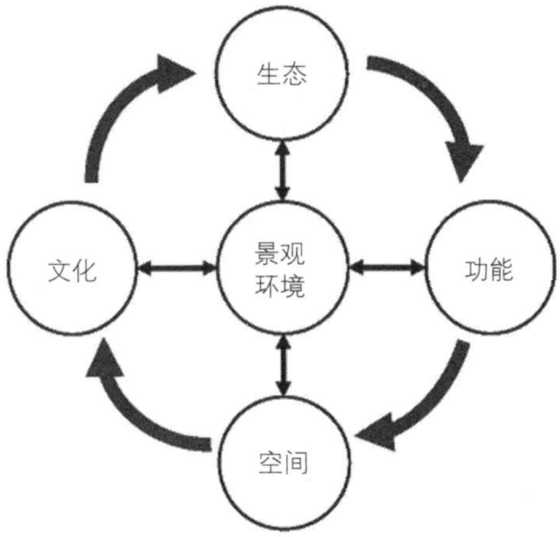

图7-2　景观设计系统模式图（图片来源：作者自绘）

图7-3　自然的场地尺度与人工的微观尺度

计，而非笨拙壮观的纪念性设计，另外风景园林师在大尺度的城市和区域设计以及基础设施设计的早期阶段就参与其中。另从宏观上讲，荷兰的公共空间规划，是以大面积的绿色缓冲带和农业生态带将城镇群体围绕起来，用绿色生态带对城镇加以隔离和连接；公共空间系统规划上采用联结和嵌入的手法，将城镇周围的自然、生态和绿色，引进到城市内部公共空间系统，使得新鲜的空气、海洋季风、绿色生态和自然气息深入到城市中心，降低城市的热岛效应（图7-3、图7-4）。

因此，场地设计是景观学研究方法中极为重要的环节——“从研究到设计”——分析和设计实际是同一步骤——场地剖解、创意构思、概念表达、模型图纸（图7-5）。场地具有“唯一性”，且不是设计场地，而是发掘场地，对场地的特质提炼，通过设计手段重现场地，与规划的“反规划”一样，即深度研究场地“原来是什么？现在要用来做什么？甲方要求你怎

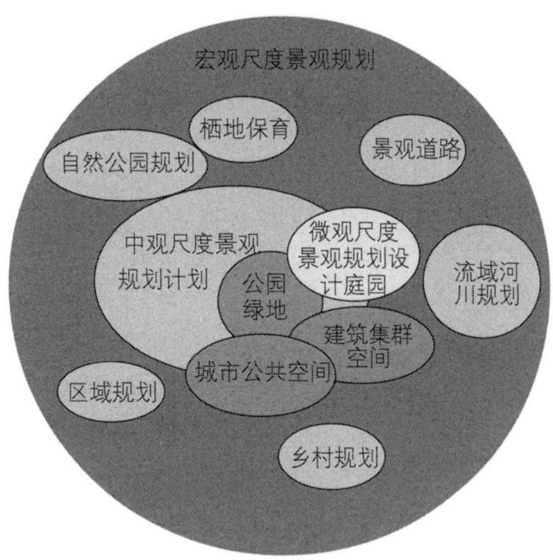

图7-4　景观设计实践领域所涉及的场地范围（图片来源：作者自绘）

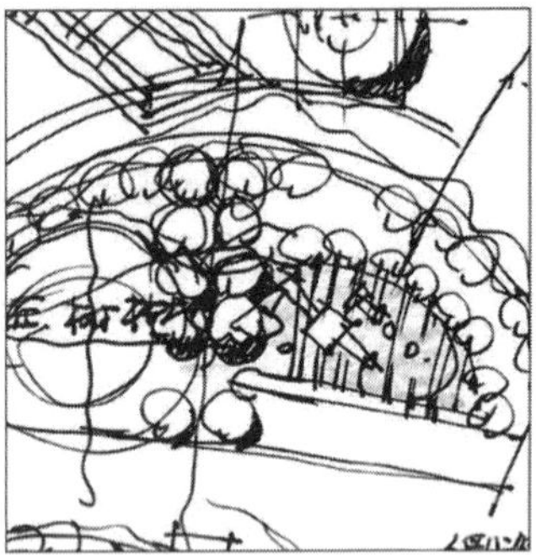

儿童游乐区设计构思草图-硬地区、塑胶地面器械游戏区、小树林、缓步道

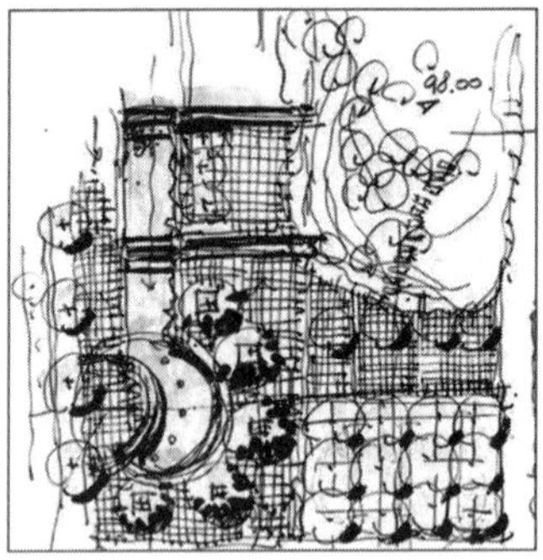

中心广场设计草图-层级水瀑、硬地面树阵、亲水平台、堆土绿化区

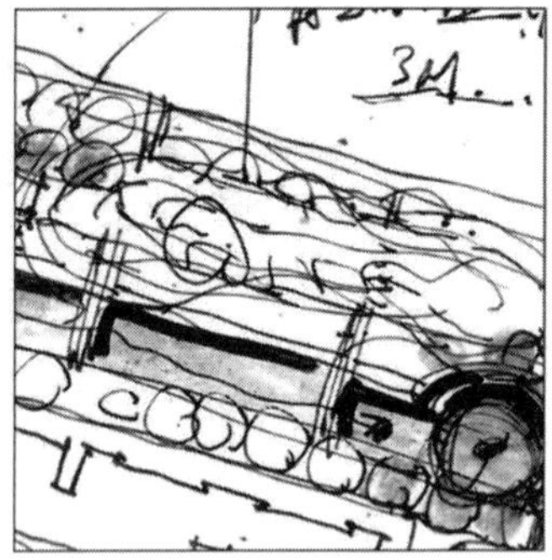

中心广场层级水瀑水道与堆土之间的关系研究草图，标明了水流方向

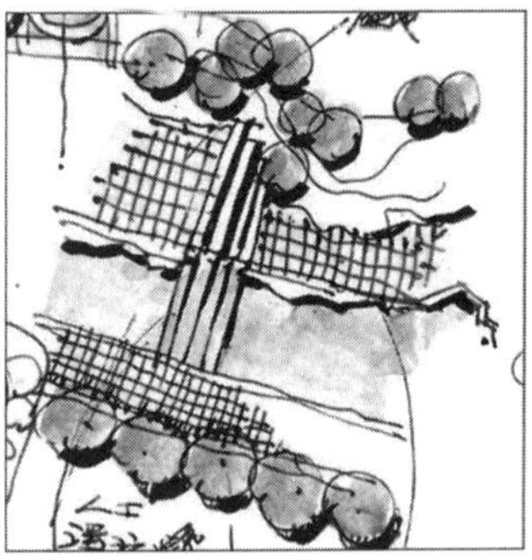

中心广场层级水瀑跌水部分与水道、堆土的关系，铺装、岸线与绿化分布

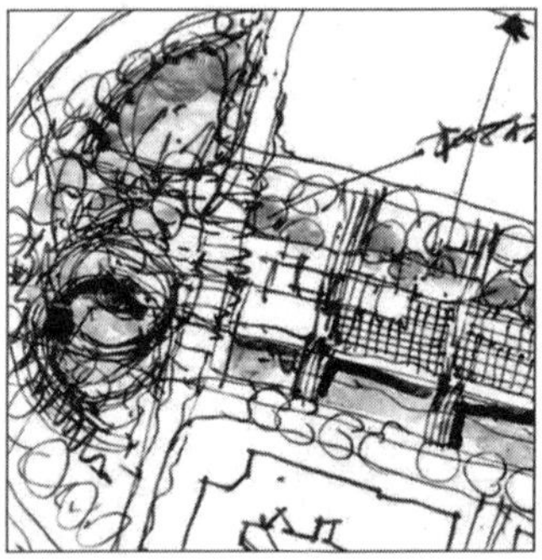

儿童游戏区与中心广场的连接关系草图，旱喷作为水道与游戏区的呼应

儿童游戏区旱喷广场上的石阵-按照梯级变化的石阵，水喷以相反梯级方式喷水

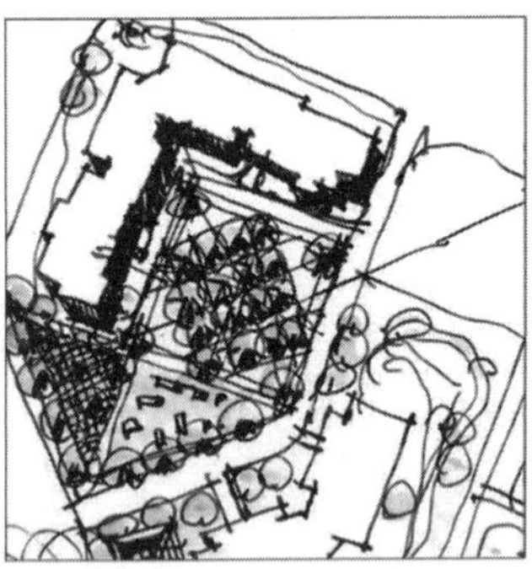

长者休憩区的设计草图-不同的功能、设计元素、植被分布的相互结合

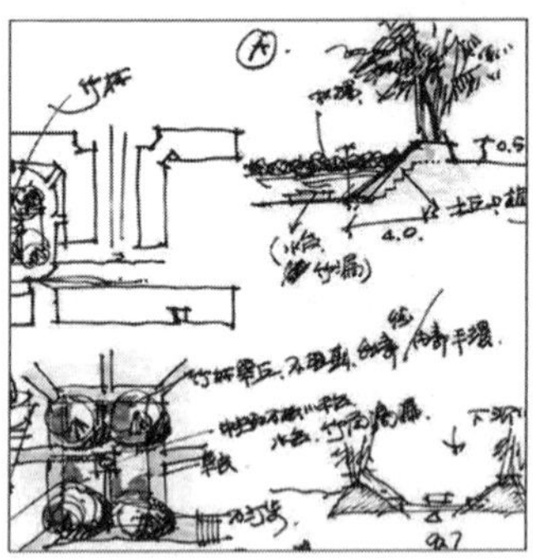

特色园中的某一个单园的设计-创造出谷地的感受，宁静舒适，适合于躺着看星或者朋友的交谈

特色园中的小品设置-静静的滴水适合恬静的空间，陶冶人们的心境

图7-5　场地设计草案："实际——设想的反复冲突"

样改造它，目的是什么？它曾经的历史是什么？"场地研究亦"不是绘画"，它包含多方面的特征：历史、美学、生态、个性……对于场地的"观察和分析"，其关键在于"不是发现景观，而是借助于景观来发现问题与解决难题"，将场地研究的注意力仅限于空间的结构和外部形态上——由

a路易斯维尔滨水公园

b美国芝加哥千禧Lurie花园

c香港湿地公园

d美国纽约高线公园

图7-6　多类型公园案例

深入浅，而非由浅入深，探寻其最突出和稳定的特性。场地分析与研究性设计旨在以集约化设计理念为导向来探讨不同类型的基地特征，对生态条件、空间形态以及交通条件等层面展开分析，归纳各因素对场地环境影响的强弱，并结合相应案例加以比照式分析。同时，亦须运用GIS、数字化叠图法及其他量化技术与评价的方法，科学地运用景观生态学原理，针对场地适宜性进行研究，优化设计与场地环境间的相互关系，有机协调与整合生态、功能以及空间三大设计目标，重点在于恢复场地的自然生态系统并促进场地的生态系统发育，进而生成可量化、可比较、可操作的集约化场地生态型设计策略（图7-6）。

7.2　场地设计的概念、内容、方法和依据

7.2.1　场地设计的概念与内容

地表上的各种设施（如道路、建筑物等）都不是自然生长出来的，在具体兴建或开发前经过某些人专门的或粗略的安排或计划，这个决策过程通常称为设计（图7-7）。场地设计是对场地

图7-7 营造良好生境的场地规划目标

内各种建筑物、道路、绿化、管线工程及其他构筑物和设施所做的综合布置与设计，是景观设计的重要环节，是决定景观设计成功与否的基本和必要条件，而且场地设计一般包括以下七个方面的内容：

（1）现状分析——分析场地及其周围的自然条件、建筑条件、城市规划以及生态承载力的要求等，明确影响场地设计的各种因素及问题，并提出初步解决方案。

（2）场地布局——结合场地的现状条件，分析研究景观建设项目的各种使用功能要求，明确功能分区，合理确定场内植物造景工程、构筑物及其他工程设施相互间空间关系，并且对场地进行平面布置。

（3）交通组织——合理组织场地内的各种交通流动，避免人流车流之间相互交叉干扰，并进行道路、停车场、出入口等交通设施的具体布置。

（4）竖向布置——结合地形，拟定场地竖向布置方案，有效组织地面排水，核定土方工程量，确定场地各部分的设计标高和景观建筑的室内地坪设计标高，合理进行场地竖向设计。

（5）综合管线——协调各种室外管线的敷设，合理进行场地管线的综合布置，并具体确定各种管线在地上和地下的走向，平行敷设顺序、管线间距、架设高度或埋深等，避免其相互干扰。

（6）环境设计与保护——合理组织场地内各种环境设施、小区及绿化工程等，有效控制噪声等环境污染，创造优美宜人的室内环境。

（7）技术经济分析——核算场地设计方案的各项技术经济指标，满足有关城市规划等控制要求；核定场地的景观工程量及造价，进行必要的技术经济分析与论证。

7.2.2 场地设计的方法与依据

可持续景观的场地集约化设计方法是指在景观寿命周期（规划、设计、施工、运行、再利用）内，通过合理降低资源和能源的消耗，有效减少废弃物的产生，最大程度上改善生态环境，进而促进土地等资源的节约利用与生态环境优化，实现生态效能的整体提升，最终实现人与自然和谐共生的可持续性景观。研究在景观设计全程中如何贯彻实施可持续理念，以科学发展观指导景观设计与建设，最大限度地节约资源、保护和改善环境、减少污染，是建筑学科乃至建筑行业发展面临的关键性问题，是一项意义重大而十分迫切的任务。

7.2.2.1　场地设计领域的方法误区：欠科学研究与主观臆断

（1）不遵循自然现状和生态规律的盲目建设,盲目引进非乡土植物、跨气候带植物种、热带植物、冷季型草坪等，导致成活率极低、后期养护成本增加（图7-8~图7-11）。而盖里·罗宾特（Gary O. Robinette ）在其《植物、人和环境品质》中将植被的功能分为四大方面：建筑功能、工程功能、调节气候功能、美学功能。植被的功能一般包括视觉功能和非视觉功能。非视觉功能指植被改善气候、保护物种的功能；植被的视觉功能指植被在审美上的功能，是否能使人感到心旷神怡。通过视觉功能可以实现空间分割，形成构筑物以及景观装饰的功能（图7-12）。

（2）违背原有环境肌理，挖山填湖，人为增加工程量，造成人力、财力的浪费，破坏了

图7-8　未考虑能最大限度发挥生态效益的绿地形式

图7-9　古树移植需要巨大的人力物力

图7-10　反季节栽种和逆境栽植

图7-11　非乡土树种的引进

微地形处理　观赏草的植物种植设计　水生植物的自然种植方法　斜坡区域的种植设计

树下自然种植　消防通道可采用观赏草　爬行类花作为地被处理　草坪的低维护处理

自然平静环境的处理　植物种植不能过于生硬　自然亦具装饰性的种植设计　水上种植处理

树木组合可作为开放式草坪的背景　自然装饰性种植　林荫下开花植物种植　开放区域中的树群设计

图7-12　场地种植方法

景观环境特征（图7-13~图7-18）。在景观设计时，要充分利用原有的地形地貌，考虑生态学的观点，营造符合当地生态环境的自然景观，减少对其环境的干扰和破坏。同时，减少土石方量的开挖，节约经济成本。景观用地原有地形、地貌是影响总体规划的重要因素，要因地制宜。

7.2.2.2　场地设计的原则依据

（1）最大限度地发挥生态效益与环境效益。

（2）满足人们合理的物质需求与精神需求。

（3）最大限度地节约自然资源与各种能源。

（4）提高资源与能源利用率。

（5）以最合理的投入获得最适宜的综合效益。

图7-13 某城郊采石场的过度开发导致生态环境恶化

图7-14 某湿地公园——“湿地不湿”

图7-15 开山取石

图7-16 人为扰动的自然山体现状

图7-17 某河道的硬质驳岸

图7-18 过高的硬质驳岸既不生态造价又高

7.3 场地设计的基本原理

7.3.1 场地系统

场地系统指向功能使用、环境生态等实际需求，自然系统亦作为规划依据应尽可能地给予保护，恰如计成在《园冶》中所说的“相地合宜，构园得体”、“自成天然之趣，不烦人事之功”，即审慎地选择适合构园的自然环境，在保护自然景色的前提下去构园，其考虑的因素如下所举：

“排水”——若对由植物、自然洼地、河床、河谷、沼泽、池塘或湖泊所组成的，自然成形网络进行改变，都是破坏性、高代价的。人工排水设施应尽可能少用，自然排水通道应得到保护并给予充分利用；

“改动”——不适合现状地形的人行和车行规划线路会导致填挖土方、保护坡度、跨越沟渠、连接下水道以及新建地被等诸多问题和花费；

“种植”——优秀的种植也应该是系统化的，它可以表达和强调场地的布局，构成了开放空间、闭合空间或半闭合空间相互联系的格局，每一空间都与其规划功能相适。可以拓展地形、可以构成框景、加固构筑物、提供单体与单体、地方与地方之间的视觉过渡带；充当背景、屏风、阳蓬；既能阻挡冬季寒风，又能疏导夏季微风，还能洒下阴影，带来绿荫；吸收降水、清新空气，调节气候。好的种植应当：简洁明快，秩序井然。除非在城市环境中，大部分选用的植物应是本土树种，无需特别护理。每种植物应服务于一种目的，所有植物的整体应有利于规划的功能和表达；

“材料”——建筑材料也应选取本地材料；

“运作”——每一建筑、每一用地不仅应能作为运作良好的单体，还应能一起构成一个有机的整体；

“维护”——有效地维护在规划设计的初期就应加以考虑；

“照明”——场地照明设施的作用：在交通进行及穿越时保证安全，发出危险警示，增加安全性，减少破坏行为；通过对设计重点、人流聚集地和建筑入口的强调来体现设计意图；划清并照亮了相互连接的路线，起导向作用；通过重点照明、美观的建筑、有特别意义或美感的场地区域可形成视觉的聚焦点；

“标志”——与照明系统密不可分，照明应与相关的方位标志的定位一起规划，标志最好组织成一个等级序列；每一个标志的尺寸、色调和布置的设计都应服务于各自的特定目的，整体则统一表现为一个相互关联的群体；

“地形与铺装”——“开挖与造坡”须保持绝对最小量：平衡现场填挖量；保护树木及植被；挖去表土并予保存；避免在土壤潮湿、过干、冻结时施工；排水应从建筑物向四周导入汇水区、水沟或排水口；“坡地”即土方填挖，大于1：2的坡地建议加覆盖物，或做成植物护坡；大于1：3的坡地最好作为草坪以便于修剪；“踏步”则尽可能地避免踏步，除非它们作为一种景观特征存在；通常要考虑残疾人，为他们提供其他通行坡道；

“景观形象”——场地设计需重视景观形象的整体塑造，通过空间结构的变化，运用各种组织手法把各种景观的美学要素展现在人的面前，通过一系列视觉刺激、听觉刺激及其他感官刺激，使人产生美的感受，包括视觉景点与景观点、视觉轴线与景观走廊、视觉区域与景观区域、景观画面（色彩、质感）、景观空间（大、小、开敞、封闭、内聚、外向）等关乎视觉感知的系统组织。

7.3.2　自然气候

（1）气候是基础，一旦场地被选定，就自然提出两个新的因素：如何根据特定气候条件进行最佳场地和构筑物的设计？又用何种手段修正气候的影响以改善环境？

（2）最显著的特征：温度、季节、日间温度变化，如随纬度、经度、海拔、日照强度、植被条件以及海湾气流、水体、积冰和沙漠等气候影响因素的变化而变化。

（3）运用“微气候学”设计的原则：消灭酷热、寒冷、潮湿、气流和太阳辐射的极端情况；提供直接庇护构筑物以抵抗太阳辐射、降雨、风、暴风雨和寒冷；根据不同季节设计；根据太阳的运动调整社区、场地和建筑布局；利用太阳的辐射，通过太阳能集热板为制冷补充热量和能量，风也是一个长期行之有效的能源；水分蒸发是一个制冷的基本方法；充分利用临近水体有益影响；引进水体等。

（4）雨量：雨量对植物生态影响甚巨，对工程建设也十分重要。河川水利、都市排水系统都需要雨量资料，工程进度与工期也受下雨日数和雨量的左右。

（5）日照与日射：日照是指有直达日射时的状况，即物品在阳光下会产生阴影时的状况。在气象学上日照则以日照计能够感应测得的数据为准，日射是太阳辐射量的强度大小。

（6）风：气象学上将风向及风向频率绘于一同心圆上称为风配图（Wind Rose）。

7.3.3　场地设计的典型实例：住区景观

1）环境生态——不仅仅是绿化，要从创造生态环境来考虑：

（1）分析住区朝向和风向，开辟组织住区风道与生态走廊；

（2）考虑建筑单体、群体、园林绿化对于阳光与阴影的影响，规划阳光区和阴影区；

（3）最大限度地利用住区地面作为景观环境用地，甚至可将住宅底层架空，使之用作景观场地；

（4）发挥住区周围环境背景的有利因素，或是借景远山，或是引水入区，创造山水化的自然住区。

2）业主使用——提供充足丰富的户外活动场地：

（1）动态性娱乐活动与静态性休憩活动的结合搭配；

（2）公共开放性场所与个体私密性场地并重；

（3）开敞空间与半开敞空间并重；

（4）立体化的空间处理。

3）景观形象——将自己置于住户的位置考虑：

（1）借景；

（2）绿满全景；

（3）以曲代直；

（4）与众不同。

7.4 场地的景观特征评估与设计

7.4.1 景观特征评估的方法

景观特征是指持续发生在特定类型景观中，明确的并受到承认的要素形式。它有多种特定的内涵：地质、地形、土壤、植物、土地使用、场地形式以及人类建筑。特征（Character）指的是在一定场地内使景观与众不同并创造出一种特定场地感受的因素。每个场地都有特征，任何景观都与众不同。究竟它们的价值来自于它们的独特性或是其他，是当今的另一议题。场地设计具备超前性与阶段性、自然性与生态性、设计性与实施性，切合生态发展的景观设计要点如材料、方法等必须融接于城市的现状、地形、气候，亦须熟悉人类的生存与生活、防灾意识等人文结构。场地设计更具有多义表达的特性，如彼得·艾森曼（Peter Elsenman）设计的柏林犹太人纪念碑（Germany's national Memorial for the Murdered Jews of Europe）是在德国乃至欧洲的政治中心将近1.9万m^2的平坦场地上，用2700个混凝土块体，表达了纪念主题，不断地强调压抑、愤懑的情感，无疑在氛围营造上是成功的。执着的犹太人坚持要将日耳曼人的杀戮和历史的悲哀永久地还给日耳曼人，设计给人们带来的压抑与悲哀令人无法挣脱（图7-19）。

而播磨高科技中心环境设计（Center for Advanced Science and Technology）位于日本兵库，它反映了一个最具深远意义的理性和文化价值的新社区的形象。它是一扇面向参观者、杰出的科学家和政治家的门，一个进行国际会议和交流的场所（图7-20）。

图7-19 艾森曼设计的柏林犹太人纪念碑

7.4.2 景观特征评估的实践应用

7.4.2.1 景观评估、规划和设计

景观特征评估主要工作在于景观调查，包括景观价值与规划应用、景观资源与景观调查、景观视知觉特性评价、景观模拟建构等。景观特征评估有价值的建设性则在于：在战略（区域和结构计划）和地方水平上规范规划政策、发展控制行为、分配土地发展、规范具体发展形势，以及在规划、政策和单独的发展项目两个层面上为环境影响评估（Environmental Impact Assessment）提供意见。例如在英格兰和苏格兰，景观特征评估都被作为分配和管理不同类型土地发展的辅助决策工具。它尤其被用来进行敏感性、承受力的研究。理解景观特征能够很好地帮助指导设计，给景观尤其是新发展的设计中新元素进行定位。设计指导正越来越多地被用来确保这些必要的改变以符合整体景观特征，如果有可能还希望能够提升它。“从自然到人工”的景观土地利用变迁过程——“原始自然景观→新石器及青铜时代景观→铁器时代末期景观（约公元前1000年）→历史乡村景观（1100~1800年）→传统农业景观（1800~1950年）→现代农业景观（1950年~）→城市化景观”——如图7-21所示，须尤其注重土地使用的本体价值，因为场地分析的目标都是为了决定土地使用等级，辨别在某一特殊环境中利用土地，而不破坏整体环境的最适方式，且规划师必须能充分了解分析目的及所需得知的成果，应用适当分析方法，以使其能估计土地利用的影响，并了解发展效益。

例如广场大厦（Plaza Towner）位于加利福尼亚的科斯塔·梅沙，是加州亚奥兰治县南海岸

图7-20 播磨高科技中心环境设计

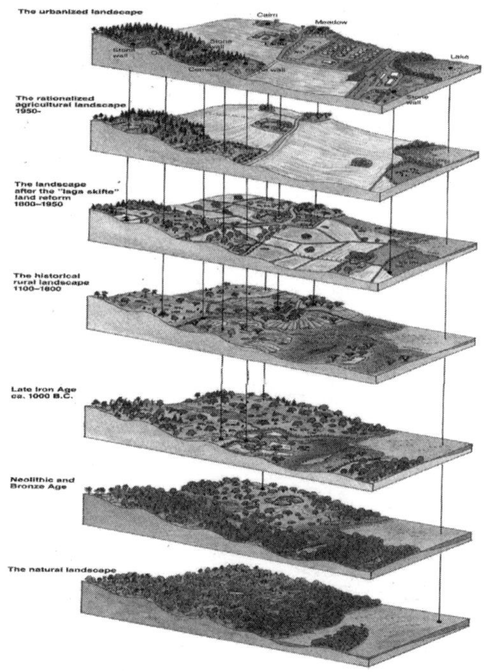

图7-21 场地变迁历史模型示意图

市镇，这里原只是一个以农业经济为主的地区，第二次世界大战后的数十年，这一地区迅速地发展成为一个高楼林立的商业、文化中心，图7-22即为由彼得·沃克设计的广场中心的新景观。另由彼得·沃克（Peter Walker）设计的慕尼黑国际机场的凯宾斯基酒店花园（Garden of Kempinski Hotel）则是一个在平坦的场地上建构了“相互偏离的几何网格系统”——种植了两种植物加以修剪来延续欧洲传统的模纹花坛手法，并采用当代的发展的形式加以表达（图7-23）。而得克萨斯州IBM公司索拉纳（Solana）园区项目亦为彼得·沃克的作品之一，这里过去曾是一个340hm^{2}的大农场的一部分，设计中通过由已存在的自然景观、地形和气候条件，以及过去的土地利用情况所决定的线路去指导索拉纳景观形式形成，

图7-22 彼得·沃克设计的广场大厦景观

图7-23　凯宾斯基酒店花园

且沃克通过一个900m长的台地园，使自然景观与建筑、建筑与人工造景完美地融为一体（图7-24）。

而且，气候变化已经受到国际风景园林界普遍关注。英国风景园林学会（LI）2007年11月举行了主题为“气候变化：风景园林学面临的挑战”的年会。英国风景园林协会政策委员会主席乔恩·洛弗尔指出风景园林设计专业在对抗气候变化问题上有着非常重要的作用。同年，澳大利亚风景园林师协会（AILA）也召开了以“气候和设计”为主题的国家大会。美国风景园林师协会（ASLA）2008年2月公布了《气候变化宣言》，宣言呼吁风景园林师认识和应对气候变化，并提出场地规划、雨水管理实践和社区的明智增长能够减缓全球气候变化的影响。炎热干旱是气候变化造成的主要影响，澳大利亚风景园林师朱利安·劳克斯沃斯（Julian Raxworthy）在《应对干旱的澳大利亚》（*the response to dryness in Australia*）中即提出面对气候持续变暖和降水量减少的趋势，风景园林师们已经不能随心所欲地设计和营造郁郁葱葱的园林景观，他们正在不断寻找和摸索适应干旱气候状态的园林语言和技术，譬如花园设计行业引进与澳大利亚现在气候相仿的花园形式如托斯塔那风格；但是与此同时，风景园林行业则更加注重在保留自己本土特征的基础上进行尝试，探索适应气候的新的理念，如墨尔本的澳大利亚花园（Australia Garden）。朱迪斯·格尔德仁（Judith Gelderen）在《爱丽丝泉：水与沙漠》（*Water and Desert, Alice Springs*）中亦阐述了如何在越来越干旱的条件下在澳大利亚中部沙漠建立可持续发展的社区。巴西圣保罗大学教授保罗·佩雷格里诺（Paulo Pellegrino）的《热带大都市的雨水花园》（Tropical metropolitan Rain gardens）则介绍了圣保罗是如何根据气候变化合理地改变了雨水管理方式，从而创造一系列雨水花园。但是，在风景园林规划如何适应和减缓气候变化方面也有人士认为目前在思想认识和实际行动之间仍存在巨大的鸿沟。其中一个原因是当前能够得到的气候变化的数据太泛，对于气候变化影响适应研究不具备指导性。针对此问题目前德国汉堡马克斯普兰客学院已经着手对特定区域气候变化进行嵌套式高分辨率模型研究，这些研究结果将会为区域规划提供切实的依据。

强调与环境和平共处、顺应自然、利用自然的人居环境可持续发展的景观都市主义，其核心价值即在于对场地“自然属性”的高度重视。俞孔坚的作品“艺术之田：芝加哥北格兰特公园设

图7–24　源自场地多重属性的IBM公司索拉纳（Solana）景观设计

计”（The Chicago Art Field Design）的设计策略即“从生存的艺术到超越生存的艺术”，将美国五大湖区地域传统的农业耕植行为与农业景观引入城市形态的发展肌理之中，并从食物供给等多维度地滋养着城市的营养需求（图7-25）。俞孔坚的另一作品“哈尔滨群力国家城市湿地公园”则着眼于景观社区尺度的生态可持续水适应城市建构，将“雨洪公园”设计概念导入该场地基址之中——通过场地的转换设计，使湿地的多种功能得以彰显：包括收集、净化、储存雨水和补给地下水。昔日的湿地得到了恢复和改善，乡土生物多样性得以保存，同时为城市居民营造了舒适的居住环境，建筑与雨洪得以和谐共生，自然和城市发展得以同时发展（图7-26~图7-28）。

哈尔滨群力国家城市湿地公园由场地具体研究到生态型雨洪景观设计的实例分析：

1）引言：雨涝困扰当代城市

全球气候变化导致了前所未有的极端天气，强暴雨时有发生，由此导致的城市洪水已经成为全球性问题。在中国，由于中国不断扩大的城市建设区，而且多数城市都处在季风气候中，70%~80%的年降水都集中在夏季，在一些极端的例子中，每年20%的自然降水可以在一天内完成。以北京为例，年平均降水只有500mm，但在2011年，仅一天的降水就达到了50~120mm。因为不渗水铺装的增加，即使在常态降雨情况下，城市雨涝在中国的各主要城市中仍然屡见不鲜。通常，人们会借助于市政排水工程的方法来解决城市雨涝问题：铺设大型排水管道，更大的泵或者建更坚固的堤坝，这种单一的方法带来着很多的问题：

（1）经济方面：建造足够大容量的地下管道系统来排放极端暴雨，是十分浪费和昂贵的，而且也会增加我们的后代子孙们的城市管理和维护负担。

（2）水资源短缺方面：中国淡水资源短缺，大都市区域的地下水位下降是一个严重的问题。

图7-25　芝加哥“艺术之田”

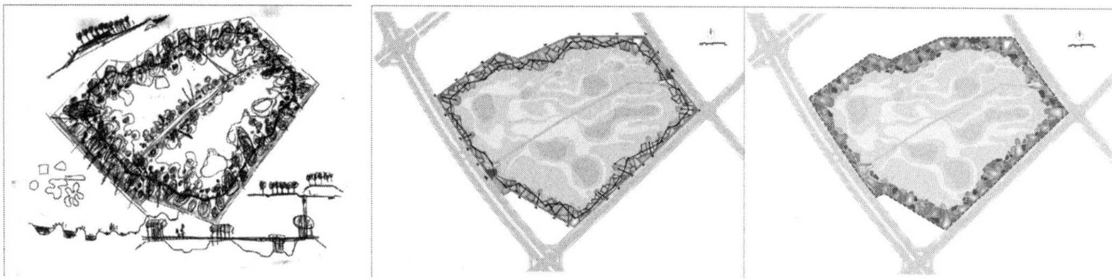

图7–26　群力湿地公园场地研究分析

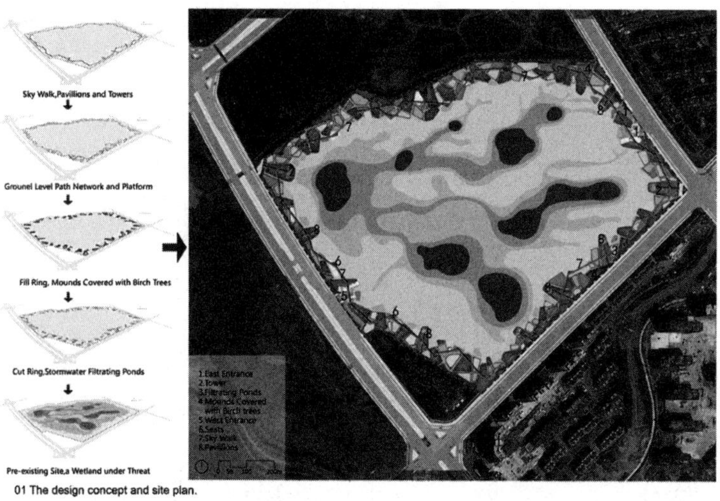

图7–27　群力湿地公园的概念设计演进和总平面图

在中国660多个城市里，有400多个正经历着水资源短缺的困扰。比如，在中国的华北地区每年地下水位下降达2m之多。由于过度使用地下水，几乎没有给地下含水层以足够的补给，可以看到北京在过去三十年间，地下水位平均每年下降1.5m。所有落到城市的雨水都经由管道排走或引入河流。

（3）生态系统服务方面：工程雨水排放系统的广泛使用，造成了地表水体的消失，包括水生生境，尤其是城市湿地的消失。另外，当所有这些雨水被排走的时候，城市里的公园和绿色空间就需要更多的灌溉，于是就更加剧了水资源短缺问题。在这种情况下，公园绿地是昂贵的消费者，而非生产者和生态服务的供给者。利用景观滞留和净化雨水，起到海绵的作用，是常规市政工程以外的、能对城市雨洪水管理发挥很大作用的很好途径。这种方法的一个例子是本文介绍的哈尔滨群力雨洪公园。它整合了大尺度雨洪景观管理和城市乡土生境的保护、地下水补充、居民休憩和审美体验等多种功能，对综合而明智地解决城市雨洪问题，进行了有益的探索。

2）设计内容与目标

2006年位于中国北方城市哈尔滨市的东部群力新开始建设，总占地约2733hm^2。在接下来的13~15年里，将有3200万m^{2}的建筑全部建成，约30万人将在这里居住。仅有16.4%的城市土地被规划

图7–28　哈尔滨群力公园雨洪生态景观结构形式

为永久的绿色空间，原先大部分的平坦地将被混凝土覆盖。当地的年降水量是567mm，60%~70%集中在6~8月份，历史上该地区洪涝频繁。2009年中，受当地政府委托，北京土人景观承担了这个新城中心一个主要公园的设计，占地34.2hm^2，原为一块被保护的区域湿地。受周边道路建设和高密度城市发展的影响，湿地面临着严重威胁。最初委托方只要求设计师能想办法维护湿地的存在，土人的设计改变了为保护而保护的单一目标，而是从解决城市问题出发，利用城市雨洪，将公园转化为城市雨洪公园，从而为城市提供了多重生态系统服务：它可以收集、净化和储存雨水，经过湿地净化后的雨水补充地下水含水层；受雨水的浸润，可以使茂盛的乡土生境在城市中央繁衍；同时，通过巧妙设计，雨洪公园可以成为市民休憩的良好去处，并带动城市的发展。

3）设计理念与策略

总体的设计理念是，通过最少的工程量，来实现城市、建筑及人的活动与洪涝过程的和谐共生，实现城市绿地的综合生态系统服务功能。

（1）保留现存湿地中部的大部分区域，作为自然演替区。这样，既可以大大减少工程量，同时，可以让本土的自然景观得以充分地繁育。

（2）沿四周通过挖填方的平衡技术，创造出一系列深浅不一的水坑和高低不一的土丘，成为一条蓝一绿宝石项链，作为雨水过滤和净化带，是城市与自然湿地之间的缓冲区，形成自然与城市之间的一层过滤膜和体验界面。沿湿地四周布置雨水进水管，收集新城市区的雨水，使其经过沉淀和过滤后进入核心区的自然湿地。不同深度的水泡为乡土水生和湿生植物群落提供多样的栖息地，开启自然演替进程。土丘上密植白桦林（Betula pendula），步道网络穿梭于山丘、林地和水泡之间，给游客带来穿越山林的体验。水泡中设临水平台和座椅，使人们可以更加贴近自然。

（3）高架栈桥连接山丘，给游客们带来凌空于树冠之上的体验。多个观光平台，5个亭子（竹、木、砖、石和金属）和两个观光塔（一个是钢质高塔，位于公园的东端；另外一个是木质的树状高塔，坐落在西北角）。在山丘之上，通过空中走廊连接，通过这些体验空间的设计，使人远可眺公园之泱泱美景，近可体验公园内各自然景观之元素。

7.4.2.2　景观保护、管理和提升

景观特征评估在近年来被广泛地应用在景观保护和管理中，传统的关注中心一直是有景观价值的特殊区域，如今则不断强调保存和提高大尺度范围景观中的特征多样性和场地的生态修复设计策略。强调评估景观现有特征并不是要阻止新景观的创造，当景观特征评估显示景观提升战略适合特定景观类型或景观区域时，就意味着存在对于景观进行重大改变的空间——通常会创建一个新的景观以适应新的功能需要。通常具有退化特征和要素的景观有很大余地进行积极的景观改造，以此提升地方环境和人们的生活质量。例如风景园林和环境工程的棕地修复之间即存在紧密的关联性，棕地（Brownfield）就是棕颜色的土地，英语中的“Brownfield”有两个来源，第一个是英国，第二个是美国。在英国，一般与林地、湿地还有农田绿地相对应，棕地指任何被开发活动干扰过的土地，而美国往往强调的是被污染或者疑似被污染的土地，所以英国的棕地概念是大于美国的。我国“棕地”的概念与美国的更相接近，基本上泛指被污染或者疑似被污染的场地，对于场地的再利用即需要建立在对于污染物质的勘测、修复和监测的基础之上。棕地本身的特

点——“污染”——空气污染、地表水污染等，最主要的则是土壤污染和地下水污染，具有很强的隐蔽性，对人体的伤害是通过长期慢慢积累的过程之后才会被感知到。这种类型的工厂包括很多种，包括钢铁厂、纺织厂等；第二种是矿坑采石厂，包括了煤矿、有色金属矿；最后一种就是垃圾填埋厂，既包括正规的也包括了非正规的简易的填埋厂。在西方国家“封闭”包含的类型更广，比如说墓地或者废弃的港口、军事基地等。

在进行棕地再生景观设计项目的时候，由于是多学科交叉合作的，首当其冲的就是环境工程专业，因为棕地最主要的问题是对于场地的污染，所以对于这个污染的清除也是决定性的因素。世界银行2010年对中国棕地状况进行了报告，这个里面已经将中国的工业污染的土地类型分成了三类，其中既包括重金属的污染厂，还有持续性有机的污染物和其他的污染物，以及电子的废弃物。对于不同的污染物的修复方法是不同的，可以原位修复，也可以异位修复，可以采用物理、化学的方法，也可以采用生物或者植物的修复方法，但是每一种方法对于场地最终的设计和场地空间特征，都会产生非常大的影响。和棕地相关的其他领域包括了法律、经济、社会、生态、艺术、建筑等。比如说棕地修复的标准是什么？修复的费用由谁来承担？而且棕地往往是城市里面破坏严重的区域，棕地周边弱势人群的利益是不是得到了保障？开发过程中有没有公众参与的过程？棕地被开发的类型也是多种多样的，相当一部分棕地因为自身条件的限制，被开发成城市公共空间，风景园林师可以在这个领域内有更多介入的范围。其中之一就是博物馆，比如一个比较典型的案例——位于德国鲁尔区关税同盟煤矿工业综合体生态修复改造；另外一类如北京的798、上海的8号桥都属于工业遗产保护这种类型；其他类型包括商业开发，在美国越来越受到更多应用，如在棕地上进行太阳能可再生能源基地的建设。

图7-29为美国芝加哥亨利帕米萨诺公园（Henry C. Palmisano Park）采石场及垃圾场改造，约占地11hm^2，曾作为石灰石采石场长达139年，后作为建筑垃圾场达15年。由于芝加哥很多建筑的石材基本上本地采取，采石场很自然成为建筑垃圾场。芝加哥公园管理中心决定要把这个场地重新赋予新的功能，后来把它开发成一个公园就成了首选。它的景观设计由芝加哥当地设计公司场地设计集团（Site Design Group）在2004~2009年间完成。该公园设计基本上分成了四个区，其中一个区，也就是由建筑垃圾所堆成的山体，也是这个公园里面的制高点，这个山体比周边的街道高出10m的样子，是和住宅最为相邻的运动场地。第三个区域矿坑水池是场地最低点，从这儿可以看到原来采矿时候遗留下来的垂直的崖地。第四个区域东北角主路口到矿坑水池之间雨水花园，从整个公园的东北角进入的话，通过它的主路口可以直接看到最高的山体，并且他们保留了石灰石材，作为以前这个场地是采石厂的历史记忆。顺着这个坡道来到公园山体顶端，顶端有一个小的活动平台，供人们在这儿休闲娱乐，同时有一些石灰石点缀其中。从里这可以远眺，看到周边的环境，除了住宅还包括还在运营的工业设施。另外，从山体的南端下来，还建造了儿童游戏场地、体育运动设施，顺着这个坡道一直往下，就会来到最深的矿坑深潭的位置，也可以看到采石留下的地方，现在这个深潭开发成垂钓区，不能够把鱼带走的，完全为了提供垂钓的活

动。从这儿可以看到，原来岩壁上，采石场生长了很多自然植物，进行再利用并没有把岩地清理，保持了原来的现状。图7-30是从更高的点俯瞰金属栈道和整个水池的关系，包括最上面，拍摄者位于这个场地西侧的运动场地。

从阶梯状的雨水花园可以看到，金属栈道一直下到水面，清水台阶一直走到雨水花园；远处可以看到建筑垃圾堆成的山体。图中展示夏天的时候有非常丰富的湿地植物，包括山体上也有很多丰富的草本花卉植物。在这个项目里面风景园林和环境工程之间，其实是有非常紧密的结合，而且在环境工程方面的限制，其实成了景观设计的一个灵感的来源，因为按照美国的法律规定，由于这个场地原来是采石场，而且也是建筑垃圾场，垃圾不允许运离，必须在场地内部进行解决。设计师为了把雨水花园的场地留出来，把下面的建筑垃圾差不多全部往南移，这样也加大了高差变化的强烈感——因为芝加哥是一个平原城市，在它的城市公园里面能够有这样的制高点，其实是非常难得的（图7-31）。

图7-29　采石场及垃圾场改造后的亨利帕米萨诺公园

图7-30　合乎场地本体建构原理的立体景观设计

图7-31　“制高点”景观建构

第 8 章

各种类型空间的景观设计

景观经过多年的发展，已经形成了独立的几个专业领域，包括景观遗产保护、生态景观、园林景观、植物、景观工程。在设计的层面，按照不同的公共空间类型又包括城市广场设计、线性空间设计、公园设计、住区设计、庭院设计、风景名胜区与旅游景点设计等内容，本章将按照各种分类对常见的空间景观类型设计。

8.1 城市广场

城市广场，一般是指为了满足多种城市社会生活的需要而建设，以建筑、道路、山水、地形等围合，由多种软、硬质景观构成的，采用步行交通手段，具有一定的主题思想和规模的结点型城市户外公共活动空间，常被誉为“城市客厅”。

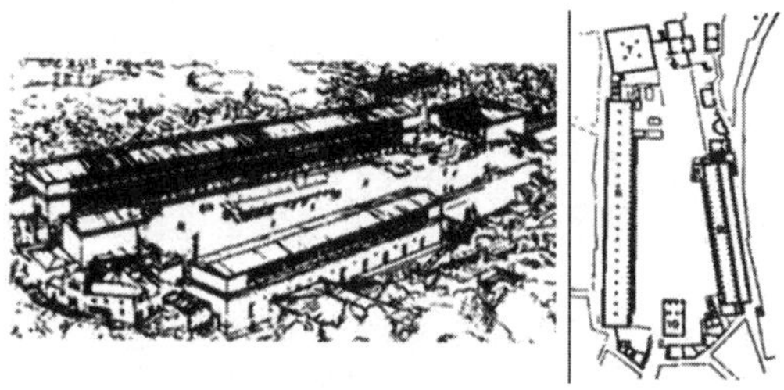

图8-1 古希腊阿索斯中心广场

广场的功能与广场在城市中的位置及广场周围的建筑性质有关。古代的城市广场，其功能主要是交通、集会、宗教、商业集市等。现代城市广场的发展，在功能上增加了纪念、交往、休闲、娱乐、观赏等内容。如古希腊时期，广场是人们进行户外活动和社交的场所（图8-1）；古罗马时代，广场的使用功能逐步由集会、市场扩大到宗教、礼仪、纪念等，广场也开始固定成为某些公共建筑前附属的外部场地（图8-2）；中世纪意大利的广场功能和空间形态进一步拓展，城市广场已成为城市的“心脏”，形成与城市整体互为依存的城市公共中心广场雏形（图8-3）；文艺复兴时期广场建设力图体现人文主义价值，追求认为的视觉秩序和庄严雄伟的空间效果（图8-4）；巴洛克时期，广场成为整个道路网和城市动态空间序列的一部分，强调塑造一种自由流动的连续景观空间和动态视觉美感（图8-5）。随着社会的发展，广场的功能越来越重要且复杂。

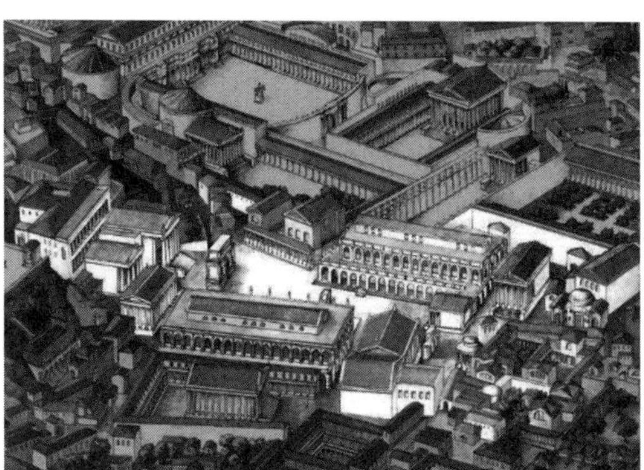

图8-2 古罗马广场群复原图

图8-3 中世纪锡耶纳坎珀广场

图8-4 文艺复兴时期圣马可广场

图8-5 罗马圣彼得大教堂广场

图8-6 北京天安门广场

在人流集中的地带设置广场，可起到人流集散的缓冲作用；在社会性较强的主体建筑前配置广场，可突出主体建筑；在干道互相交汇的地方设置广场，能改善道路功能。

8.1.1 分类及其空间特点

现代广场按照其使用功能，分类越来越细，一般可按照主要性质、用途、形式及其在道路系统中所处的位置大致划分为市政广场、商业广场、交通集散广场、休闲文化广场、纪念性广场、宗教广场等。

（1）市政广场，位于城市中心位置，通常是政府、城市行政中心，用于政治文化集会、庆典、游行、检阅、礼仪、传统民间节日活动。市政广场一般面积较大，以硬质铺装为主，便于大量人群活动，不宜过多布置娱乐性建筑及设施。如北京天安门广场（图8-6）、青岛五四广场、各地政府广场等。

图8-7 三峡广场

（2）商业广场（图8-7），是用于集市贸易和购物的广场，在商业中心区以室内外结合的方式把室内商场和露天、半露天市场结合在一起。商业广场大多采用步行街的布置方式，使商业活动区集中。广场中宜布置各种城市小品和娱乐设施。

图8-8 郑州火车站东广场

（3）交通集散广场（图8-8），是交通的连接枢纽，起交通、集散、联系、过渡及停车作用，并有合理的交通组织。交通广场通常分为两类：一类是城市交通内外会合处，如汽车站、火车站前广场；另一类是城市干道交叉口处交通广场，即环岛交通广场。交通集散广场应满足畅通无阻、联系方便的要求，有足够的面积及空间以满足车流、人流和安全的需要，可以从竖向空间布局上进行规划设计，以解决复杂的交通问题，分隔车流和人流。

图8-9 大连中山广场

（4）休闲文化广场（图8-9），是供人们休息、娱乐、交流、演出及举行各种娱乐活动的广场。广场通常选择人口较密集的地方，便于市民使用方便。广场的布局形式、空间结构灵活多样，面积可大可小。广场中宜布置台阶、坐凳等供人们休息，设置花坛、雕塑、喷泉、水池及城市小品供人们观赏。广场应具有欢乐、轻松的气氛，并以舒适方便为目的。

图8-10 米兰大教堂

（5）宗教广场（图8-10），布置在宗教建筑前，举行宗教庆典、集会、游行、休息的广场，广场设计上应以满足宗教活动为主，表现宗教文化氛围和宗教建筑美，通常有明显的轴线关系，景物也是对称布置，广场上设有供宗教礼仪、祭祀、布道用的平台、台阶或敞廊。有时与商业广场结合在一起。

（6）纪念性广场（图8-11、图8-12），以纪念人物或事件为主要目的的广场。广场中心

图8-11 唐山地震纪念碑广场

图8-12 青岛五四广场

或侧面以纪念雕塑、纪念碑、纪念物或纪念性建筑作为标志物，主体标志物位于构图中心，其布局及形式应满足气氛及象征的要求。广场应远离商业区和娱乐区，宁静的环境气氛能突出严肃的纪念主题和深刻的文化内涵，增加纪念效果。建筑物、雕塑、竖向规划、绿化、水面、地面纹理应相互呼应，以加强整体的艺术表现力。

8.1.2 景观的环境功能与特征

广场是城市环境的重要组成部分，通常都位于城市的中心位置或重点区域，为市民提供室外活动和公共社交的场所，是城市公共空间的重要形式。广场的景观是广场品质最直接的表现，也是交通的枢纽和居民特定行为的实施点，还可以反映一个城市的文化特征和居民的生活品质。景观在广场中的环境功能主要有以下几个方面：

（1）承载户外活动。现代人们在广场空间中的活动不以单纯的游览、交通为主，而是要在其中进行娱乐、体育、教育等多种活动，这不仅要求广场环境优美宜人，还要根据场地的实际需要，布置文化娱乐器具和配套设施（图8-13）。

（2）引导视线与交通。在满足通行要求的同时，还需要利用景观视觉效果来引导人们的视线与通行方向。这种引导功能主要是通过线形和色彩的设计来实现（图8-14）。平行于视平线的线形强调地面的纵深感，垂直于视平线的线形强调地面的宽度。

（3）分隔与组织空间。通过材料或样式的变化可以体现广场空间的边界，给人们产生不同的心理暗示，达到分隔与组织空间的效果（图8-15）。另外，地面高差的变化也可以分隔和组织空间，并增强场地的趣味性，常见的处理方式有台阶和坡面。

（4）体现主题与意境的优质景观往往能对整体空间起到烘托或诠释主题的增彩作用，利用图形、文字、特殊符号等传达空间主题，表现历史文化和地域特色，从而强化广场主题，加深意境，这在一些纪念性广场、文化主题广场空间中比较常见（图8-16）。

城市广场具有公共性、开放性、主题性、文化性和地域性等特征，人们在广场上进行交流、学习、休憩、观赏、聚会、娱乐等多种社会活动。这要求广场景观需符合人们的行为特征，满足人们的心理需求；弘扬城市地域文化、展示城市活力，并成为城市精神的有力表述。

在广场空间中，地面是联系主体建筑与其他景观元素的载体，是疏散广场交通的引导者，更是城市结构的转换处。因此，它成为组成整个区域最重要的设计点。在景观设计中应建立有效的交通秩序，合理组织穿行道路、公共活动场地、广场家具等的设置，保证功能需要。在满足功能的前提下，创造一个具有某种风格特征的优质环境，来满足不同使用者的审美需求与文化精神。

图8-13　德国柏林波茨坦广场（广场承载着人们的活动）

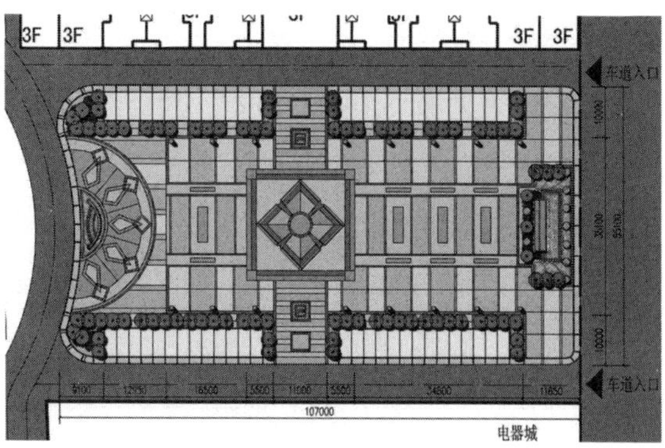

图8-14　某商业前广场（散步道铺地设计，引导游人前进）

图8–15 某居住小区活动广场（编织图案的铺地）

图8–16 华盛顿第二次世界大战纪念广场一角（利用景观设施来传达空间主题）

8.1.3 景观元素的设计手法

城市广场的景观构成要素可根据人们的感知分为软质景观和硬质景观。软质景观包括绿化、水体、夜间照明等给人们以柔性感觉的景观。硬质景观则包括道路、铺地、建筑、环境小品、构筑设施等一些质感坚硬的景观。

8.1.3.1 软质景观设计

绿化植物景观。用生态学的观点和美学法则营造植物景观，是环境景观设计的核心，也是现代城市广场景观设计中必不可少的组成部分。植物景观设计时，首先，应根据广场的总体布局、景观立意进行配植，使植物景观与总体环境协调一致；其次，要注意做到主次分明，并体现植物景观群落的要求；第三，植物与水体、建筑、道路、铺装场地及景观小品等其他景观要素相得益彰；第四，与地形地貌等因素结合，利用植物材料进行空间组织与划分，形成疏密相间、曲折有致、色彩相宜的植物景观空间（图8–17）。

水体景观设计。水景是构成城市广场的重要元素之一，水景观已经逐渐成为展现广场魅力的重要角色。水体的形、声、色三大要素是最主要的设计内容。形，即水景的形式（如溪流、瀑布、池塘、喷泉等）、形态（如静水和动水）、造型（如规则式和不规则式）等，是水景设计中最重要的要素；声是指各种水体发出的声音，如溪水的潺潺水流声，泉水的喷涌声等；色，即水的质感，往往同水中的动植物和岸边的倒影结合构成动人的水景。广场水景的设计应一方面满足功能性要求，另一方面满足环境的整体性要求（图8–18）。

照明景观设计。城市广场照明是利用灯光塑造城市夜景的一种照明技术，设计的重点是：在把握整体设计原则的基础上，根据广场的现实条件，突出广场雕塑、树木及建筑物，在夜晚漆黑的背景下，用灯光把被照物的美感充分体现出来。另外要保证广场的照度达到规范指标，起到指示道路的作用。

图8-17 华盛顿越战纪念碑（绿化具有良好生态效益和景观效益，并与整体环境意境保持一致）

8.1.3.2 硬质景观设计

铺装景观设计。广场的铺装具有暗示空间、统一协调设计、构成空间个性、创造视觉趣味等功能，通过对铺装形状、色彩、质感和尺度四个要素的合理组合形成形式多样的广场铺装。广场铺装设计必须遵循艺术构图原理，一般以简洁的构图为主，在一定地段应以一至两种铺装材料为主体，注意把握住广场的整体设计效果（图8-19）。

环境小品景观设计。良好的环境小品设计与布局是广场中富有吸引力的许多活动的前提，是触发人们积极使用户外环境的重要因素，可以成为凝聚能量、释放活力的区域象征。广场环境小品设施包括:景门、景窗、景桥、景水、景牌、景标、廊架、护栏、花坛、花池、圆凳、灯具、雕塑、建筑、亭榭等，应进行系统的分析，整体地把握人、环境、公共设施的关系，使其作为综合的、整体的、有机环境的一部分（图8-20）。

图8-18 西安大雁塔北广场之主题喷泉

图8-19 黄山学院徽文化广场

a主题雕塑　　b人物雕塑之下象棋老人

图8-20　大连海之韵广场雕塑

8.1.4　典型案例——上海人民广场改造

被誉为“城市绿肺”的人民广场位于市中心，是一个金融行政、文化、交通、商业为一体的园林式广场。广场北侧是上海市人民政府所在地，西北侧为上海大剧院，东北侧为上海城市规划展示馆，南侧为上海博物馆，人民大道穿越其中。广场两侧各设17m宽的绿化带，绿化总面积达8万m^2。人民广场总面积达14万m^2，过去作为全市人民游行集会的场所，可容纳120多万人（图8-21）。

人民广场综合改造工程，从1988年5月地铁站开工开始，改造内容主要为主体建筑、市政配套和绿化建设等。

主体建筑现为七个，包括北面中轴线位置上的市政大厦，原体育宫看台位置的上海大剧院。东侧为城市规划馆，中轴线南面的上海博物馆，人民广场东北侧，是地铁人民广场车站。人民大道南侧，依次是三个大型地下建筑，东南是带式地下商城，往南是亚洲最大的城市型地下变电站，西南是上海最大的地下停车库。

市政配套设施方面，首先保留整修了长600m、宽32m的花岗石路面，使上海市民心中的人民大道风貌依然。在大道两侧，辟出了5.5m宽的绿化隔离岛和6.5m的非机动车道，并铺上彩色的人行道。武胜路上为原来的八个公交线路建造了起讫站点，勾勒出一个弧线形的“月亮岛”。武胜路停车场已经成为旅游大巴的集散中心之一。

绿化建设方面，绿化布局以中心广场喷水池为圆心，逐渐向外展开，培植绿化总面积8万m^2。大规模的绿化将人民广场与12万m^2的人民公园连为一体，成为上海市中心的两叶“绿肺”，大大改善了市中心的环境。

改造后的人民广场已成为融文化、绿化、美化为一体跨世纪的上海政治文化中心，成为具有上海新形象、新风貌的城市景观（图8-22、图8-23）。

图8-21　上海人民广场整体鸟瞰图

图8-22　上海人民广场中轴线

图8-23　上海人民广场音乐喷水池

8.2　城市滨水空间

上善若水。水善利万物而不争，处众人之所恶，故几於道矣。居善地；心善渊，与善仁，言善信，政善治，事善能，动善时。夫唯不争，故无尤。

——老子《道德经》

8.2.1　空间分类及其特点

城市滨水区是指城市中陆域与水域相连的一定区域的总称，一般由水域、水际线、陆域三部分组成。根据毗邻水体的不同可以分为滨海、滨江、滨河、滨湖等区域。

城市滨水空间指城市中陆域与水域相连的一定区域形成的场所。它既是陆地的边缘，又是水体的边缘，包括一定的水域空间和与水体相邻近的城市陆地空间，具有自然山水景观和丰富的历史文化内涵，是自然生态系统和人工建设系统相互交融的城市公共的开敞空间。 从自然环境角度来看，滨水空间是一个联系着陆域和水域的复杂地带，有着复杂的生态特性，被生态学家称为生态交错地。

城市滨水空间规划是对一定时期内城市滨水地区各项要素进行综合设计以及具体安排的过程。是对其进行三维空间场所的规划设计，强调自然生态的恢复与再现，强调自然生态与社会人文的协调发展。

城市滨水空间形态类型

1）滨水广场

水边设置的广场、绿地，为人们提供城市中久违了的与水对话的场景，给人工的都市景观增添了趣味和宁静。扩展的景观中有水有绿的这一空间，也成为核心存在于水体景观之中，可谓是易于组织的滨水化景观的场所（图8-24）。

2）滨水步道

利用水面和河的堤岸形成步行系统。城市中往往利用堤岸形成城市绿化带，在绿化带沿着河岸布置步行系统。步行系统联系堤岸的各个景点，同时注意步行道和水面的联系，保证人的亲水性不受到破坏（图8-25、图8-26）。

3）滨水公园

滨水公园是人们休闲、旅游的理想场所，很多城市滨水岸都规划设计了滨水公园，如成都的活水公园、重庆的珊瑚公园等。滨水公园考虑的主要是城市空间和旅游的问题，同时还有生态的问题，而防洪功能则退而居其次（图8-27）。

滨水公园的领域感较强，其用地通常形成一个向水的坡面，空间开阔，方向感强。滨水公园的堤岸处理很重要，它直接影响了环境和景观的品质。通常，滨水公园应尽可能保留其自然的岸线，尤其是具有生态价值的湿地和天然的滩地。人工修筑的堤岸和防洪堤，也应尽量采用天然的材料如卵石等，做成自然的缓坡或阶梯，并用绿化进行护坡和美化。

图8-24 都江堰水文化广场

图8-25 山东青岛栈桥滨水步道

图8-26 苏州金鸡湖滨湖步道

图8-27 成都活水公园

8.2.2 景观构成及特征

8.2.2.1 滨水区的景观构成

城市滨水区空间主要包括水域、陆域以及交界的近水区域三个部分（图8-28）。对于水域，其内容非常丰富，作为最基本的要素之一，它不仅包含了动植物及微生物类群，还包含了像溶解质、泥沙等一些非生命物质。对于滨水区这一种特定的物质实体，它的属性往往也是区别与区域内的其他的功能空间，例如对于生态环境的改善作用、对于水文景观的创造作用、对于人类心理健康的调节作用等。其次对于陆地空间则是城市与滨水区之间的一个重要的过渡区域，该地区不仅是一个重要的衔接地带，而且它也是人们休憩游玩的主要场所，在整个滨海区甚至在整个城市的规划布局中都具有相当大的影响力。最后在水陆交界处，又被称为水际线，在通常情况下，水际线是以驳岸的形式出现在人们的视野中，具有创造水体造型的重要作用。同时堤岸作为水陆连接处不可缺少的一部分，通常情况下是人类活动的结果，与有着防洪、排涝等的重要工程设施。

城市滨水区景观主要分为三大类：人文景观、自然景观和人工景观。人文景观包括各种历史文物景观、地域文化、城市记忆等；自然景观主要包括水文地质、生物、堤岸等；人工景观包括构筑物、码头、广场、亲水设施、游步道、小品、标识牌等。

8.2.2.2 滨水区的景观类型

根据河流水域的不同流段，及河流流经区域的人工开发程度，滨水区会呈现出不同的景观类型，见表8-1。

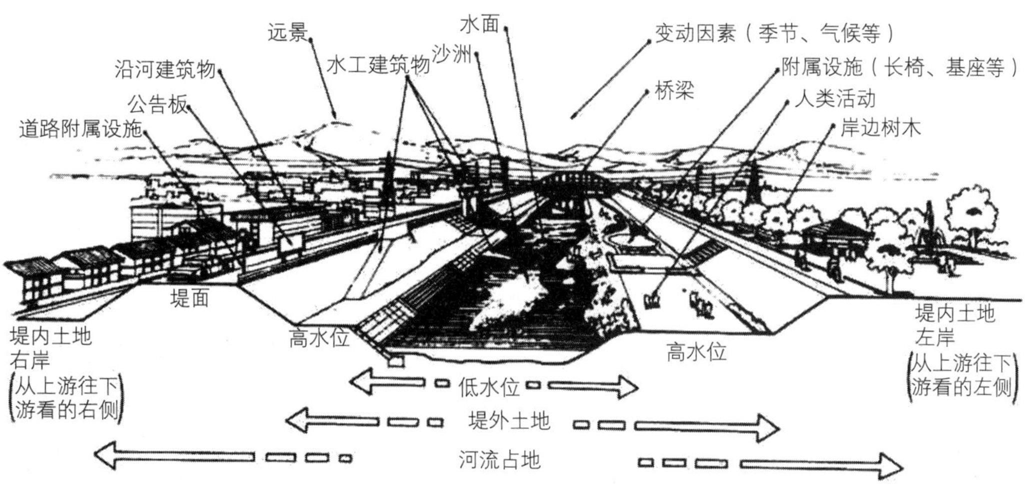

图8-28 滨水区的景观构成

滨水区景观类型　表8-1

位置	地形	河流空间（基调）		
		疏 ←（没有，零星）	城市化程度 小城镇	密 →（街区）
上游（溪谷，河岸阶地段）	山地	溪流溪谷（清净，幽深，自然，神秘）	河水（寂静）	山间村落（偏僻寂静）
	平原	细流（寂静，汇流）	小河（寂静，悠闲）	温泉村落（偏僻寂静）
中游（扇形地带河段）	山地	山清水秀（宁静，闲雅）	山清水秀（宁静，闲雅）	山清水秀（宁静，闲雅）
	平原	原野溪流（宁静，闲雅）	村落中河流（宁静和谐）	城市河流（人工，华丽）
下游（自然提防带和三角洲河段）	山地	——	——	——
	平原	河口（舒畅悠然茫茫无际）	大江大河（宽阔，舒畅悠然，茫茫无际）	水乡水城运河（人工景，明朗）

8.2.2.3　滨水区景观特征

随着历史进程的不断推进，城市中的滨水区域由于其独特的地理位置、水文条件以及与其他区域不同的景观现象，使其在城市建设中占据了非常重要的地位，有着别具一格的景观特征。

1. 自然生态性

由于滨水区的水系生态系统具有各种复杂的生物圈，自然也就为不同的生物提供了各种各样的栖息环境。城市滨水区是一个极具自然风情的特殊地段，它既脱离于城市的其他区域而独自存在，又在冥冥中与城市的其他部分惺惺相惜，彼此不能分离。对于该地区在生态意义上的特殊价值，已经成为规划建设中首先要解决的关键性问题（图8-29）。

图8-29　西班牙Llobregat河环境恢复景观设计

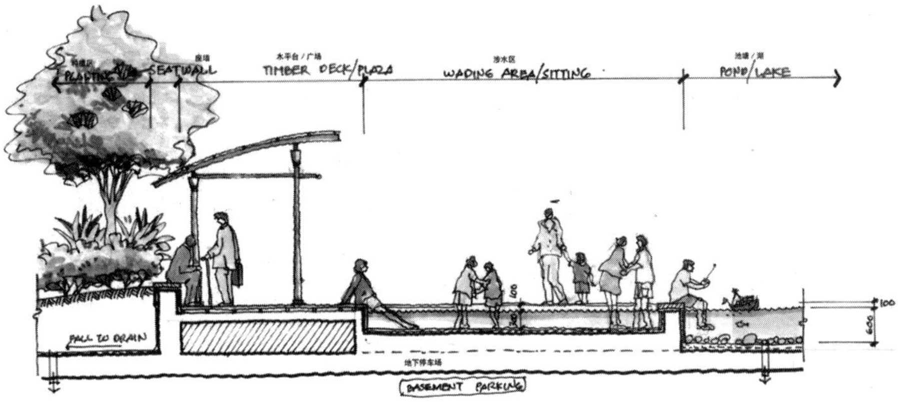

图8-30　某湖岸设计

2. 生态敏感性

从生态学理论可知，作为交汇连接点的滨水区，不仅具有较强的生态敏感性，而且具有强烈的生活敏感性。对于不同的生物来说，它提供了不同的栖息环境，对于生活在此地的市民来说，它提供了主要的生活以及活动的场所。所以在对滨海区进行规划建设时，要多方位地全面考虑各层次生物的不同需求，尽量满足人类活动的各种要求，使每个公民都能够真正参与到美好的水域空间（图8-30）。

3. 公共开放性

在冷漠的“水泥城市”中，滨水区以其优越的亲水性和舒适性为现代人们提供了一个天然、临水的公共开放空间。作为城市的开放界面，城市滨水区综合了原有的城市空间和建筑，与城市中心景观在视觉上保持通透与开敞，使其成为城市生活景观的延续，与城市融为一体。而其独有的景观为人们提供了休闲娱乐、散步交谈的好去处。如今，“滨水公有”、“滨水共有”、“亲水为公共权益”已成为共识（图8-31）。

4. 历史文化性

自古以来，有水流过的地方就会有人类的聚集，人们在这个地方不断繁衍生息，进而形成了固定的居留地。在滨水区，人们为了满足自身的生存问题，开始修建港口及码头，为人们提供方便，这就是最早的城市发展过程中的历史遗迹，积淀了悠久丰富的文化资源，是城市发展历史的缩影，也是当地居民共有的城市记忆。因此创造城市滨水区景观独特魅力与鲜明个性的关键是传承和保护城市滨水区稀有的地域文化和历史遗迹（图8-32）。

5. 空间多样性

滨水景观所建立的地形地貌是非常丰富多彩的，在该区域内的自然生态系统彼此交错融合，景观亦由此呈现出了光怪陆离的自然奇观，因此景观多元化和多重体验的滨水空间给人以形态各异、肌理多变的感觉。包括地貌组成的多样性、空间分布的多样性和生态系统的多样性（图8-33）。

图8-31 加拿大魁北克滨水长廊景观设计

图8-32 苏州周庄古镇水街

图8-33 加拿大魁北克滨水长廊景观设计

图8-34 阿迈厄海滩

6. 空间渗透性

作为户外活动的场所，城市滨水区景观具有“人工—自然”的两重特性，在滨水区自然风景的基础上建立安全、便利的人工设施，在精巧的人工痕迹上又能感受到大自然的清新和美好，两者相互渗透、相互依赖才有这浑然天成的滨水景观。这二重性一旦失去这微妙的平衡，都会降低滨水区景观的环境质量（图8-34）。

7. 连续性和整体性

城市滨水区构成的城市水网使城市中的山、水、林等自然景观之间形成一个连续的自然过程，滨水区维持着城市的自然斑块，与作为城市景观背景的自然山地之间形成一个整体，同时也为城市中的自然水生生物、湿生和旱生生物提供了一个连续性的空间（图8-35）。

8. 方向性和识别性

凯文·林奇通过不断地研究分析总结了城市意象的五要素，即地标、区域、边界、节点以及通道。之所以人们认定滨水空间是人类城市中的一个特殊场所，主要是因为滨水空间的独特的功能属性——通道。其自然环境和人文环境的延续和拓展，增强了城市的识别性，成为城市的“窗口”和“门户”（图8-36）。

图8-35 北京颐和园全景

图8-36 四川遂宁千年城市江岸区域城市水系规划设计

图8-37 从南部湖滨看芝加哥市中心

图8-38 上海外滩

图8-39 苏州古城

图8-40 杭州西湖

8.2.3 景观设计要点

8.2.3.1 主要设计类型

滨水带的设计类型主要有自然生态型、防洪技术型、城市空间型、旅游公园型四类。自然生态型滨水区的景观设计主要应尊重自然生态，维持生物链，如芝加哥滨水带（图8-37）等。防洪技术型滨水区的景观设计应以防洪为主，将堤岸的景观设计与防洪要求相结合，人工痕迹更重，如上海外滩（图8-38）、悉尼滨水带等。城市空间型滨水区已与城市功能空间融合为一体，景观设计应充分体现城市居民的生活性，如水乡古城（图8-39）。旅游公园型滨水区的防洪功能几乎为零，景观设计中主要考虑城市空间和旅游的要求，同时考虑生态要求，如杭州西湖（图8-40）等。

8.2.3.2 景观的可达性设计

可达性是滨水区与城市其他区域进行空间衔接的保障。在交通系统的组织上，通常采取将过境交通与滨水地区的内部交通分开布置的策略。一方面，整合滨水区境外道路，增加滨水区的可达性，消除影响滨水区联系的障碍；另一方面，在滨水空间建立滨水林荫道、散步道、广场和各层次的步行系统，强调安全性、易达性、舒适性、连续性和选择性，减少机动车与非机动车间的干扰，确保步行系统的畅通（图8-41）。

8.2.3.3 亲水设施和亲水活动设计

亲水设施包括亲水平台、水边护栏、缘石等，是人们全面接触水体的第一线媒介。因此，亲水设施不仅要处理好人与水的衔接联系，更要遵循安全、便捷、舒适、美观的原则（图8-42）。

而利用天然的水域条件，各种亲水活动的开发不拘一格，水幕电影、戏水乐园、游泳、跳水、竞艇、溜冰等，不仅满足了人们的亲水需求，又有益身心健康。随着新亲水项目的不断开发，人们的感官享受会更加丰富，爱水意识会愈加强烈。

图8-41 苏州金鸡湖滨湖步道

图8-42 位于水下的亲水平台，满足亲水性和安全性

图8-43 苏州吴中甪直古镇滨水驳岸

8.2.3.4 驳岸处理

生态驳岸的运用实现了生态化功能，减弱了水与岸的边界性，不仅体现了自然美，同时提供了人们与水交流的场所，并具有一定的防洪功能（图8-43）。

8.2.4 典型案例——苏州金鸡湖规划

素有“东方水城”之称的苏州拥有品相俱佳的“四角山水”，在古城东部的工业园区则拥有一泓碧波的金鸡湖。金鸡湖位于“园区”中部，西距苏州古城约4km，水域面约7.38km^2，比著名的杭州西湖还大1.88km^2，是苏州工业园区新城市景观的重要组成部分，也是苏州市总体规划中最大的市内景观区（图8-44）。

金鸡湖环湖景观由美国一家著名的景观设计公司与苏州本土设计院联合规划设计。该设计整体性突出，景观特色鲜明，在环湖设置了城市广场（世纪广场）、湖滨大道、水巷邻里、望

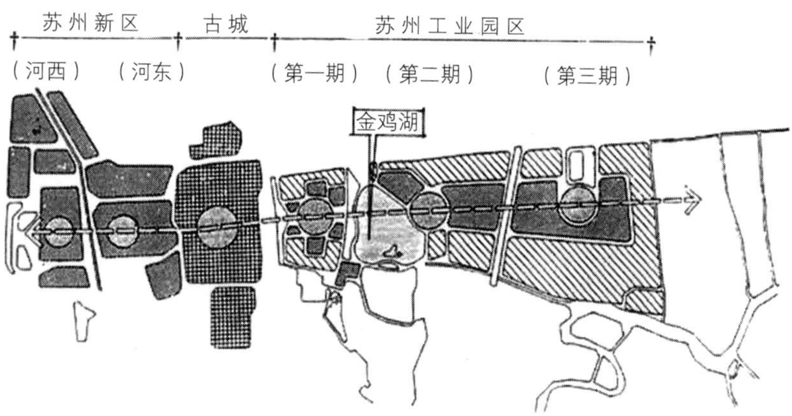

图8-44 金鸡湖位置图

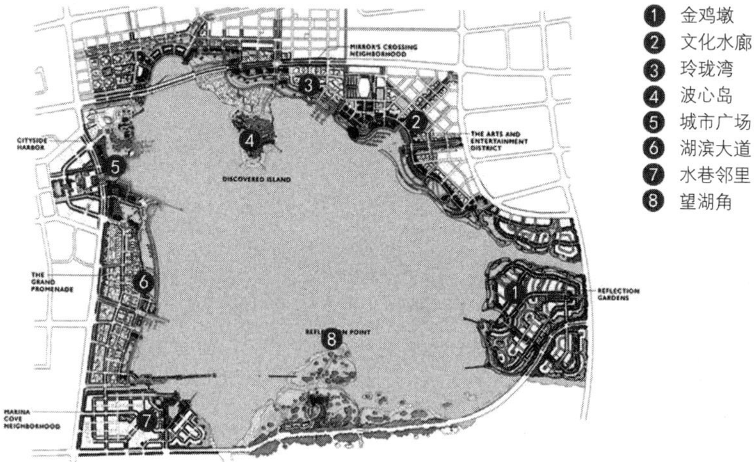

图8-45 金鸡湖景点图

湖角、金鸡墩、文化水廊、玲珑湾、波心岛等8个极其特色的区域（图8-45）。规划总面积为11.38km²，2003年获得了美国景观设计师协会（ASLA）优秀设计奖。

金鸡湖景观设计理念包括：

1）景观设计的生命力源于对环境和文化的解读

金鸡湖景观设计的核心内涵有二：一是表现苏州古城的历史文化内涵；二是建设一个现代化国际都市。景观设计在尊重苏州传统历史文脉的基础上，将旧城与新城、商业与娱乐、生活与教育功能结合起来，在苏州的新城与旧城之间建立连接过去与未来、艺术与建筑、山体与水体、城与乡、本土与世界的象征性链接。

2）遵循“生态景观学”的概念—环境优先原则

金鸡湖的景观设计遵循“斑块、廊道、基质”模式。

（1）在金鸡湖及其周边区的分析中，确立了以下几个生态“斑块”：

湿地斑块——芦苇荡，位于波心岛与北岸陆地相连处，用于净化水质；

自然植物斑块——望湖角，用于保护本地植物及鸟类；

滨湖大道——位于湖西人工坡地绿化公园；

金鸡湖面——7.38km²，是规划中最大的斑块，是鱼类、水生鸟类、水生植物的保护区域。

（2）建立的廊道包括：

水面——同时又是一个巨大的廊道，以联系各主要斑块；

图8-46 金鸡湖景观

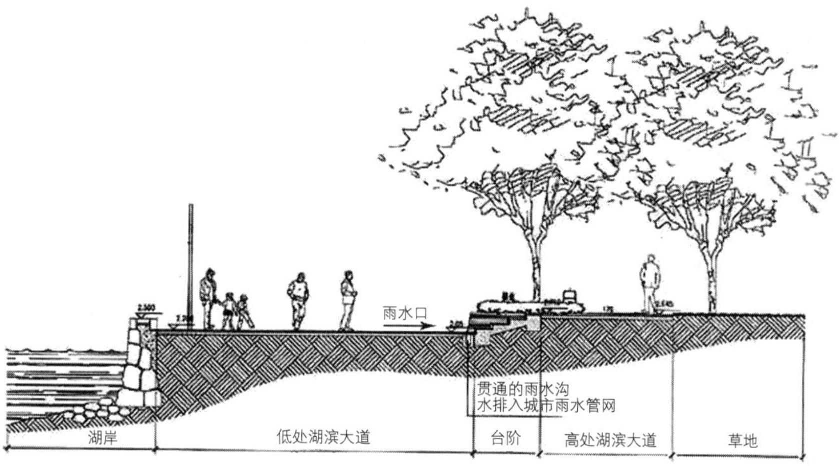

图8-47　金鸡湖湖滨大道断面图（含雨水沟）

道路系统——沿湖有较稠密的车行、步行系统，是连接相邻斑块的一些线性走廊；

间隔的沿湖绿地——是间断性廊道，是跳板（图8-46）。

3）金鸡湖景观生态规划

在金鸡湖景观规划中遵循保护性开发战略，工作主要分为保留与保护两大方面，规划中注意保留了一些原始的河、湖、浅滩；在设计中用于改造的原泥土的自然驳岸，防止水土流失的“块石驳岸”设计在水面以下，水上部分用当地的自然风化石作自然堆筑，石缝之间以鸢尾、麦冬、草坪点缀，尽可能保持其自然河滩的原始风貌（图8-47）。

在保护方面主要是水体水质的维护，规划做法是将雨水统一收集，进入城市雨水管网系统，经过滤处理后再排入湖中。这样虽然运行费用高了些，但对长期维护此水体的环境具有深远意义。

在保护方面，还规划了一片沼泽区——“望湖角”（在湖滨区南部），用于天然净化水中杂质与有害物质，并且便于保护各类留、候水鸟栖息。

8.3　公园体系

在我国，公园可分为城市公园和自然公园两种，公园的类型也很多。《城市用地分类与规划建设用地标准》将城市绿地分为三类，对公园绿地没有进行小类划分（表8-2）；《城市绿地分类标准》根据绿地的功能和内容，将其分为综合公园、社区公园、专类公园、带状公园和街旁绿地5个中类及11个小类（表8-3）；《公园设计规范》的规定基本与《城市绿地分类标准》的中小类相呼应（表8-4）。

《城市用地分类与规划建设用地标准》的分类　　表8-2

类别代码		类别名称	范围
大类	中类、小类		
G		绿地与广场用地	公园绿地、防护绿地、广场等公共开放空间用地
	G1	公园绿地	向公众开放、以游憩为主要功能，兼具生态、美化、防灾功能
	G2	防护绿地	具有卫生、隔离和安全防护功能的绿地
	G3	广场用地	以游憩、纪念、集会和避险等功能为主的城市公共活动场地

城市公园是城市中向公众开放、以游憩为主要功能，有一定游憩设施和服务设施，同时兼有健全生态、美化景观、防灾减灾等综合作用的绿化用地。它是城市建设用地、城市绿地系统和城市市政公用设施的重要组成部分，是表示城市整体环境水平和居民生活质量的一项重要指标。

自然公园主要指除了城市公园以外的几种公园类型，包括郊野公园、森林公园、自然保护区、湿地等。

《城市绿地分类标准》的分类　　表8-3

类别代码			类别名称	内容与范围
大类	中类	小类		
G1	公园绿地			向公众开放，以游憩为主要功能，兼具生态、美化、防灾功能的绿地
	G11	综合公园		内容丰富，有相关设施，适用于展开各类户外活动的规模较大的绿地
		G111	全市性公园	为全市服务，活动内容丰富、设施完善的绿地
		G112	区域性公园	为一定区域内的居民服务，较丰富的活动内容和设施完善的绿地
	G12	社区公园		为一定居住范围内的居民服务，具有一定活动内容和设施的集中绿地
		G121	居住区公园	服务于居住区居民，具有一定活动内容和设施，为居民区集中配套的绿地
		G122	小区游园	为一个居民小区的居民服务，配套建设的集中绿地
	G13	专类公园		具有特定内容或形式，有一定游憩设施的绿地
		G131	儿童公园	单独设置，为少儿提供游戏，开展科普、文体活动，有安全、完善设施的绿地

续表

类别代码			类别名称	内容与范围
大类	中类	小类		
G1	G13	G132	动物园	在人工饲养条件下，移地保护野生动物，并提供观赏、科普，进行科学研究和动物繁殖，并且有良好设施的绿地
		G133	植物园	进行植物研究和引种驯化，并提供观赏、游憩及科普的绿地
		G134	历史名园	历史悠久、知名度高，体现传统造园艺术并被认定为文保单位的园林
		G135	风景名胜公园	位于城市建设用地范围内，以文物古迹、风景名胜区为主，形成的具有城市公园功能的绿地
		G136	游乐公园	具有大型游乐设施、单独设置、生态环境较好的绿地
		G137	其他专类公园	除以上各类公园外具有特点主题内容的绿地。包括雕塑园、盆景园、体育公园、纪念公园
	G14		带状公园	沿城市道路、城墙、水滨等，有一定游憩设施的狭长绿地
	G15		街旁公园	位于城市道路用地之外，相对独立成片的绿地，包括街道广场绿地、小型沿街绿地

《公园设计规范》的绿地分类　　表8-4

类别名称	公园类型
公园类型	综合性公园、儿童公园、动物园、专类动物园、植物园、专类植物园、盆景园、风景名胜公园、其他专类公园、居住区公园、居住小区游园、带状公园、街旁游园

8.3.1 城市公园

8.3.1.1 分类服务半径

由于国情不同，世界各国对城市公园绿地没有形成统一的分类系统。按照《城市绿地分类标准》城市公园绿地分为综合公园、社区公园、专类公园、带状公园和街旁绿地5个中类。分类系统的目的是针对不同类型的公园绿地提出不同的规划设计要求。城市公园按照规模、服务人群有不同的服务半径和人均面积（表8-5）。

中国城市公园规划指标表 表8-5

公园类型	人群	适宜规模	服务半径	人均面积（m^2/人）
居住区小游园	老人、儿童、游人	>0.4	<250m	10~20
邻里公园	近邻居民	>4	400~800m	20~30
社区公园	一般市民	>6	几个邻里单位 1600~3200m	30
区级综合公园	一般市民	20~40	几个社区或所在区骑自行车20~30分钟	60
市级综合公园	一般市民	40~100或更大	全市坐车0.5~1.5小时	60
专类公园	一般市民、特殊团体	随专类主题不同变化	随所需规模而变化	60
线型公园	一般市民	对资源有足够保护，并能得以最大限度开发	随所需规模而变化	30~40

8.3.1.2 各类型公园的规划要点

1. 综合公园

综合公园一般是指在市、区范围内为城市居民提供良好游憩休息、文化娱乐活动的综合性、多功能、自然化的大型绿地，其用地规模一般较大，园内设施活动丰富完备，适合各阶层的城市居民进行一日之内的游赏活动。如美国纽约的中央公园、上海长风公园、北京中山公园、南京白鹭洲公园（图8-48）等。综合公园作为城市主要的公共开放空间，是城市绿地系统的重要组成部分，对于城市景观环境塑造、城市生态环境调节、居民社会生活起着极为重要的作用。

1）分类

综合公园可分为全市性综合公园和区域性综合公园。全市性综合公园面积大，活动内容和设施完善，一般在100hm^2，中小城市设1~2处，服务半径2~3km，步行30~50分钟可达，公交10~20分钟可达；区域性公园为一个行政区居民服务，面积根据行政区居民人数而定，一般区内设1~2处，服务半

图8-48 南京白鹭洲公园总平面图

径1~1.5km，步行15~25分钟，公交10~15分钟。

2）规划设计要求

综合性公园规划与设计的主要任务为：分析位置、用地规模、服务对象、服务半径、地形地貌；确定出入口位置；分区规划；改造与利用地形；园路及广场、建筑布局；植物种植、市政管网；建园程序及造价估算。

在功能分区上，一般可分为：文化娱乐区、安静游览区、儿童活动区、老人活动区、体育活动区、公园管理区。有特别要求的还可设动物展览区、盆景区、专类区。

（1）文化娱乐区

包括表演场、露天剧院、音乐厅、舞池、溜冰场、戏水池、展览池等。人的密度较大，要有足够的道路广场和餐厅、茶室、冷饮、厕所、饮水处等服务设施。

（2）安静游览区

公园中占地最大的部分，常选择地形丰富、景色优美的区域，不必集中一处，可根据地形分散设置，建筑不宜聚集，选址要结合自然环境，离文娱区和儿童区保持距离，可与老年活动区相结合。

（3）儿童活动区

分学龄前儿童和学龄儿童区，包括游戏场、运动场、戏水池、少年阅览室、科技馆等。选址宜远离主干道，靠近出入口，应考虑家长陪护的需要。

（4）老年人活动区

应注意动静分区，应有林荫、廊、花架，应考虑老年人的出行方式。

（5）体育活动区

应设自己的专用出入口。

（6）公园管理区

可分为办公、仓库、花圃苗木、生活服务等部分，设置有办公室、值班室及水、电、通信等管线工程建筑物和构筑物，维修处、工具间、车库、温室、棚架、苗圃、食堂、宿舍等，应有专用出入口。

2. 社区公园

社区公园主要的任务之一是将社区中的人和活动在适合的时间和空间里进行集中，引导居民的户外活动，创造一个良好的交流和休闲空间，尤其应充分考虑到儿童和老人的需求。

就分类而言，社区公园属于城市公园的一个分支，并具备城市公园的内容和性质，但由于其自身面积小、服务半径小、设施简单等特点，导致其与一般的城市公园所呈现的功能和特点存在较大的差异。对于生活节奏越来越快、压力越来越大的都市居民，社区公园显得尤为贴近生活。作为居住区的一部分，并兼具城市公园性质的社区公园在现代生活中也承担着越来越重要的作用（图8-49）。

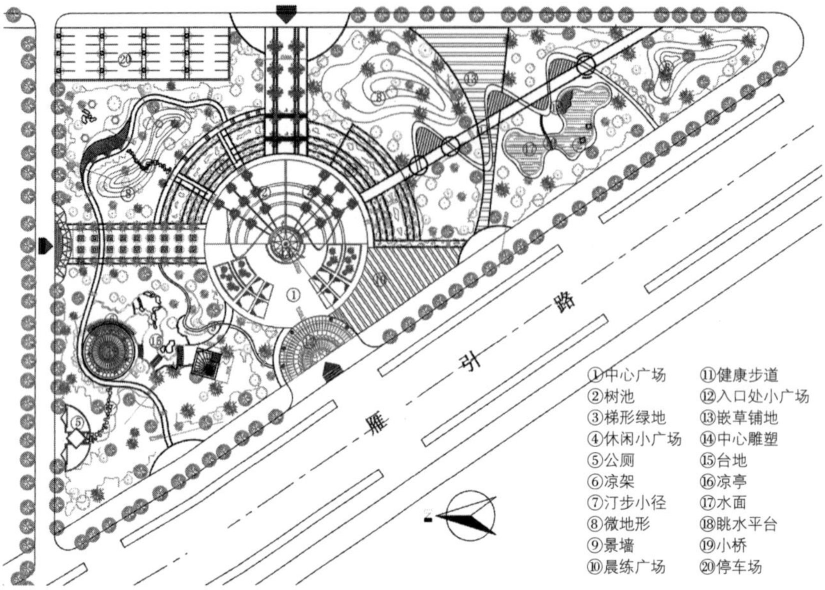

图8-49　某小区游园平面图

3. 儿童公园

专为儿童设置，是城市园林中必不可少的一类互动性绿地，它吸引儿童甚至成人的主动交流与自发参与，也因此成为儿童成长中的特殊空间和社会交流中的重要一环，并帮助锻炼儿童的身体，提高智力，完善性格，增长知识，因此儿童公园的修建具有重要的意义（图8-50）。

1）分类

儿童公园可分为综合性儿童公园、特色性儿童公园、一般性儿童公园。

2）规划设计要求

儿童公园应选址在交通方便但车流量不大的城市干道，或与居住区联系紧密的城市地段，不可选在已有儿童区的综合公园旁。场地日照、通风、排水良好，主次路系统明确，幼儿活动区宜靠近公园出入口。

儿童公园一般分为幼儿活动区、学龄儿童活动区、体育活动区、娱乐科教区、自然景观区、办公区等。

（1）幼儿活动区

主要设施有椅子、沙坑、草坪、跷跷板、滑梯、攀缘梯、秋千、学步栏杆、休息亭，活动场地口袋型，出入口尽量少，常用绿篱和矮墙围合。

（2）学龄儿童活动区

一般有螺旋滑梯、秋千、大型攀登架、浪木，还有戏水池、障碍场地，针对初中低年级，开辟少年活动区，包括爬网、高架滑梯、溜索、独木桥、战车、攀登、索桥等。

（3）体育活动区

健身房、运动场、游泳池、球场、单杠、双杠、乒乓球台、攀岩墙、自行车赛场等。

（4）娱乐科教区

电影厅、音乐厅、游艺厅、少年宫、培训中心、科普展览室、电动器械游戏室、阅览室等。

（5）自然景观区

（6）办公管理区

4. 动物园

集中多种野生动物及少数品种优良的家禽家畜，供市民参观、游览、休憩，其主要任务是普及动物科学知识、宣传动物与人的利害关系及经济价值等，用为中小学生动物知识直观教材、大专院校实习基地（图8-51）。

1）类型

按照动物展出方式来分，可分为城市动物园、人工自然动物园、自然动物园；按照饲养动物的种类来分，可分为综合动物园与专类动物园。

2）规划设计要点

动物园的规划要能够保证足够的动物笼舍面积，包括动物活动场地、饲料堆放场地、游人参观用地等。各个区域之间要有足够距离并有一定规模的绿地缓冲带，有足够游人活动和休息用地和后勤服务用地。后勤和园务应有独立出入口。

动物园在功能上可分为科普、科研活动区、动物展览区、服务休息区、经营管理区。

（1）科普、科研活动区

动物科普馆、出入口地段，部分设有科研区，从事对野生动物的生态习性、驯化繁殖、寄生病理、遗传进行研究。

（2）动物展览区

各种笼舍的活动场地，游人的参观活动空间。

图8-50　某儿童公园鸟瞰图

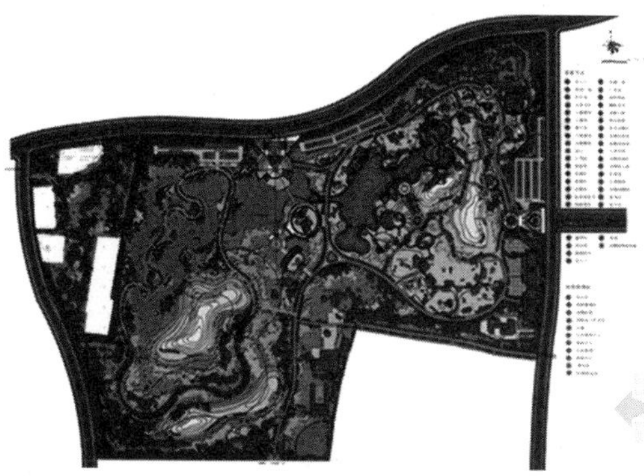

图8-51　唐山某动物园平面图

（3）服务休息区

（4）经营管理区

办公室、饲料站、兽疗所、检疫站。

5. 植物园

搜集和栽培大量国内外植物，以种类丰富的植物构成美好的自然景观，供游人观赏游憩之用，同时也是进行科普教育和进行植物物种收集、比较、保存和培养等科学研究的园地，是城市公园绿地的重要组成部分之一。植物园比一般公园里的植物种类丰富，以植物为主要构景元素所形成的自然景观和良好的环境深受游人的欢迎，而且在游览的同时还可增长知识，因此受到市民的普遍喜爱（图8-52）。

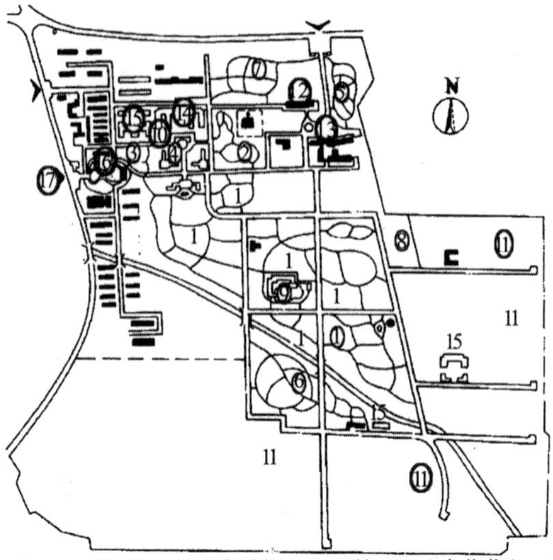

1—树木园；2—宿根花卉园（含球根）；3—牡丹园（含芍药）；4—月季园；5—药用植物园；6—野生果树区；7—环保植物区；8—濒危植物区；9—水生与藤本植物区；10—月季园；11—实验区；12—实验楼；13—国家植物标本馆；14—热带、亚热带植物展览温室（$1820m^2$）；15—繁殖温室、冷室；16—种子标本库（不开放）；17—主要入口

图8-52 北京植物园平面图

1）类型

综合性植物园、专业性植物园。

2）规划设计要点

在我国，一般综合性植物园面积在$40hm^2$以上，通常为$65\sim130hm^2$，一般展览区占总园的40%~60%，苗圃及实验区占25%~35%，其他用地占25%~35%。

在位置选择上，应远离工厂区和其他城市污染区，设在城市上风、上游处，尽量选择地形地貌复杂，具有不同小气候的用地，并有充足的水源。

功能上一般分为科普展览区、科普教育区、科研实验和苗圃区、服务与职工生活区。

（1）科普展览区

可按照植物进化原则进行布置，可按照植物形态、植被类型布置，也可按照植物的观赏性进行布置。

（2）科普教育区

少儿园艺活动区、图书馆、标本馆、植物博览馆、报告厅。

（3）科研实验和苗圃区

实验苗圃、移植苗圃、实验室、研究室、温室、荫棚等，应与游人隔开，设专用出入口，与城市交通方便联系。

（4）服务与职工生活区

6. 游乐公园

具有大型游乐设施，单独设置，生态环境较好的，绿化占地比例应≥65％的城市专类公园。由于游乐公园突出游乐的特征，一般来说，游乐活动比普通的游憩活动需要更多的时间、前期准备、费用投入和更高层次的娱乐体验（图8-53），适合的设施与活动内容主要包括三方面，即现有主题游乐园所具有的游乐设施（如机械游乐、特定的主题游乐建筑与构筑物），与绿化环境结合得较好的休闲活动设施（如攀岩、彩弹射击），具有展示、表演、科普教育等积极功能的娱乐建筑或场地（如水族馆、展览馆）。

图8-53 天津水上公园鸟瞰图

7. 带状公园

带状公园是绿地系统中颇具特色的构成形式，承担着城市生态廊道的职能。带状公园的狭长形状通常是受到周围空间条件的制约而成，根据公园空间的主要功能可以分为生态保护型带状公园、休闲游憩型带状公园（如上海浦东滨江大道）、历史文化型带状公园（如北京元大都遗址公园、西安明城墙公园等）（图8-54）。

图8-54 西安明城墙公园局部

图8-55 某城市街旁绿地

8. 街旁绿地

街旁绿地建设的初衷是为了提升城市景观和改善生态环境，增加城市的绿化率。根据《城市绿地分类标准》规定，街旁绿地的绿化率应在65%以上，但未对其他设计提出要求（图8-55）。

8.3.1.3 典型案例——成都活水公园设计

成都活水公园是世界上第一座以“水保护”为主题展示国际先进的“人工湿地系统处理污水”的城市生态环保公园，它模拟和再现了自然环境中污水是如何由浑变清的全过程。它充分利用湿地中大型植物及其基质的自然净化能力净化污水，并在此过程中促进了大型植物生长，增加绿化面积和野生动物栖息地有利于良性生态环境的建设。

这占地2.4万m^2的公园，植物丛生，流水潺潺，空气湿润，当人们走过厌氧池、水流雕塑、兼氧池、植物塘床系统、养鱼塘、戏水池，陶醉在大自然的美妙和谐中时，便在不经意间阅读了大自然关于清水再生的“自述”（图8-56）。

（1）泵站——把被人为污染，水质已达不到一般景观用水要求，低于V类水质标准的府河水，泵入厌氧池中进行预处理（图8-57）。

（2）水流雕塑——独具匠心的水流雕塑形似一串花朵，它利用落差产生冲力使水在一个个小石臼中欢跳、回旋、激荡与大气充分接触、曝气、充氧，从而增加了水中的溶解氧含量，使水更具活力。同时，它又把上下两个工艺单元有机结合在一起并具有较高观赏价值（图8-58）。

（3）植物池——是活水公园展示的人工湿地系统处理污水工艺的核心部分，它由6个植物塘和12个植物床组成。污水在这里经沉淀吸附、氧化还原和微生物分解等作用，变成了肥水，在促进系统内植物生长的同时，也净化了自己（图8-59）。

（4）厌氧池——在厌氧池中，经物理沉淀作用，比重大于水的悬浮物沉到池底，从排污管排出；比重小于水的悬浮物浮于水面，由人工清除；部分可溶解的有机污染物经厌氧生物作用降解或被分解为甲烷，二氧化碳等气体排入大气（图8-60）。

（5）兼氧池——从厌氧池流出来的水,经水流雕塑一路吸收空气中的氧，流入兼氧池。有机污染物在兼氧微生物的作用下，进一步降解成植物易于吸收的有机物。兼氧池中的兼氧微生物和植物对水有一定的净化作用。同时，兼氧池也是人工湿地系统的配水装置。

（6）戏水池——是为游人提供戏水，亲水活动的场所。碧澄透彻的清流，吸引和诱惑着人们

图8-56 成都活水公园整体鸟瞰图

图8–57 成都活水园泵站

图8–58 成都活水公园水流雕塑

图8–59 成都活水公园植物池

图8–60 成都活水公园厌氧池

去亲水、戏水。“爱惜水，保护水，把清水送还自然”，人们在这里走进大自然，融入大自然，体验大自然的清纯、美妙。戏水池是活水公园的句号，而涓涓清流继续流向府河，像引人深思，意犹未尽的省略号……

8.3.2 自然公园

8.3.2.1 自然公园的类型

在2002年制定的《城市绿地分类标准》中，除了“公园绿地”所规定的综合公园、社区公园、专类公园、带状公园、街旁绿地外，在“其他绿地”分类中则涉猎了水源保护区、郊野公园、森林公园、自然保护区、湿地公园等其他自然公园的类型。在这里，我们重点讨论其中最常见到的两种类型，即郊野公园和湿地公园。

8.3.2.2 景观设计的要点

1. 郊野公园

从城市角度看，郊野公园是处在城市郊区，较大面积的原始自然景观区域，介于城市公园和自然风景区之间的开发强度，以游憩活动为目的，与城市的绿点、绿线、绿带遥相呼应，构成完整的城市生态绿地系统。

1）规划原则

郊野公园的规划首先是突出生态优先、强化郊野特色，保持郊野特有的农田林网、河湖水系、村落肌理，充分利用“田、水、路、林、村”各类自然要素，体现从“以人为本”到“人与自然和谐发展”；同时要尊重本土文化，体现地域特点，要充分挖掘本地的人文要素，整合物质与非物质文化资源，凸显特色文化；再次关注市民的需求，组织合理的游憩活动；最后要确保农民利益，实现可持续发展。

2）功能分区

一般可分为保育区和利用区。保育区是郊野公园内保存完好的生态系统及珍稀、濒危动植物的集中分布地，一般位于偏僻位置，小路未经人工修整，保持自然状态，是最有科研价值的区块。利用区可分为密集游憩区、分散游憩区和宽广区三类。密集游憩区为公园入口，人流容易到达，人流量大，且设施充足。分散游憩区位置相对较偏，地形起伏复杂，设置有步行径、休憩点和野餐点。宽广区位于区域内较深入的位置，步行可达，景观优美，有远足径、自然教育径、路标、避雨亭、露营场地等。

3）游憩规划

郊野公园应通过游赏线路的设计和游憩活动策划等内容安排人的休闲行为和相应的空间场地，以多样化，徒步体验为主。游憩策划应建立在充分利用基地景观资源的基础上，如有农田、果林基地可营造不同于城市环境的田园风光和果林采摘活动；有溪流的可体验野外露营、生态度假的生活；有湿地森林的可感受湿地风情和生态文明。

2. 湿地公园

湿地是指天然或人工、长期或暂时的沼泽地、泥炭地，带有静止或流动的淡水、半咸水或咸水的水域地带。湿地公园是一种独特的公园类型，是指纳入城市绿地系统规划的，具有湿地的生态功能和典型特征的，以生态保护、科普教育、自然野趣和休闲旅游为主要内容的公园。

《国家湿地公园管理办法》：湿地公园是指以保护湿地生态系统，合理利用湿地资源为目的，可供开展湿地保护、恢复、宣传、教育、科研、监测、生态旅游等活动的特定区域。

1）规划原则

（1）系统保护原则

保护湿地的多样性：为各种湿地生物的生存提供最大生息空间；营造适宜生物多样性发展的环境空间，对生境的改变应控制在最低程度和范围内；提高城市湿地生物物种的多样性并防止外来物种入侵。

保护湿地生态系统的连贯性：保持城市湿地与周边自然环境的连续性；保证湿地生物生态廊

道的畅通，确保动物有充足的避难场所；避免人工设施的大范围覆盖；确保湿地的透水性，寻求有机物的良性循环。

保护湿地环境的完整性：保持湿地水域环境和陆域环境的完整性，避免湿地环境的过度分割而造成环境退化；保护湿地生态的循环体系和缓冲地带，避免城市发展对湿地环境的过度干扰。

保护湿地资源的稳定性：保持湿地水体、生物、矿物等各种资源的平衡与稳定，避免各种资源的贫瘠化，确保城市湿地公园的可持续发展。

（2）合理利用原则

合理利用湿地动植物经济价值和观赏价值；合理利用湿地提供的水资源、生物资源和矿物资源；合理利用湿地开展休闲与游览活动；合理利用湿地开展科研与科普活动。

（3）协调建设的原则

城市湿地公园整体风貌与湿地特征相协调，体现自然野趣；建筑风格应与城市湿地公园整体风貌相互协调，体现地域特征；公园建设优先采用利于保护湿地环境的生态化材料和工艺；严格限定湿地公园中各类管理服务设施的数量、规模与位置。

2）功能分区与保护

（1）重点保护区

重要湿地或湿地生态系统较为完整、生物多样性较为丰富的区域，应设置重点保护区。在重点保护区内，可针对珍稀物种的繁殖地及原产地设置禁入区，针对候鸟繁殖期鸟类活动区设临时禁入区。考虑生物的生息空间及活动范围，应在重点保护区外围划定适当非人工干涉圈，充分保障生物生息场所。

重点保护区内只允许开展各项湿地科学研究、保护与观察工作，可根据需要设置小型设施，为各种生物提供栖息场所和迁徙通道。本区内所有人工设施应以确保原有生态系统的完整性和最小干扰为前提。

（2）湿地展示区

重点保护区外建立湿地展示区，重点展示湿地生态系统、生物多样性和湿地自然景观，开展湿地科普宣传和教育活动。

（3）游览活动区

湿地敏感度相对较低区域可划为游览活动区，开展以湿地为主体的休闲、游览活动。游览活动区内可以规划适宜的游览方式和活动内容，安排适度的游憩设施，避免游览活动对湿地生态环境造成破坏。

（4）管理服务区

在湿地生态系统敏感度相对较低的区域设置管理服务区，尽量减少对整体环境的干扰破坏。

8.3.2.3 典型案例——上海嘉北郊野公园设计

1）场地现状

嘉北郊野公园地处长江中下游冲积平原，地势平坦，公园内河网发达，具有江南水乡特色。公园由沈海高速、嘉安公路、嘉松北路和规划密林路围合而成，总面积14.00km²，涉及三个镇和街道及11个村，嘉北郊野公园具有得天独厚的农田、水网、林园等自然资源，呈现出“水、田、村”相依相存的江南水乡典型格局。

嘉北郊野公园基地内现状农田资源丰富，但农田分布不均匀，主要分布在基地东北部和西南部，缺乏系统性和连续性。基地种植的主要作物有水稻、小麦、油菜等，同时还有莲藕、茭白、马蹄等经济作物。基地有三片高标准农田，分别位于盐铁塘与鸡鸣塘交汇处东北角、外冈镇青冈村西北角，以及沪宜公路以北，青冈村东北角，这里农田集中，配套设施和生态环境好。

基地现状水域面积17km²,占基地面积的12%，包括河湖水面、养殖水面、坑塘水面和滩涂苇地，河道39条。嘉北郊野公园基地内有多处景观风貌良好的村落，具有江南水乡的空间格局和宅前屋后丰富的自然资源，形成农耕水田为基质，道路、河流、灌溉渠为廊道，居住点和水塘为斑块的镶嵌结构。现有70个自然村，总建筑面积73万m²，空间格局较好，但建筑质量较差，居民居住环境不佳。

在人文遗存上，基地所在嘉定已有780年历史，是一座江南历史名城。镇域内有吴兴寺、清竹园、药师殿、望仙桥、马鞍山、清竹园、钱家宗祠等古迹（图8-61）。

2）规划思路

练祁河是嘉定的母亲河，从西向东流过郊野公园，流过嘉定古城，流过古代海岸遗迹古冈身带，那里埋藏着七千年的成陆史。嘉北郊野公园既是一场七千年与七百年的对话，也是郊野田园与城市的对话，基于以上分析，提出“嘉北原公园——城墙下的原风景，希望的田野”的规划理念。

规划围绕“原风景”的主题，通过对资源的梳理、组织和提升，形成“南田北林、水脉相连”的景观格局。基地南以田为主要特色，重点打造田园农庄、设施农田、生态湿地、地质风貌、艺

图8-61 现状照片（图片来源：上海市规划和国土资源管理局，上海市城市规划设计研究院. 上海郊野公园规划探索和实践［M］. 上海：同济大学出版社，2015）

术文化等五类景观，为游客提供休闲游憩、康体养生和文化养性的景观载体；基地北以林为主要特色，重点打造密林、花鸟、运河、果林、郊野生物等五类景观，为游客提供休闲游憩、体育运动和科普研习的景观载体。

规划依托三条骨干河流，打造两横一纵的公共活动轴。祁迁河——活力之轴，是林地资源最丰富、环境最生态的地区，打造两个水环，内环为36岛花田，引入划龙舟等项目，外环引入徒步探险等项目；盐铁塘——文化之轴，是汉代吴王刘濞为运送盐铁沿古冈身线所修的古运河，两岸汇集古寺、古村、古树、古闸口，是基地历史感最浓郁的地区，规划恢复历史古迹，引入冈身博物馆、文化街、养生社区等功能项目；练祁河——变迁之轴，练祁河是嘉定的母亲河，是串联古今的时光走廊，规划沿练祁河的生态走廊，让游客自西向东体验古今的历史变迁。

规划在三轴两片的整体结构上，形成北片的农田实验区、湿地服务区、竹径养生区、冈身文化区、百果采摘区、青竹墓园区，以及南片的森林保育区、科普游览区、林荫漫步区，共十大功能分区（图8-62、图8-63）。

3）规划策略

原公园的理念通过四个方面实

图8-62　规划平面图（图片来源：上海市规划和国土资源管理局，上海市城市规划设计研究院．上海郊野公园规划探索和实践［M］．上海：同济大学出版社，2015）

图8-63　十大功能分区（图片来源：上海市规划和国土资源管理局，上海市城市规划设计研究院．上海郊野公园规划探索和实践［M］．上海：同济大学出版社，2015）

现，分别是原生态、原文化、原生活和原动力。通过恢复原生态基底、传承原文化底蕴、复兴原生活活力、提升原动力能级，塑造原乡的嘉北郊野公园。

（1）打造圩田体系，复兴乡村产业

规划以田园观光、田园体验、田园度假和体育休闲为主要旅游观光项目。首先，依托农田、藕塘、芦苇和村落资源，形成万顷良田、千亩荷塘、百里芦荡和林盘村落景观，游客可以漫游步道，乘坐舟船，体验原真乡野生活；其次，提升现有百果园和大陆村农家乐的品质，为都市人提供深入体验田园生活的旅游休闲项目；第三，依托乡野风光，建设一系列乡村酒店；最后，结合全民健身的需求，设置体育项目、健身体育项目和赛事体育项目。

（2）改善水质环境，营造特色景观

规划利用现状水资源，科学优化水资源，达到水域的生态恢复、洪泛控制、水质自净、生物繁衍和人类休闲娱乐的综合目的。

策略一：梳理、连通和整治水系，丰富水域景观，打造网络化、多样化、生态化的水体空间。

策略二：结合开放水系和独立闭合水系，系统的对整个基地水质进行有效提升。

策略三：采用不同的护坡技术处理基地内驳岸，促进水体净化，营造特色景观风貌。

策略四：沿岸配套各种商业、休闲和教育活动，形成片状亲水空间和水上游线。

（3）打造生态游径，丰富游览体验

嘉北郊野公园的游径主要包括亲水生态游径、田园体验游径、林荫休闲游径、冈身文化游径、艺术创意游径、科普研习游径六大类。

（4）构建复合林网，营造多样生境

对现状林地资源进行连接和重新整合，组成点线面复合的林地空间网络。

策略一：保留、整治原有林木，新增、完善林地体系，形成类型多样的生态林区。

策略二：在改善林木生态空间的同时，与旅游活动结合，增加富有活力的林中休闲场地，形成人与环境和谐共处的氛围。

策略三：营造多样的生境，满足物种生存需求。

（5）留住历史记忆，回归田园生活

规划保留部分空间格局较好，特色突出的村落，对周边环境进行治理，对功能进行提升，并对建筑在保留原真性的前提下进行更新，重塑昔日美好恬静的原生活。

策略一：通过建筑梳理、环境重塑、生态廊道打造等方式，对保留村庄进行整治与更新，恢复格局宜人、环境优美的村落空间。

策略二：按照公园功能需求，引入配套服务、商业、文化、观景等设施，赋予保留村庄新的活动内容，形成景观和人文相融合的特色主题农庄（图8-64）。

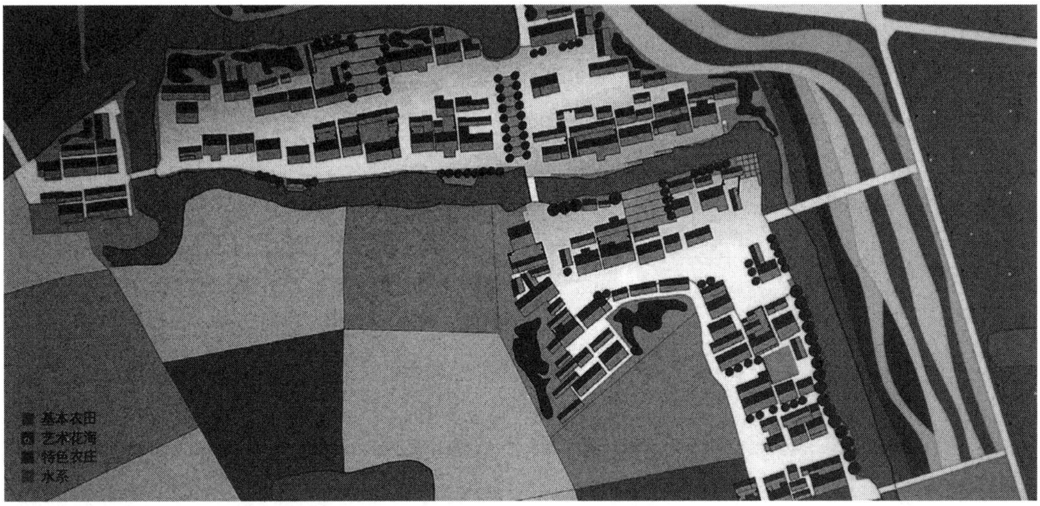

图8-64 青冈村水街节点规划图（图片来源：上海市规划和国土资源管理局，上海市城市规划设计研究院. 上海郊野公园规划探索和实践［M］. 上海：同济大学出版社，2015）

8.4 城市住区

居住、生存、发展是人类社会三大主题，其中居住尤为重要。随着社会不断发展，人们对居住质量的要求越来越高，近几年来，住区的景观设计与营造越来越被人们关注。住区景观环境既要具有满足人生理、生活所需的物质功能，也同时应具备满足人心理需求、陶冶情操等精神功能。“以人为本”的设计原则，舒适、安全、健康、平衡的生态型景观环境已开始走进人们的生活，成为居住区一大亮点。

8.4.1 居住区的基本组成

居住区用地是指居住区住宅用地、公共服务设施用地、道路用地和公共绿地等四项用地的总和（图8-65）。住宅用地是指居住建筑基地占有的用地及其前后左右附近必要留出的一些空地（住宅日照间距范围内的土地一般列入居住建筑用地），其中包括通向居住建筑入口的小路、宅旁绿地、杂务院等。公共服务设施用地是指居住区各类公共用地和公用设施建筑物占有的用地及其周围的专用地，包括专用地

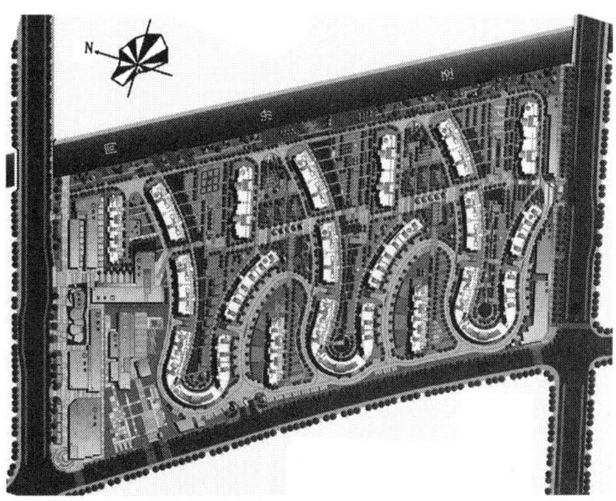

图8-65 上海 金地未来域总平面

中的通路、场地和绿地等。道路用地是指居住区范围内的不属于住宅用地和公共服务设施用地内的道路的路面以及小广场、停车场、回车场等。绿地是指居住区公园、小游园、运动场、林荫道、小块绿地、成年人休息和儿童活动场地等。

8.4.2 景观设计新趋势

近年来，房地产经营理念发生变化，概念地产开始出现，如景观主题地产、环保主题地产、文化主题地产、休闲主题地产、智能主题地产等，房地产营销从单纯的卖楼盘转向更多地关注环境和文化，倡导社区新的生活方式。纵观楼市的风云变幻，我们发现景观是永恒的主题。而现代设计是一个涉及物质、精神、社会的无限宽泛的开放性活动。与传统相比，现代居住区环境景观出现了将一些新的趋势：

图8–66 桃源居总平面

8.4.2.1 强调环境景观的共享性与均好性

这是住房商品化的特征，应使每套住房都获得良好的景观环境效果，首先要强调居住区环境资源的均好和共享，在规划时应尽可能地利用现有的自然环境创造人工景观，让所有的住户能均匀享受这些优美环境；其次要强化围合功能强、形态各异、环境要素丰富、安全安静的院落空间，达到归属领域良好的效果，从而创造温馨、朴素、祥和的居家环境（图8–66）。

图8–67 第五园叠院HOUSE间的人行道

8.4.2.2 强调环境景观的文化性

崇尚历史、崇尚文化是近来居住区景观设计的一大特点，开发商和设计师开始不再机械地割裂居住建筑和环境景观，开始在文化的大背景下进行居住区的规划和策划，通过建筑与环境艺术来表现历史文化的延续性（图8–67）。

8.4.2.3　强调环境景观的艺术性

20世纪90年代以后，居住区环境景观开始关注人们不断提升的审美需求，呈现出多元化的发展趋势，提倡简约明快的景观设计风格。同时环境景观更加关注居民生活的舒适性，不仅为人所赏，还为人所用。创造自然、舒适、亲近、宜人的景观空间，是居住区景观设计的又一趋势（图8-68）。

8.4.3　景观构成要素

住区景观的使用几乎渗透到了居住区环境的各个角落，在景观设计中如何对这些设计元素进行综合取舍，合理配置乃是景观设计的要点。

8.4.3.1　绿化

绿化是环境景观的基本构成元素（图8-69~图8-71）。住区的绿地类型包括公共绿地、道路

图8-68　万科金域蓝湾景观中心

图8-69　某小区道路绿化

图8-70　某小区中心景观绿化

图8-71　湖光山社小区宅前绿化

绿化、宅前绿地和公共设施附属绿地等。其中公共绿地包括居住区公园（居住区级）、小游园（小区级）和组团绿地（组团级），以及儿童游戏场和其他的块状、带状公共绿地等（表8-6）。公共绿地指标应根据居住人口规模分别达到：组团级不少于0.5m^2/人；小区（含组团）不少于1m^2/人；居住区（含小区或组团）不少于1.5m^2/人。绿地率：新区建设应≥30%；旧区改造宜≥25%；种植成活率≥98%。

居住区各级中心公共绿地设置规定　　表8-6

中心绿地名称	设置内容	要求	最小规格（hm^2）	最大服务半径（m）
居住区公园	花木草坪，花坛水面，凉亭雕塑，小卖茶座，老幼设施，停车场和铺装地面等	园内布局应有明确的功能分区和清晰的游览线路	1.0	800~1000
小游园	花木草坪，花坛水面，雕塑，儿童设施和铺装地面等	园内布局应有一定的功能划分	0.4	400~500
组团绿地	花木草坪，桌椅，简易儿童设施等	可灵活布置	0.04	100
其他的块状、带状公共绿地	——	——	宽度≥8m，面积≥400m^2	——

注：①居住区公共绿地至少有一边与相应级别的道路相邻。②应满足有不少于1/3的绿地面积在标准日照阴影范围之外。③参见《城市居住区规划设计规范（2012年）》。

绿化景观组织的方法主要有：

（1）住区绿地形成系统的重要手段之一是："点、线、面相结合"，保持绿化空间的连续性。其中，宅前绿地、公共设施附属绿地和组团绿地是点，主要道路绿化是线，小区的小游园和居住区公园是面。

（2）住区植物配置应向生态化、乡土化、景观化、功能化方向发展，植物材料既是生态造景的素材，也是观赏的要素。首先，要注意乔、灌、花、草结合，以草类地被植物塑造绿茵盎然的植物背景，点缀具有观赏性的高大乔木以及丛栽的球状灌木和颜色鲜艳的花卉，高低错落、远近分明、疏密有致，绿化景观层次丰富。其次，选择树种要有乡土性、针对性，力求变化、创造优美的林冠线；种植树种应考虑植物生态群落，景观的稳定性、长远性和美观性。

（3）住区绿化种植应做到平面与立体结合，住区绿化已从水平方向转向水平和垂直相结合，根据绿化位置不同，垂直绿化可分为围墙绿化、阳台绿化、屋顶绿化、悬挂绿化、攀爬绿化等。

（4）住区绿化种植应做到实用性与艺术性结合，追求构图、颜色、对比、质感，形成绿点、绿带、绿廊、绿坡、绿面、绿窗等绿色景观，同时讲究和硬质景观的结合使用，也注意绿化的维护和保养。

8.4.3.2　道路

道路是居住区的构成框架，一方面它起到了疏导住区交通、组织住区空间的功能，另一方面，好的道路设计本身也构成居住区的一道亮丽风景线（图8-72~图8-74）。按使用功能划分，居住区道路一般分为车行道和宅间人行道；按铺装材质划分，居住区道路又可分为混凝土路、沥青路以及各种石材、仿石材铺装路等。居住区道路尤其是宅间路，其往往和路牙、路边的块石、休闲座椅、植物配置、灯具等，共同构成居住区最基本的景观线。因此，在进行居住区道路设计时，我们有必要对道路的平曲线、竖曲线、宽窄和分幅、铺装材质、绿化装饰等进行综合考虑，以赋予道路美的形式。如区内干路可能较为顺直，由混凝土、沥青等耐压材料铺装；而宅间路则富于变化，由石板、装饰混凝土、卵石等自然和类自然材料铺装而成。

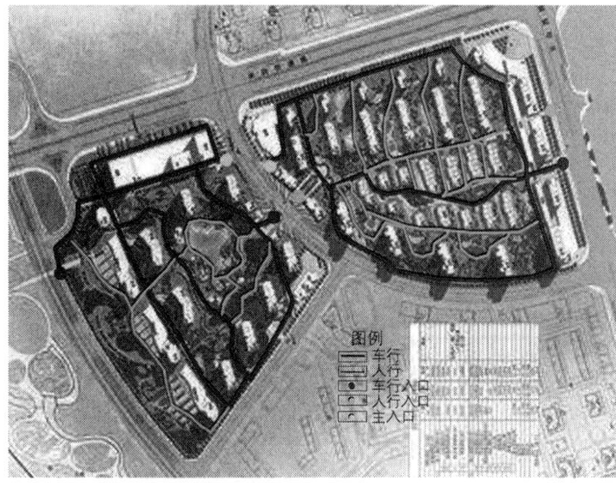

图8-72　深航翡翠城道路系统规划

图8-73　深航翡翠城车行路

8.4.3.3　铺地

广场铺地在居住区中是人们通过和逗留的场所，是人流集中的地方。在规划设计中，通过它的地坪高差、材质、颜色、肌理、图案的变化创造出富有魅力的路面和场地景观（图8-75、图8-76）。目前在居住区中铺地材料有几种，如：广场砖、石材、混凝土砌块、装饰混凝土、卵石、木材等。优秀的硬地铺装往往别具匠心，极富装饰美感。

图8-74　某居住小区步行路

图8-75 某居住区阶梯广场

图8-76 山水文园公共空间的“枯山水”设计

8.4.3.4　小品

小品在居住区硬质景观中具有举足轻重的作用，精心设计的小品往往成为人们视觉的焦点和小区的标识（图8-77~图8-80）。

1. 雕塑小品

雕塑小品又可分为抽象雕塑和具象雕塑，使用的材料有石雕、钢雕、铜雕、木雕、玻璃钢雕。雕塑设计要同基地环境和居住区风格主题相协调，优秀的雕塑小品往往起到画龙点睛、活跃

图8-77　某小区公共中心景观设计

图8-78　金域中央·天越海豚雕塑

图8-79　深圳第五园景墙

a垃圾箱　　b指示牌　　c休息设施

图8-80　居住区设施小品

空间气氛的功效。同样值得一提的是现在广为使用的“情景雕塑”，表现的是人们日常生活中动人的一瞬，耐人寻味。

2. 园艺小品

园艺小品是构成绿化景观不可或缺的组成部分。同时，随着社会的发展，园艺小品更趋向多样化。如古典园艺中的太湖石、花窗、石桌椅、楹联、曲径小桥等，现代园艺中的景墙、小亭、花架、块石、花盆、座椅等，它们有的是供观赏的装饰品，有的则是供休闲使用的“小区家具”。

3. 设施小品

居住环境设施同时具有实用性和观赏性，如儿童游乐设施、休息设施、服务设施（如信报箱、垃圾桶、自行车棚等）及其他（如指示牌等），这些设施种类多样，造型各异，反映不同空间的属性，是居住环境重要的景观构成要素。

8.4.4 典型案例——万科第五园设计

万科第五园项目是2005年万科地产在坂雪岗区域规划开发的又一大规模居住社区。项目主打特色是现代中式建筑风格，吸纳了岭南四大名园、北京四合院等众多中式建筑的精华，辅以现代的建筑文化及特色，形成了独具特色的现代新中式建筑特色，在“岭南四园”的基础上探索了一种新型的、南方的中国式的现代生活模式，园林层叠，出入有致，空间交错，明亮通透，湖光山色，饶有新意。

第五园的设计注意到了地方气候特色，空间处理和建筑开合上能够吸收岭南民居的优点；突出院落的优点，院落是中国民居的江南风格的共性，讲究邻里关系，第五园就是传承了江南民居院落中的精粹，把开放空间与现代建筑的私密空间有效沟通。

第五园融合了现代时尚元素与传统建筑风格。把中国的传统建筑文化发挥得淋漓尽致，白墙黑瓦简洁的外观和色彩很有意境的和谐美，营造出典型的江南水乡风格。表现出了传统的古典雅韵，又体现出后现代主义的简练，给我们在中国传统园林艺术在现代景观中的塑造提供了一个很好的范例。

万科第五园的景观设计核心为：

规划——表现“村”的形态（图8-81）；

气候——体现“冷”的追求（图8-82）；

环境——营造“幽”的氛围（图8-83）；

内部——强调“院”的作用（图8-84）；

外部——提炼“墙”的形象（图8-85）；

色彩——渲染“素”的意味（图8-86）。

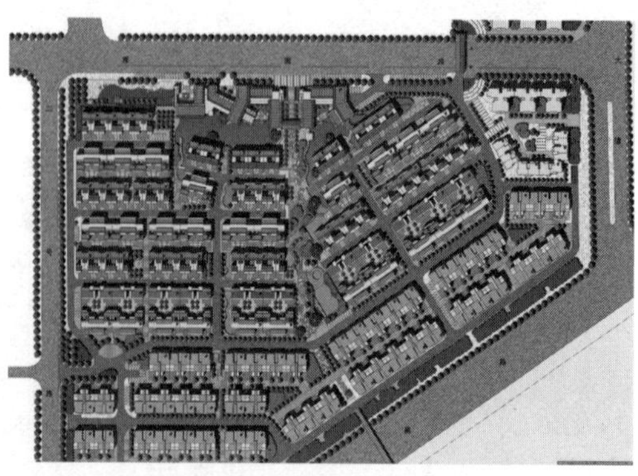

图8-81 万科第五园总平面图

图8-82　形式遵循气候的冷巷设计

图8-83　平静的水面与岸边的水生植物

图8-84　外实内虚、外俭内繁的建筑墙体

图8-85　院落一庭院别墅的公共庭院

图8-86　第五园黑白灰的色彩提炼

8.5 庭院空间

建筑物前后左右或被建筑物包围的场地通称为庭或庭院，包括一个建筑的所有附属场地、植被等。庭院作为室内空间的延伸，可以提供给人一个休闲娱乐的空间，因此在庭院景观设计应该注重“宜人、亲人”的思想，尊重历史，立足现代，放眼未来，在满足人们居住舒适的前提下，与自然界和谐共处。

8.5.1 分类及其空间特点

庭院按照功能可以分类居住庭院和企事业单位庭院。使用的对象不同，庭院景观设计的特点也不同。

8.5.1.1 居住庭院

按照庭院景观风格的不同，居住庭院可以分为农家庭院和城市独院式庭院。

农家庭院是农村居民生活的主要场所，它的主要特征是空间需要承载生活和生产的双重功能（图8-87），并且在满足人们对生活的基本前提下，创造出一个休闲、娱乐的舒适生活空间。近几年来，随着新型农村的建设，农家庭院对景观的诉求也越来越高。农家庭院在景观设计中应注意体现以下几个方面：（1）景观设计应在改善生活环境的同时，方便农民的生产劳动生活；（2）注重考虑庭院的生态效益；（3）把美化环境作为根本；（4）力求彰显地方特色；（5）与农村产业发展相结合，如与开展农家乐、农业观光、农事体验等旅游活动相结合等。

城市独院式庭院多数为独院式别墅。独院式庭院即独门独院，有独立的住宅空间和家庭自有的花园，私密性极强。一般情况下，院内建筑的周围都有大小不一的绿地或空地（图8-88）。独院式庭院的空间特点有：（1）住宅干扰少，庭院静逸、环境优美、生活安逸，居住具有高度的舒适性；（2）住宅平面组合灵活多样，可以形成各种组合方式，庭院空间也可灵活多样，供主人多元化的使用。

图8-87 农家庭院

图8-88 别墅庭院

8.5.1.2 单位庭院

单位庭院是附属于各类型功能建筑周边的单位专属空间，如工业园区庭院、医院庭院、学校庭院以及其他类型的企事业单位庭院（图8-89）。在人们对办公环境的不断追求过程中，对单位庭院建设也提出了新的、更高的要求。在对这类型庭院进行景观设计时，一定要充分考虑其空间使用功能的要求，将实用与美观相结合，符合设计对象整体的空间印象感受。

图8-89 水木清华

8.5.2 庭院景观设计要素

庭院景观的组成包括实体要素和虚体要素。

8.5.2.1 实体要素

庭院的尺度范围极其有限，但它的设计实体要素却种类繁多。从要素的属性角度，我们可以将其划分为自然要素和人工要素两大类。自然要素指庭院绿化和水体，而人工要素则是铺装与小品。

1. 庭院绿化

庭院的绿化不但能改善庭院环境质量，柔化建筑线条，还可以丰富庭院的时序关系。庭院绿化形式多样，可选择的植物种类也很多，但是由于其特殊性，不可能所有的地面绿化形式和植物种类都适用。因此，植物只能通过一些方式，如增加植物群落结构层次，加大绿量实现补充，以达到其生态效用（图8-90）。

2. 庭院水景

水体也是庭院中常见而重要的自然要素。水的形态多样，或平淡或跌宕，或喧闹或静谧，而且淙淙水声令人心旷神怡，景物在水中产生的倒影色彩斑驳，也有极强的欣赏性。水还可以用来调节空气湿度和抑制噪声的传播。庭院中水的设计通常体现如下原则，即宜“小”不宜“大”，宜“曲”不宜“直”，宜“下”不宜“上”，宜“虚”不宜“实”（图8-91）。

3. 庭院铺装

庭院铺装是庭院设计中的一个重要元素，形式多样，变化比较丰富，所以可以迎合不同的设计风格，而且环境的不同，尺度的大小，都会影响到铺装样式和色彩的选择。铺装具有很强的艺术性，可以体现在其色彩、形式、尺度、质感等设计元素中（图8-92）。

图8-90 某庭院绿化

图8-91 某庭院水景

图8-92 某庭院铺装

4. 庭院景观小品

打造高品质的庭院，小品元素必不可少。在庭院景观中，小品主要有：山石、座椅、景观灯、花架等，这些物品体量虽小，却能够起到画龙点睛的效果。它们既可以依附于庭院的其他景物，也可以独立做景，此外还可以通过小品将庭院和外界的景色联系起来，提升庭院的意境，使其更富有诗情画意。小品按其在庭院景观中的价值可以分为生态类小品、景观类小品、情感类小

图8-93 某庭院景观小品

图8-94 规则式庭院

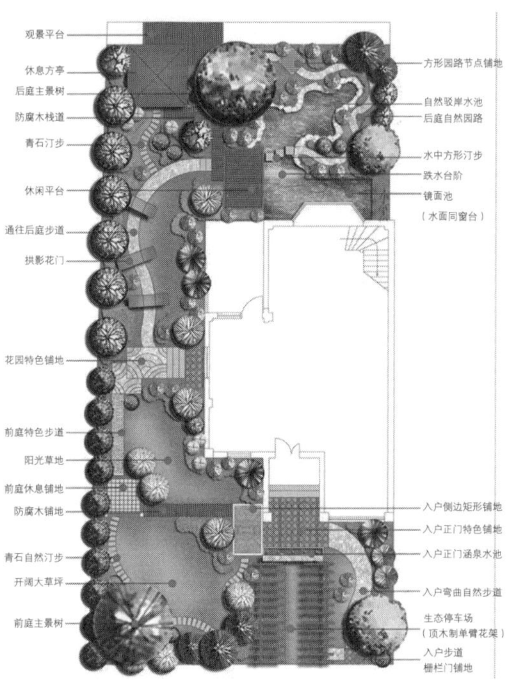

图8-95 自然式庭院——芒市朱氏私家花园庭院环境设计初步方案

品、文化类小品等（图8-93）。

8.5.2.2 虚体要素

1）从布局上来说可以分为三大类，即规则式、自然式、混合式等。

（1）规则式庭院的构图多为标准的几何图形，又可以为对称式和不对称式，对称式有两条中轴线，在庭院中心点相交，将庭院分成完全对称的四个部分，规则对称式庭园庄重大气，给人以宁静、稳定、秩序井然的感觉；不对称式庭院的两条轴线不在庭院的中心点相交，单种构成要素也常为奇数，不同几何形状的构成要素布局只注重调整庭园视觉重心而不强调重复。相对于前者，后者较有动感且显活泼（图8-94）。

（2）自然式庭园，主要是模仿自然中的景观，多采用一些接近自然形态特征的结构与材料，在设计上，追求虽由人做，宛如天成的美学境界，很少设计和使用线条明显的硬质景观，尽可能地使景观元素相互融合，并与周围的环境相协调（图8-95）。

（3）混合式庭园，兼具规则式和自然式景观的特点，其表现形式分为三种，一种是景观元素是规则式的，但是在整体的景观布局上，却采用自然式的设计，在欧洲的一些古典贵族庭园中，多有这种现象的出现；第二种则正好相反，整体布局为规则式的，景观构成要素却是自然式的，比如北方的四合院庭院；第三种是规则的景观构造物与自然的软质景观元素相连接，一些别墅庭院中，大部分庭院内的场地不对称，靠近主体建筑物的庭院景观却是规则对称的，也可以把规则形的铺装和自然的植物或者具有曲线边缘的草坪连在一起。

2）从文化特征上可以分为中国古典风格、日式风格、英式风格等（表8-7，图8-96~图8-99）。

从文化特征看庭院风格及特征　　表8-7

庭院风格	典型特征	备注
中国古典风格	步移景异，小中见大	根据地域文化的不同，风格也不尽相同。江南庭院常是住宅的延伸，基地较小，故多采用“小中见大”、“借景对景”等造园手法，景观典雅秀丽；岭南庭院的水池一般较为规正，建筑相对比较集中，常是庭园套庭园，流出足够的地方种植花树，景观较绚丽纤巧
日式风格	质朴、自然、幽静	“自然之中见人工”，着重体现和象征自然界的景观，避免人工斧凿的痕迹，创造简朴、清宁的致美境界
英式风格	强调与自然结合	大量运用水系和喷泉，英式廊柱、雕塑和花架，精心布局的植物迷宫等景观小品，有机结合地块的天然高差进行景区转换和植物高低层次的布局，形成明显浪漫的英伦情调和坡式园林景观特点
德式庭院	人为痕迹重，突出线条和设计	不对称的、简洁的几何线、形、体块的对比，按照既定的原则推导演绎，表现出严格的逻辑和清晰的观念，自然中有更多的人工痕迹表达，景观简约，反映出清晰的观念和思考
西班牙风格	色彩绚丽，热情洋溢	通过采用色彩艳丽的材质及细部结合富有西班牙特色的景观构筑和小品、家具打造热情洋溢的西班牙风格
托斯卡纳风格	乡野浪漫	通过采用自然弧线的设计语言，利用天然材质及自然式精致小水景，结合富有乡野气息的造景方式，打造好似未经人工雕琢的托斯卡纳乡村风格
意大利风格	古典、庄重、典雅	采用古典对称式的设计语言，通过设置精致规整的水景及不同功能的休憩空间，结合规整式种植的造景方式，打造古典、庄重的意大利风格
东南亚风格	热带风情，休闲度假	热带大型棕榈树和攀藤植物凸显东南亚热带风，小品多采用东南亚传统风俗造型雕塑，比较常见一些茅草棚屋或原木的小亭台，多为了休闲纳凉使用，既美观又方便
南加州风格	享受阳光、享受生活、闲适、从容	质朴温暖的色彩，体现了质朴的内涵和奋发向上的精神面貌，既醒目又不过分张扬，通过庭院与道路及植物、小品的结合，营造出四季有景的生活氛围，非常优美的变化曲线，营造了柔和、内敛、尊贵的生活氛围

8.5.3 景观设计要点

8.5.3.1 把握景观的尺度与比例

无论是景观的整体，还是构成景观的各个要素，都应该根据他们的功能以及使用者来确定他们的具体尺寸，各个元素之间和谐处理，只有这样才能带给人们美的感觉（图8-100）。

图8-96　中式庭院

图8-97　日式庭院

图8-98　英式庭院

图8-99　德式庭院

图8-100　上海佘山玺樾别墅景观设计

8.5.3.2 考虑景观的全面性

在进行庭院设计的时候，从整体布局，到局部揣摩，从主体风格，到个体搭配，建筑、水体、植物、山石，每一个元素的设计都必须认真考虑。

1. 追求简洁，注意细节

庭院应该回归到更为简洁的空间，更为注重细节。用简洁的、情趣盎然的小品、景观石与树木的组合去营造空间。

2. 风格独特，切忌模仿

庭院设计正在走向个性化，需要设计师针对庭院的具体情况和业主自身的喜好特点量身定制设计方案，即将各种能体现业主性情爱好和实际生活所需的元素结合起来形成独特的庭院格调，同时充分发掘庭院场地已有的元素，形成自己的个性化空间。

8.5.3.3 居住舒适，使用方便

营造庭院最大化的活动空间，让业主很舒适地享受绿荫、享受阳光、享受清新的空气、享受某种特定的氛围。更要让业主在不繁重的养护管理庭院的过程中体会到快乐。

另一点是庭院的智能化，体现在庭院照明、水体净化、灌溉、自动门、安控设施等设置上的遥控智能控制系统。这也是未来的庭院趋势的一种方向。

8.5.4 典型案例——北京龙湖·滟澜山项目

北京龙湖·滟澜山项目主要针对人群外籍驻华工作人员、CBD企业领袖、外籍高管等群体，项目突破了传统联排私密性差的特点，以家庭舒适感为设计前提，纯粹的台地式地中海风格园区，试图打造北京高端住宅的典范（图8-101）。具体的规划设计理念为：

（1）增加私密性。为了满足业主尊贵感受，在做园林景观时，尽可能地把私家的庭院做大，通过植物的遮拦使人的视线自然而然地落在枝叶繁茂的树木上，保证户与户不会形成对视。

（2）置身景观环境。通过空间的塑造和材质的处理，人们置身于景观环境中，将能够体会到主线园林概念里许多细节的三维的变化和处理。

（3）统一的私家园林与公共园林。为了使整个园区精致协调，在每一户外精心设计了各种主题的园林景观，并且以层次丰富的绿植为业主巧妙地围合出一片自己的空间，从私家花园到公共园区，和谐统一。

（4）优美的四季景色。设计师通过植物种类、高矮的合理选择和搭配，使龙湖四季的园林景色各异，所有的树木和花卉全部进行全冠移植，保持树木的原始姿态。

（5）宜人的溪谷景观。为了让业主能感受亲水的乐趣，龙湖在滟澜山项目中打造了一条300多米长，贯穿整个园区的溪谷景观。

图8-101　北京龙湖·滟澜山实景照片

8.6　风景名胜区与旅游景点

风景名胜区是具有观赏、文化或科学价值，自然景物、人文景物比较集中，环境优美，具有一定规模和范围，可供人们游览、休息或进行科学、文化活动的区域。风景名胜区的自然旅游资源是独特的、不可替代的景观名胜资源，是通过几亿年大自然鬼斧神工所形成的自然遗产，是世代不断增值的宝贵财富。

旅游景点是旅游区中的最小单位，由两个以上的景物组成，旅游活动较为单一，配套建有相应的旅游服务设施的游赏点。一个旅游区的吸引力和旅游生产力的大小，主要取决于旅游景点的规划设计水平和管理水平。

8.6.1　景观类型

风景名胜区自古就有，作为一个经济产业进行运作始于近代。我国从20世纪80年代起，以评定风景名胜区为标志，将风景名胜区纳入了现代旅游产业范畴。我国的风景名胜区，按景物的观赏、文化、科学价值和环境质量、规模大小、游览条件等，划分为国家级、省级、市县级三级。按景观类型可以分为山岳型（泰山、黄山）、湖泊型（江苏太湖、杭州西湖）、河川型（长江三峡、辽宁鸭绿江）、瀑布型（黄果树瀑布、黄河壶口瀑布）、海岛海滨型（青岛海滨、厦门鼓浪屿）、森林型（西双版纳、蜀南竹海）、岩溶型（桂林漓江、云南石林）、火山型（黑龙江五大连池、云南腾冲火山）、人文风景型（八达岭—十三陵、麦积山、承德避暑山庄）等。

旅游景点按以景观为主的资源综合要素的性质和特征，可将旅游景点分为自然型、历史型、文化型和特殊型。自然型旅游景点是以自然山水为基本要素特征的景物和景观点，是旅游景点类型中数量最多的类型；历史型旅游景点是以历史文化遗址、遗迹、遗物为主体的游赏物的游览观光点；文化型旅游景点是以某种文化为载体的游赏点，如壁画、摩崖石刻、石窟、歌舞等；特殊型旅游景点是以某种特殊景物为游览对象的景观点，如航天飞机、航空母舰等，与常规情况下的景点有很大的区别。此外，旅游景点也可以按开发的程度，分为保护型、修饰型、强化型和创造型。保护型旅游景点是指列入旅游观赏中美学特征突出、科研价值高、文化内涵深厚和重大历史价值的景物，以保护原貌为原则，按原有形态、内容及环境条件完整地绝对地加以保护的景点；修饰型旅游景点，是指某些有所欠缺的重要景物，为了保护和强化旅游观赏形象，可通过人工技术，适当地加以修饰和点缀，起到“画龙点睛”的作用，如将裸露在野外的碑石、文物放在与之相协调的建筑物中，既可起到保护作用，又可引导游人游览和考察；强化型旅游景点，就是利用人工技术强化手段，烘托和优化原有景物的形象，创造一个新的景观空间，使旅游资源更集中、更典型地表现区域旅游特色，如在海滨地带建立“海洋生物公园”，游人的在较小的范围、较短的时间内，观赏到海洋中各种鱼类和海生物；创造型旅游景点，就是根据区域的客源市场、区位和环境条件，利用现代科技手段，将文化旅游资源，如将民间传说、神话、故事和幻想变成可视可参与的仿古园、微缩景观、人造园林等旅游景点。

8.6.2 景观设计原则

风景名胜区景观规划设计，也称风景区景观规划设计，是保护培育、开发利用和经营管理风景区，发挥多种功能作用的统筹部署和具体安排。为了确保风景名胜区的可持续发展，一般应遵循以下基本原则。

1）保护优先原则

风景名胜区是自然和历史留给我们的宝贵和不可再生的遗产，风景名胜区的价值首先是原真性，只有在确保风景名胜资源的真实性和完整性不被破坏的基础上，才能实现风景名胜区的多种功能。因此，保护优先是风景名胜区景观规划设计的基本出发点。

2）综合协调原则

风景名胜区规划管理的基本目标是在资源充分有效保护前提下的合理利用。虽然保护是风景名胜区工作的核心，但是并不意味着要将保护与利用割裂开来。我国风景名胜区的特殊性之一，就是风景区包涵有许多社会经济问题，只有将各种发展需求统筹考虑，依据资源的重要性、敏感性和适宜性，综合安排，协调发展，才能从根本上解决保护与利用的矛盾，达到资源的永续利用。

3）突出自然原则

充分发挥风景资源的自然特征和文化内涵，维护景观的地方特色，强调回归自然，防止人工化、城市化、商业化倾向。

4）环境承载力原则

承载力原则意味着任何资源的使用都是有极限的，风景名胜资源的利用也不例外。当使用强度超过某一阈值或临界值时，资源环境将失去其持续利用的可能。风景名胜区开发利用必须限制在其允许的环境承载力（或称环境容量）之内，以保证风景名胜区的可持续发展。

5）分区管理原则

根据风景资源价值与分布，划分功能区，严格实行“山上游，山下住”、“区内游，区外住”、“区内景，区外商”的管理原则，在保证风景资源不被破坏的前提下，促进地方经济发展。

旅游景点设计属微观工程范畴，涉及知识领域较多，在设计中应遵循下列原则：

1）创新原则

创新，在旅游景点设计中就是创意，景点开发前的设计意图。旅游景点设计创新要有中心主题，从市场需求、资源特色、区位和环境条件综合分析确定创新主题。

2）人工美与自然美统一

人工美与自然美的高度统一，就是要明确，自然是第一位的，而人工是第二位的；自然为主，人工为辅，巧加点缀，自然结合，人工建筑与环境融为一体。应将建筑与环境相协调思想贯彻到景点开发的各个环节中去，在风格特点、造型体量、比例尺度、色调对比上要服从环境整体，应当顺应自然、点缀自然。在自然景观区，建筑物应宜低不宜高、宜小不宜大、宜散不宜聚、宜互补烘托不宜离散累赘。在景点设计中，既要研究景观构成的共性规律，更要研究景点的特殊规律，把握住客观因素,创造出景象各异、意境多样的风光美景。

3）维护和创造生态平衡

成功的旅游景区发展，强调维护原有生态平衡，绿化与美化旅游环境，增加植被覆盖率，用人造园林技术，创造新的生态平衡。需要避免“建设性破坏”，避免在景点内开山取石，伐木建房；避免在景点附近建工厂办企业，防止废水废气污染了空气、水质和土壤，降低环境质量；避免将步行游览道变成宽敞、平直的水泥路，破坏了“曲径通幽”的意境；避免以攀登为主的山地游览景点架设索道，保持原生态山石景物，保持山岳的“神气”，使“游从慢”。

4）最佳经济效益

旅游开发是地区经济发展的一部分，是企业行为，需要做好经济概算，进行投入与产出分析。应优先选择投资少、回收期快的旅游项目。如山水风光，修建通达的道路即可。选择霞光、云海、佛光、极光、海市蜃楼、冰景、雪景等持续产生、不用即逝的旅游资源进行景点开发，不需更大资金就会产生可观的经济效益。黄山的云海、泰山的日出、蓬莱的海市蜃楼、峨眉的佛光、哈尔滨的冰灯等，都是开发成功的典例。

8.6.3 风景名胜区典型景观规划

景观，既可以是物质实体，也可以是事件或现象，或深藏于大自然，或存在于社会文化之中，是大自然的造就，也是人类智慧的结晶。景观具有较强的组合性和显著特征，可以根据景观的性质、主要特征进行景观分类（表8-8）。典型景观规划必须保护景观本体及其环境，保持典型景观的永续利用；应充分挖掘与合理利用典型景观的特征及价值，突出特点，组织适宜的游赏项目与活动；应妥善处理典型景观与其他景观的关系。

旅游景观分类　　表8-8

景观类型	景观细分
地文景观	包括山岳风景环境、典型地质构造、标准地质剖面、生物化石点、自然灾害遗迹、火山熔岩景观、蚀余景观、洞穴、沙漠、砾石、滩涂景观等
水域风光	包括风景河段、漂流河段、小型岛屿、海底景观、海岸、湖泊、瀑布、泉、海潮江潮、现代冰川等
生物景观	包括森林、古树古木、奇异花草、树林、草原、沼泽、湿地、野生动物、海水与淡水生物等
气候天象景观	包括雪景、江雾、日出、云海、佛光、海市蜃楼等
历史遗存景观	包括文化遗迹、军事遗迹、古城遗址、宗教圣地、古塔、牌坊碑碣、古桥、陵寝陵园、石窟、摩崖石刻等
城市景观	包括港口、广场、历史街区、建筑、公园，科学设施、教育文化设施等
乡村景观	设施城镇与村落、民俗街区、乡土建筑、民风民俗、稻作农田、林场、渔帆、牧场、手工产业景观等

旅游典型景观规划具体涉及植物景观规划、建筑景观规划、溶洞景观规划、竖向地形景观规划和人造旅游景观规划。

1）植物景观规划

第一，维护原生种群和区系，保护古树名木和现有大树，培育地带性树种和特有植物群落；

第二，因境制宜地恢复、提高植被覆盖率，以适地适树的原则扩大林地，发挥植物的多种功能优势，改善风景区的生态和环境；第三，利用和创造多种类型的植物景观或景点，重视植物的科学意义，组织专题游览环境和活动；第四，对各类植物景观的植被覆盖率、林木郁闭度、植物结构、季相变化、主要树种、地被与攀缘植物、特有植物群落、特殊意义植物等，应有明确的分区分级的控制性指标及要求；第五，植物景观分布应同其他内容的规划分区相互协调；在旅游设施和居民社会用地范围内，应保持一定比例的高绿地率或高覆盖率控制区。

2）建筑景观规划

第一，应维护一切有价值的原有建筑及其环境，严格保护文物类建筑，保护有特点的民居、村寨和乡土建筑及其风貌；第二，风景区的各类新建筑，应服从风景环境的整体需求，不得与大自然争高低，在人工与自然协调融合的基础上，创造建筑景观和景点；第三，建筑布局与相地立基，均应因地制宜，充分顺应和利用原有地形，尽量减少对原有地物与环境的损伤或改造；第四，对风景区内各类建筑的性质与功能、内容与规模、标准与档次、位置与高度、体量与体形、色彩与风格等，均应有明确的分区分级控制措施；第五，在景点规划或景区详细规划中，对主要建筑提出总平面布置、剖面标高、立面标高总框架、同自然环境和原有建筑的关系等四项控制措施。

3）溶洞景观规划

第一，必须维护岩溶地貌、洞穴体系及其形成条件，保护溶洞的各种景物及其形成因素，保护珍稀、独特的景物及其存在环境；第二，在溶洞功能选择与游人容量控制、游赏对象确定与景象意趣展示、景点组织与景区划分、游赏方式与游线组织、导游与赏景点组织等方面，均应遵循自然与科学规律及其成景原理，兼顾洞景的欣赏、科学、历史、保健等价值，有度有序地利用与发挥洞景潜力，组织适合本溶洞特征的景观特色；第三，应统筹安排洞内与洞外景观，培育洞顶植被，禁止对溶洞自然景物滥施人工；第四，溶洞的石景与土石方工程、水景与给排水工程、交通与道桥工程、电源与电缆工程、防洪与安全设备工程等，均应服从风景整体需求，并同步规划设计。

4）竖向地形景观规划

第一，维护原有地貌特征和地景环境，保护地质珍迹、岩石与基岩、土层与地被、水体与水系，严禁炸山采石取土、乱挖滥填盲目整平、剥离及覆盖表土，防止水土流失、土壤退化、污染环境；第二，合理利用地形要素和地景素材，应随形就势、因高就低地组织地景特色，不得大范围地改变地形或平整土地，应把未利用的废弃地、洪泛地纳入治山理水范围加以规划利用；第三，对重点建设地段，必须实行在保护中开发、在开发中保护的原则，不得套用“几通一平”的开发模式，应统筹安排地形利用、工程补救、水系修复、表土恢复、地被更新、景观创意等各项技术措施；第四，有效保护与展示大地标志物、主峰最高点、地形与测绘控制点，对海拔高度高差、坡度坡向、海河湖岸、水网密度、地表排水与地下水系、洪水潮汐淹没与侵蚀、水土流失与崩塌、滑坡与泥石流灾变等地形因素，均应有明确的分区分级控制；第五，竖向地形规划应为其他景观规划、基础工程、水体水系流域整治及其他专项规划创造有利条件，并相互协调。

5）人造旅游景观规划

人造旅游景观是通过人工技术模拟的自然景观和人文景观。由人造景观组合的人造旅游景区集中体现了人造景观的规划方法。

人造旅游景区在设计手法上可以分为陈列观光型、表演欣赏型、主体参与型。由陈列观光型景观构成的景区风貌类似露天博物馆，游客主要通过视觉得到满足。由表演欣赏型歌舞景观构成的旅游景区，由景静人静提高到景动人静，游客在观光基础上能够通过欣赏歌舞表演而获得娱乐，景区通过歌舞节目更新给游客新奇感受。由主体参与型项目景观构成的景区，游客通过动智动力的身心投入得到放松、愉悦，随着每次遇到的挑战不同而得到不同的满足。

在典型景观规划设计中，有三个需要努力追求的目标，第一，追求文化、历史与艺术性，包括挖掘潜在于景观环境中的历史文化、风土民情、风俗习惯等与人们精神生活息息相关的要素，景观规划的文化、历史与艺术性直接决定着一个景区、城市、街区的风貌；第二，追求环境生态性，包括土地利用、地形、水体、动植物、气候、光照等人文与自然因素在内的环境生态性，景观规划的环境生态性直接决定着一个景区和旅游目的地的品质和旅游的可持续性；第三，追求景观感受性，是基于视觉对自然与人工景观的感受，形成狭义的景观。旅游景观规划设计“三性”目标是旅游景观规划所追求的科学水平和美学标准。

8.6.4 景点设计方法

旅游景点设计应在景点规划的基础上，根据功能要求和环境具体条件，制定具体方案。旅游景点设计一般可采用如下方法：

1）突出主题

一般来讲，未经人工改造的自然物，显得单调，主题不突出。要把自然物转化为供欣赏的景物，需经过人工的概括、提炼、选择、加工，去杂存真，突出主题，使天然美景独放异彩。

2）平中出奇

在旅游规划中，常常会遇到平淡无奇的峰岭，但它却是周围的制高点，有广阔的视野，赏景范围大，可一览周围风光，可选择作为鸟瞰景点的最佳处。有的景点，在没有开发前，只是一个空旷的空间，引不起游人的兴趣。可以在山上的适当位置建亭阁建筑，将自然空间变成被限定的空间，使之产生“谁家亭子碧山间”的疑问，引导游人去攀登，对整体景观起到“万绿丛中一点红”的点缀作用。

3）充实人文内涵

自然景色若没有人文内容，总会显得有些单调和不足，需要按着自然规律，把握区域文脉，经人工的修饰，增加文化内涵，使景观特色更集中、更突出。

4）协调环境

景物密集的景点，游客停留的时间长，需要建造观赏、休息、茶饮和卫生间等设施。但体量不能过大，建筑间距要大，留出充裕的游览空间；所设计的建筑尺度、造型和色调要同与环境相协调，烘托景观。

5）强化特色

在旅游开发中，对一些平淡无奇的景点，可采用夸张的手法，布置具有特色的建筑物，使其在整背景中突出来，成为吸引力强的旅游景点。如武夷山大安红军街，原有的资源较为平淡，可以依据原有内涵基础，恢复20世纪20~30年代的红军街市，强化旅游景点特色。

8.6.5 典型案例——郑州市桃花峪三皇山旅游区规划

桃花峪旅游区位于广武镇的东北部，北临黄河，东与黄河名胜风景区相连，西与汉霸二王城景区相接壤，南望黄河大观。旅游区位于黄河流域中下游地区，黄河中下游分界碑位于景区内。离郑州市郊五个知名景区：黄河风景游览区、清华·忆江南、汉霸二王城景区、思念果岭山水、丰乐农庄较近，区位优势十分显著（图8-102）。

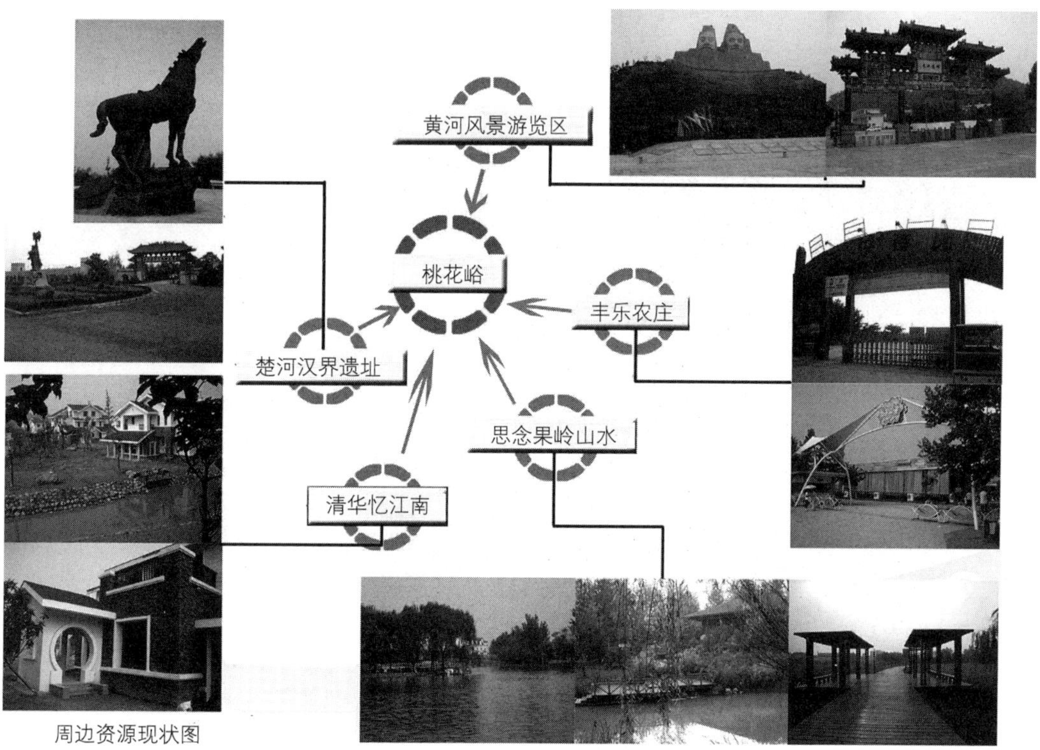

图8-102 旅游景区周边资源现状图

1. 旅游区的形象定位

1）主题定位

都市乡村旅游目的地。

2）细分片区定位

（1）以桃花景观、诗情画意为特色的休闲娱乐区。以桃为主题，以景观塑造为重点，打造桃花峪独具特色的主体形象。

（2）以黄河风光为主的黄河风情区。利用船舫为特色，打造水上唐舫街，包括购物、餐饮、娱乐、赏景等多种主题活动，是一种多功能的观光兼休闲娱乐的活动场所。

（3）以滑雪场为主体的运动体验区。以滑雪项目为龙头，不断打造滑草、悠波球、动力伞、野战俱乐部、狩猎、野营露宿等多项运动休闲活动。

3）形象定位

集观光与休闲娱乐为一体的“桃”主题景区。鉴于桃花峪地理区位的优势，给出以下形象定位：黄河岸边的桃花胜境，繁忙都市的休闲家园。

2. 总体布局

规划桃花峪旅游区的总体布局为“3121”格局（图8-103、图8-104）。三个片区：以桃花景观、诗情画意为特色的休闲娱乐区；以黄河风光为主的黄河风情区；以滑雪场为主体的运动体验区。一个中心：界碑广场活动中心。两个主要出入口：景区的西入口和北入口。一条旅游主环线：沿村主干道的“几”字形旅游环线。

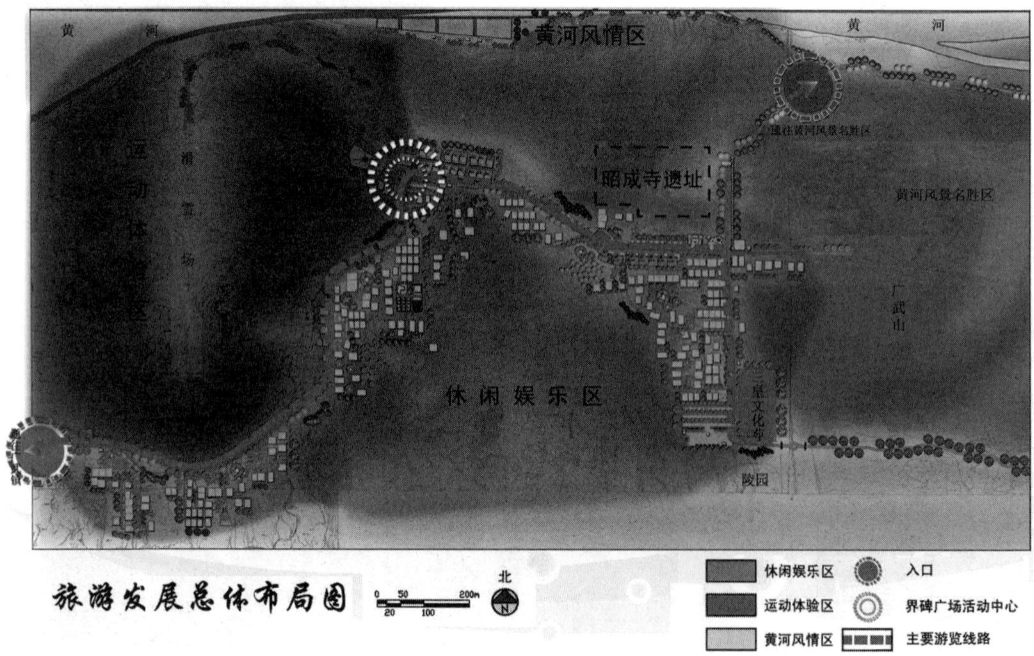

图8-103 旅游发展总体布局图

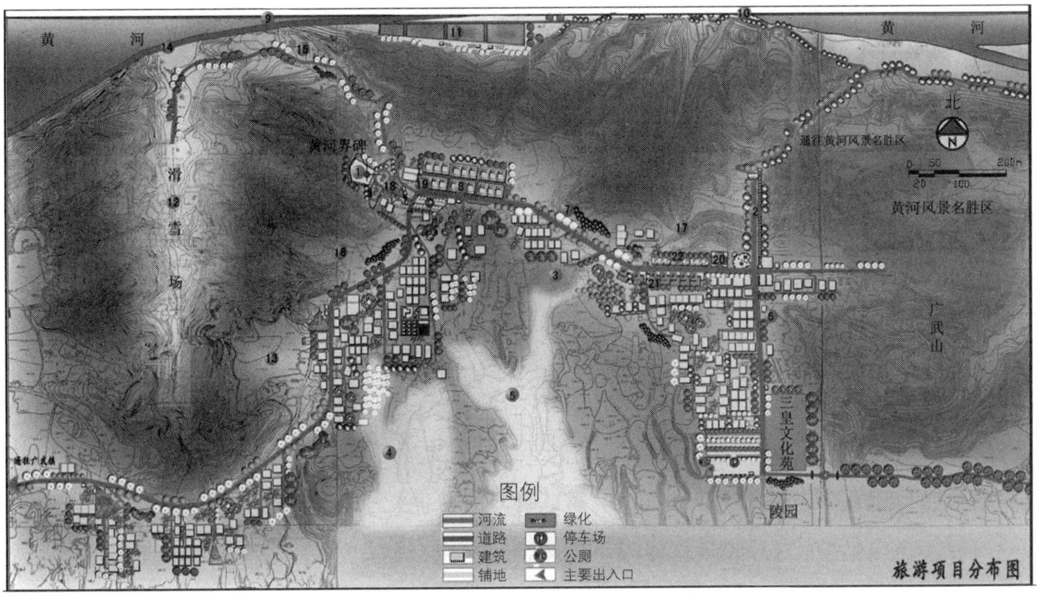

图8-104　旅游项目分布图

参考文献

[1] 刘滨谊. 现代景观规划设计 [M]. 南京：东南大学出版社，2013.

[2] 王云才. 景观生态规划原理 [M]. 北京：中国建筑工业出版社，2011.

[3] 郭去尘，曹灿景. 景观设计基础与应用 [M]. 北京：中国水利水电出版社，2012.

[4]（美）文克·E·德拉姆施塔德，詹姆斯·D·奥尔森，理查德·T·T·福曼. 景观设计学和土地利用规划中的景观生态原理 [M]. 朱强，黄丽玲，俞孔坚，译. 北京：中国建筑工业出版社，2010.

[5] 赵军，周贤. 景观设计基础 [M]. 西安：陕西人民美术出版社，2011.

[6]（日）针之谷钟吉. 西方造园变迁史——从伊甸园到天然公园 [M]. 邹洪灿，译. 北京：中国建筑工业出版社，2012.

[7] 黎德化. 生态设计学 [M]. 北京：北京大学出版社，2012.

[8] 王向荣，林菁. 西方现代景观设计的理论与实践 [M]. 北京：北京大学出版社，2002.

[9] 俞孔坚，李迪华. 景观设计：专业学科与教育 [M]. 北京：北京大学出版社，2003.

[10] 周维权. 中国古典园林史 [M]. 北京：清华大学出版社，2008.

[11] 俞昌斌，陈远. 源于中国的现代景观设计 [M]. 北京：机械工业出版社，2012.

[12]（英）伊恩·伦诺克斯·麦克哈格. 设计结合自然 [M]. 芮经纬，译. 天津：天津大学出版社，2008.

[13] 马克辛. 景观设计基础 [M]. 北京：高等教育出版社，2012.

[14] 许浩. 城市景观规划设计理论与技法 [M]. 北京：中国建筑工业出版社，2008.

[15] 刘刚田. 景观设计方法 [M]. 北京：机械工业出版社，2011.

[16] 过伟敏，史明. 城市景观形象的视觉设计 [M]. 南京：东南大学出版社，2005.

[17] 刘晓光. 景观美学 [M]. 北京：中国林业出版社，2012.

[18] 刘志成. 风景园林快速设计与表现 [M]. 北京：中国林业出版社，2012.

[19] 公伟，武慧兰. 景观设计基础与原理 [M]. 北京：中国水利水电出版社，2012.
[20] 中国建筑装饰协会. 景观设计师培训考试教材 [M]. 北京：中国建筑工业出版社，2006.
[21] 王祝根，张青萍. 景观设计基础理论 [M]. 南京：东南大学出版社，2012.
[22] 汤晓敏，王云. 景观艺术学 [M]. 上海：上海交通大学出版社，2009.
[23] 郝鸥，陈伯超，谢占宇. 景观规划设计原理 [M]. 武汉：华中科技大学出版社，2013.
[24] 张美利，黄文暄. 景观设计 [M]. 合肥：合肥工业大学出版社，2007.
[25] 郑曙旸. 景观设计 [M]. 杭州：中国美术学院出版社，2002.
[26] 孙勇. 景观工程——设计、制图与实例 [M]. 北京：化学工业出版社，2010.
[27] 李瑞东. 景观工程设计 [M]. 北京：中国建筑工业出版社，2013.
[28] 刘红丹. 园林景观手绘表现 · 基础篇 [M]. 辽宁：辽宁美术出版社，2013.
[29] 金晓乐. 景观手绘表现实战攻略 [M]. 辽宁：辽宁科学技术出版社，2011.
[30] 赵景伟. 城市设计 [M]. 北京：清华大学出版社，2013.
[31] 高巍. 广场景观 [M]. 沈阳：辽宁科学技术出版社，2006.
[32] 田勇. 城市广场及商业街景观设计 [M]. 湖南：湖南人民出版社，2011.
[33] 赵宇. 城市广场与街道景观设计 [M]. 重庆：西南师范大学出版社，2014.
[34] 胡长龙. 道路景观规划与设计 [M]. 北京：机械工业出版社，2012.
[35] 曹磊. 街道&道路景观设计 [M]. 南京：江苏科学技术出版社,2014.
[36] HKASP先锋空间. 商业步行街区景观 [M]. 南京：江苏科学技术出版社，2013.
[37] 陈天，姜川. 滨水区景观规划 [M]. 南京：江苏科学技术出版社，2014.
[38] 谭晖. 城市公园景观设计 [M]. 重庆：西南师范大学出版社，2011.
[39] 陈建为. 中外景观：城市公园景观 [M]. 武汉：华中科技大学出版社，2009.
[40] (美) 诺曼 · K · 布思. 住宅景观设计 [M]. 北京：北京科学技术出版社，2013.
[41] 田军，金明昊. 住宅区景观设计——新世纪全国高等院校景观设计专业十二五重点规划教材 [M]. 上海：上海人民美术出版社，2014.
[42]《庭院景观设计》编写组. 庭院景观设计 [M]. 福州：福建科学技术出版社，2010.
[43]《庭院设计》编委会. 庭院设计 [M]. 武汉：华中科技大学出版社，2013.
[44] 唐晓岚. 风景名胜区规划 [M]. 武汉：东南大学出版社，2012.
[45] 张先慧. 国际景观规划与设计经典233例 [M]. 天津：天津大学出版社，2013.
[46] 彭一刚. 中国古典园林分析 [M]. 北京：中国建筑工业出版社，1986.
[47] 蔡梁峰，吴晓华. 分形景观空间设计 [M]. 南京：江苏凤凰科学技术出版社，2015.

[48]（美）格兰特·W·里德. 园林景观设计从概念到形式［M］. 郑淮兵译. 北京：中国建筑工业出版社，2010.

[49] 上海市规划和国土资源管理局，上海市城市规划设计研究院. 上海郊野公园规划探索和实践［M］. 上海：同济大学出版社，2015.

[50] 张玉钧，刘国强. 湿地公园规划方法与案例分析［M］. 北京：中国建筑工业出版社，2013.

后记

就如本书在第一章中提及的那样，景观设计在我国的学科体系中并不是一个专业名称，国内的景观专业分布在建筑、农林、艺术设计院校中，不同的专业方向会对景观设计的认知有不同的倾向。作为本书最主要的读者群体——艺术设计专业学生来说，往往对于景观设计的理解是有片面性的，这体现在其关注重点往往放在景观的视觉形象与小型的空间场地设计中，并且过多地关注设计表现技法而忽视场地规划与设计方案中逻辑的生成和科学性的方法。所以，本书在编写过程中除了注重景观设计知识体系的完整性以外，将重点放在了景观要素的分解释读、景观空间与场地生态的设计逻辑分析、空间行为学对设计的影响以及各类型景观设计的不同要点几方面，力求使学生能够对景观设计的源流、要素、设计逻辑、表达手法等有更深刻的认识，并且可以运用到自己的设计方案与表达中。限于编者知识结构和篇幅的限制，本书不免会有遗憾。对于景观设计中生态景观的理论和方法只是在"场地设计"一章有所阐释，并没有单独展开深入，另外对于景观工程的相关内容很少提及，这些需要读者在景观学习中参照相关其他专业书籍。

作为一本基础原理教材，本书在编写过程中引用了很多中外专家学者的相关成熟理论、观点，并且引用了部分相关教材原理模式图、表格和案例图片。本书对于绝大部分相关引用都注明了原始出处和引用书籍的名称，未标明图片出处的均来自网络。但是由于部分资料经过反复引用，其原始出处和作者姓名不详，所以可能会未予注明，如果出现这种问题也请给予谅解。